aires, volumes

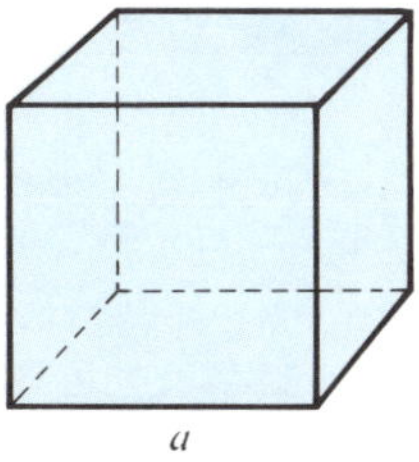

cube

$\mathcal{A} = 6\,a^2$
$V = a^3$

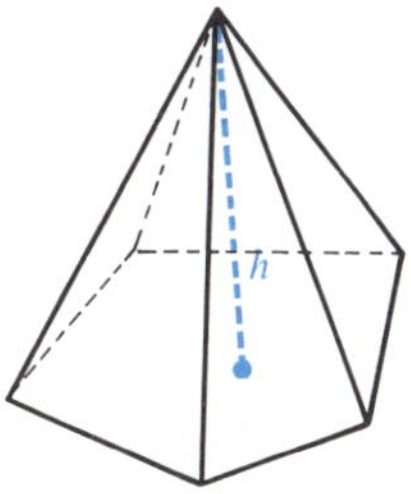

pyramide

$V = \frac{1}{3} hB$
B = aire de la base

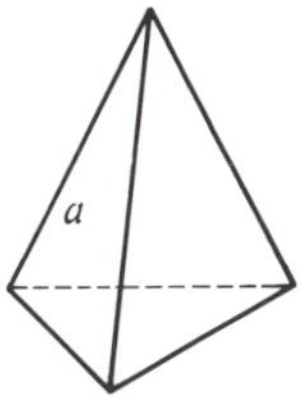

tétraèdre régulier

$\mathcal{A} = a^2\sqrt{3}$
$V = \frac{a^3\sqrt{2}}{12}$

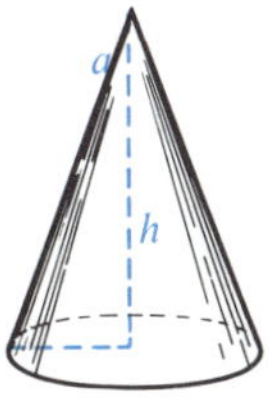

cône de révolution

aire latérale $= \pi Ra$
$V = \frac{1}{3}\pi R^2 h$

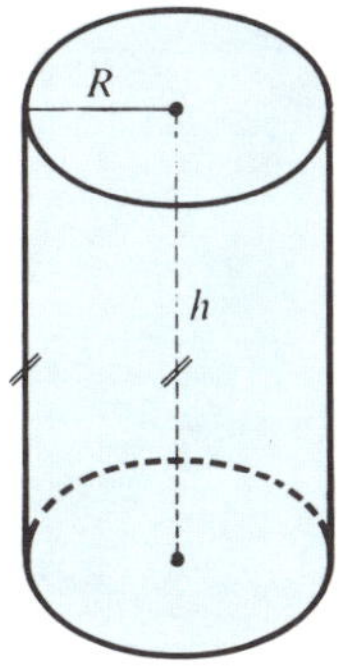

cylindre de révolution

aire latérale $= 2\pi Rh$
$V = \pi R^2 h$

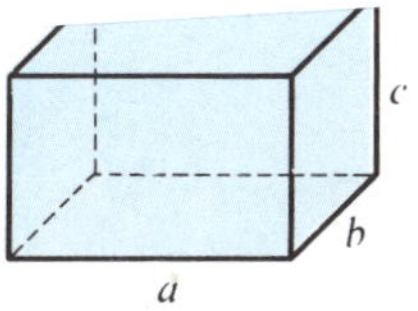

parallélépipède rectangle

$\mathcal{A} = 2(bc + ca + ab)$
$V = abc$

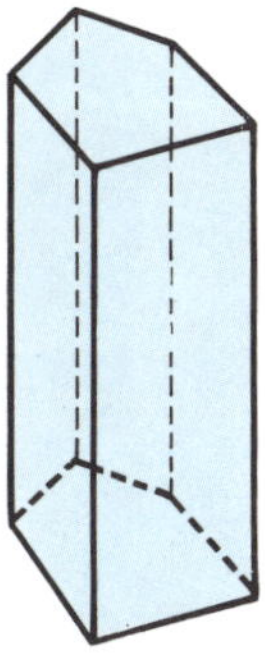

prisme droit

$\mathcal{A} = ph$
p = périmètre de la base
$V = Bh$
B = aire de la base

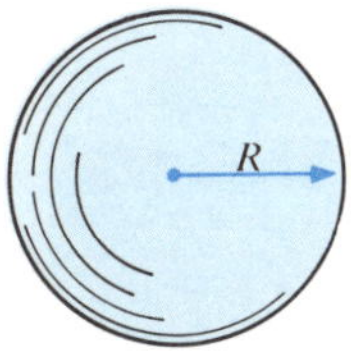

sphère

$\mathcal{A} = 4\pi R^2$
$V = \frac{4}{3}\pi R^3$

LUCIEN CHAMBADAL

CALCUL PRATIQUE

arithmétique et géométrie

USUELS
HACHETTE
H

Dans la même collection
Grammaire pratique Albert Hamon

Conception typographique : Claude Verne

ISBN 2.01.008780.1

AVANT-PROPOS

A minuit trente-cinq, **Zéphyrin** plie soigneusement le torchon sur une chaise, tout en se parlant à lui-même : « D'où je tire évidemment, dit-il, la valeur de l'angle A. »

Puis il essuie consciencieusement le tableau avec son bel habit : « Il s'agit maintenant, dit-il, de trouver le rapport de cosinus B à sinus D. »

A trois heures et demie, le docteur découvre la valeur de x, l'inconnue cherchée ; ce qui lui cause une joie sans mélange. — Nous prions les esprits superficiels de s'abstenir de toute réflexion sur la valeur de x, et de ne point prétendre que Zéphyrin a beaucoup travaillé pour peu de chose.

Colomb, extrait de *L'idée fixe du savant Cosinus,* Armand Colin.

Les dessins ci-dessus montrent clairement que le calcul n'est pas une affaire de polytechniciens. C'est en fait la préoccupation de tout le monde, dans une civilisation mécanisée et informatisée.

Disons d'emblée qu'il ne s'agit pas ici d'un livre de mathématiques (classiques) : il n'a pas été fait place au calcul algébrique, aux équations et aux inconnues. Les formules sont commentées, suivies de moyens mnémotechniques et d'exemples numériques, mais elles ne sont qu'exceptionnellement démontrées. Il s'agit encore moins d'un livre de mathématique (moderne) : les mots ensemble, élément, cardinal, ainsi que les diagrammes de Venn, ont été soigneusement évités.

Le CALCUL PRATIQUE a deux objectifs très voisins :
— Formation permanente pour tous ceux qui ont bénéficié d'un enseignement traditionnel, mais qui n'ont plus en mémoire la preuve par neuf ou les divers moyens de calculer la superficie d'un triangle.
— Formation initiale pour la génération suivante, privée de l'apprentissage du calcul mental et des notions fondamentales en géométrie.

On voit ainsi le caractère provocateur du présent ouvrage : apprendre ou réapprendre à calculer, comme on le faisait il y a un demi-siècle.

Cependant, les applications du calcul à la vie quotidienne nécessitent la connaissance des principales unités physiques. Par exemple, en informatique, on fait appel à la microseconde, voire à la nanoseconde. Savez-vous ce que représente un décanewton-mètre, un pascal, un bar ? Savez-vous que l'emploi du stère, du quintal, du cheval-vapeur, de l'angström, est interdit ? Savez-vous que, depuis 1974, la millième partie du millimètre ne s'appelle plus micron ? De manière générale, toutes les unités de mesure ont changé de nom ou de définition depuis 1960.

Les questions examinées dans ce livre ont trait à des domaines extrêmement variés. Citons-en quelques-uns :

— Code à barres sur les produits de grande consommation ;
— Code magnétique et clés de contrôle sur les chèques ;
— Calcul des impôts, de la T.V.A., des retenues de sécurité sociale, des droits de succession ;
— Choix d'un plan d'épargne logement ;
— Détermination du format A4 du papier commercial, du format A3 du dessin industriel ;
— Calcul du développement d'un vélo ;
— Calcul de la puissance administrative de votre voiture (avec l'incidence d'un cinquième rapport sur la boîte de vitesses).

Enfin, l'accent est mis bien entendu sur les aspects complémentaires du calcul mental et des calculatrices de poche. On trouvera de très nombreux exercices accompagnés de leur solution ou des réponses, au cours du texte et à la fin des principaux chapitres. Il va sans dire que la lecture de ce livre doit se faire avec un crayon à bille et beaucoup de feuilles de papier...

Lucien CHAMBADAL

PREMIÈRE PARTIE

ARITHMÉTIQUE ET ARITHMÉTIQUE COMMERCIALE

Typus Arithmetice

Représentation des nombres entiers naturels

Chiffres arabes

Les nombres entiers naturels sont les nombres zéro, un, deux, ..., dix, onze, douze, etc.

En pratique, on dit souvent nombre *ou* entier *au lieu de « nombre entier naturel ». L'intérêt de la précision apportée par le mot « naturel » apparaîtra dans le cas des nombres négatifs (voir p. 72).*

L'habitude de compter de dix en dix remonte à la plus haute Antiquité ; elle provient naturellement du fait que nous avons dix doigts. Cependant, ce n'est que vers le Xe siècle qu'est apparu en Europe l'usage de ne faire appel qu'à dix symboles, les *chiffres* 0, 1, 2, 3, 4, 5, 6, 7, 8 et 9, pour représenter n'importe quel entier.

Par exemple, les numérations hébraïque et grecque emploient les premières lettres de l'alphabet pour représenter les chiffres de 1 *à* 9, *les lettres suivantes pour les dizaines et les premières centaines.*

On compte à partir du nombre un : 1, 2, 3, 4, *etc. Le* chiffre 0 *a servi initialement pour noter* 10, 20, 30, ..., 100, 101, *etc. Le* nombre zéro *(représenté par un* 0 *tout seul) n'a été introduit que vers le XIIIe siècle. Cela paraît surprenant à notre époque où tous les compteurs (compteurs kilométriques, compteurs de vitesse, compteurs de litres ou de francs sur les pompes à essence...) partent de* 0.

La représentation des nombres avec les chiffres de 0 *à* 9, *faisant jouer un rôle fondamental au nombre dix, est appelée* numération décimale, *ou* numération de base dix. *En informatique, on emploie la base deux (voir p.* 33*), et éventuellement la base huit (voir p.* 35*).*

■ Les chiffres que nous utilisons sont dits « arabes » ; en fait, ils ont été d'abord introduits par les mathématiciens indiens. En outre, depuis mille ans, ces chiffres se sont nettement déformés (et de manières différentes en Occident et dans le monde arabe).

Déchiffrer les chiffres des Arabes

١	٢	٣	٤	٥
1	2	3	4	5
٦	٧	٨	٩	٠
6	7	8	9	0

■ Quelques minutes suffisent pour apprendre à traduire les chiffres des Arabes en nos chiffres habituels, à condition de retenir les règles suivantes :

— Seuls le ١ et le ٩ ont conservé leur forme.

— Le ٥ n'est pas notre 0, mais le 5. Le 0 est représenté par ٠

— Le ٢, ressemblant à un 7 renversé, est le 2. Le trait horizontal comporte deux pointes.

— Le ٣ est analogue au 2. La branche horizontale comportant trois pointes, il s'agit du chiffre 3.

— Le ٤ ressemble à un 3 à l'envers (ou à la lettre grecque epsilonn) ; c'est en fait le chiffre 4.

— Le ٦ n'est pas un 7, mais le 6.

— Les chiffres 7 et 8 sont représentés respectivement par ٧ et ٨ (un V à l'endroit et un V à l'envers).

L'intérêt de ces règles apparaît le jour où l'on doit se souvenir du numéro de son fiacre au Moyen Orient.

Séparation des nombres en tranches

Pour faciliter la lecture, on sépare les nombres en tranches de trois chiffres à partir de la droite, par un espace de largeur au plus égale à celle d'un chiffre.

Exemples **212 825 191** **1 357 200** **24 305**

On ne doit en aucun cas employer le point ou la virgule pour marquer la séparation des tranches de chiffres.

Le cas des nombres comprenant une partie décimale, ou nombres à virgule, sera examiné page 86.
Le point prête à confusion avec le symbole de la multiplication (voir p. 20). De plus, dans l'usage anglo-saxon (intervenant en informatique et dans les machines comptables), le point joue le rôle de notre virgule.

Signalons des exceptions importantes, consacrées par l'usage. On ne sépare pas les quatre chiffres d'un millésime. On écrira 1985 pour une date (et 1 985 dans un calcul).

Les numéros de téléphone sont séparés par des points ; en outre, à Paris, les quatre derniers chiffres sont groupés par deux. Tandis qu'en province, les chiffres sont groupés en trois fois deux.

Exemple 329.12.24 (et non pas 3 291 224). Le poste 3 620 s'écrit plutôt 36-20, ce qu'on énonce « trente-six vingt ».

La suppression de l'espacement des tranches de trois chiffres est tolérée dans le cas des traitements informatiques.

Milliers, millions et milliards

Le nombre 1 000 se lit « mille ».

Rappelons que, dans ce sens, le mot mille *est invariable. Penser à l'expression : « Des mille et des cents ».*

Le nombre 1 000 000 se lit « un million ». Le nombre 1 000 000 000 (un millier de millions) se lit « un milliard ».

Les mots billion, trillion, quadrillion, quintillion, sextillion, *prêtant à équivoque, ne sont guère employés. En pratique, on note les grands nombres (distances astronomiques) avec des puissances de* 10 *(voir p.* 31*).*

Comparaison des nombres

Soient a et b des nombres entiers naturels. L'un est inférieur à l'autre. La relation $b \leqslant a$ se lit « b inférieur à a » ; elle équivaut à $a \geqslant b$ (lire : a supérieur à b).
La relation $b < a$ se lit « b strictement inférieur à a » ; elle signifie que b est inférieur à a sans lui être égal. Cette relation équivaut à $a > b$ (lire : a strictement supérieur à b).

Avant 1963, *les symboles* $\leqslant$ *et* $<$ *se lisaient respectivement « inférieur ou égal » et « inférieur ».*
La relation $b < a$ *équivaut à* $b \leqslant a - 1$. *Cette propriété ne s'étendra pas au cas des nombres rationnels.*

Si à la fois $b \leqslant a$ et $a \leqslant b$, les nombres a et b sont égaux. Si $b \leqslant a$ et $c \leqslant b$, alors $c \leqslant a$.
Soient a et b des nombres entiers naturels non nuls, écrits en numération décimale.

Si la représentation de a admet au moins un chiffre de plus que celle de b, alors $b \leqslant a$.

Exemple $\mathbf{9\,287 \leqslant 10\,001}$

Si *a* et *b* ont autant de chiffres l'un que l'autre, on compare les chiffres les plus à gauche. Lorsque ces chiffres sont différents, *a* et *b* sont dans le même ordre que leur premier chiffre.

Exemple **$7\,985 \leqslant 8\,142$**

Lorsque ces chiffres sont égaux, on compare les deuxièmes chiffres à partir de la gauche, etc.

Exemple **$7\,889 \leqslant 7\,903$** **$7\,880 \leqslant 7\,882$**

Si a et b ont les mêmes chiffres, alors $a = b$. (Dans ce cas, $b \leqslant a$ et $a \leqslant b$.)

Chiffres romains

1	I
2	II
3	III
4	IV
5	V
6	VI
7	VII
8	VIII
9	IX
10	X
11	XI
12	XII
13	XIII
14	XIV
15	XV
16	XVI
17	XVII
18	XVIII
19	XIX
20	XX
30	XXX
40	XL
50	L
60	LX
70	LXX
80	LXXX
90	XC
100	C
200	CC
300	CCC
400	CD
500	D
600	DC
700	DCC
800	DCCC
900	CM
1 000	M

La numération romaine, utilisée depuis bien plus de deux mille ans, comporte seulement sept symboles, lesquels sont tout simplement des lettres majuscules :

I	V	X	L	C	D	M
un	**cinq**	**dix**	**cinquante**	**cent**	**cinq cents**	**mille**

La lettre I peut s'interpréter comme un bâton ; la lettre V représenterait une main ouverte et la lettre X, deux V superposés. Les lettres C et M sont les initiales de cent et de mille.

La représentation d'un nombre en chiffres romains repose sur les conventions suivantes :

a. Des chiffres égaux écrits à la suite s'ajoutent :

II	XXX	CCC	MM
deux	**trente**	**trois cents**	**deux mille**

b. Un chiffre placé à la droite d'un chiffre plus élevé s'ajoute à celui-ci :

XI	CXV	MCCXXI
onze	**cent quinze**	**mille deux cent vingt et un**

c. Un chiffre placé à la gauche d'un chiffre plus élevé se retranche de celui-ci :

IX	XC	CM
neuf	**quatre-vingt-dix**	**neuf cents**

■ Cette convention permet d'éviter de répéter quatre fois le même symbole. Ainsi, 90 s'écrit XC au lieu de LXXXX.

■ On remarquera que le nombre 49 se représente XLIX ; il n'est pas permis de lui substituer un équivalent plus simple, tel que IL. De même, le nombre 495 se note CDXCV, et non VD.

Par exemple, VII, XII, DLXI, MCMLXXXIII signifient respectivement 7, 12, 561 et 1983. Inversement, 2 328 s'écrira MMCCCXXVIII.

Les chiffres romains se prêtent très mal au calcul ; ils ont constitué un obstacle certain au développement de l'arithmétique. Cependant, l'influence de la civilisation romaine antique sur notre culture a conduit à conserver les chiffres romains dans les cas suivants :
— numéros des arrondissements : le Ve arrondissement de Paris,
— siècles et millénaires : le XIXe siècle, le IIIe millénaire av. J.-C.,
— numéros des rois : Charles VII, Henri IV, Louis XIV,
— numéros des pages de la préface d'un livre, des illustrations : la planche IX,
— numéros des actes d'une pièce de théâtre : acte III, scène 5,
— calendrier républicain : le 18 brumaire an VIII.
On rencontre encore les chiffres romains pour marquer les dates de construction des monuments, ou de parution d'un livre. On trouve enfin les chiffres romains sur les cadrans des montres et des pendules, systématiquement jusqu'au début du XXe siècle, et même de nos jours sur des montres à quartz.

■ Dans le cas des cadrans, le chiffre 4 est représenté par IIII, et non par IV (pour éviter une confusion avec le chiffre 6, noté VI).

Fronton de l'Institut de France.

Les quatre opérations

Calcul mental et calculatrice de poche

Le calcul mental est de plus en plus négligé, sous le fallacieux prétexte qu'il existe des calculatrices de poche.
Cet ouvrage est consacré au calcul sous tous ses aspects, et dans toutes ses interventions dans la vie quotidienne. Nous mettrons en valeur dans chaque cas les aspects complémentaires du calcul mental et de la calculatrice de poche.
Le calcul mental est souvent plus rapide et plus sûr : pour de petits nombres, on a plus vite fait d'obtenir le résultat de tête que de retrouver sa calculatrice. Il y a en outre de l'ostentation à employer une machine pour trouver la valeur de $1 + 2 + 3$.
Le calcul mental est discret : il serait peu courtois de sortir sa calculatrice au restaurant pour vérifier l'addition ou le montant du service.
Enfin, les partisans des calculatrices ne reconnaissent pas volontiers que s'ils savent bien se servir de leurs machines, c'est parce qu'ils ont été rompus aux méthodes du calcul mental dès leur plus jeune âge.

La règle à calcul

Signalons pour mémoire la règle à calcul, instrument permettant naguère de reconnaître les ingénieurs et les techniciens. La règle fournissait une précision dérisoire, jointe à un apprentissage délicat, un encombrement démesuré et un prix non négligeable.

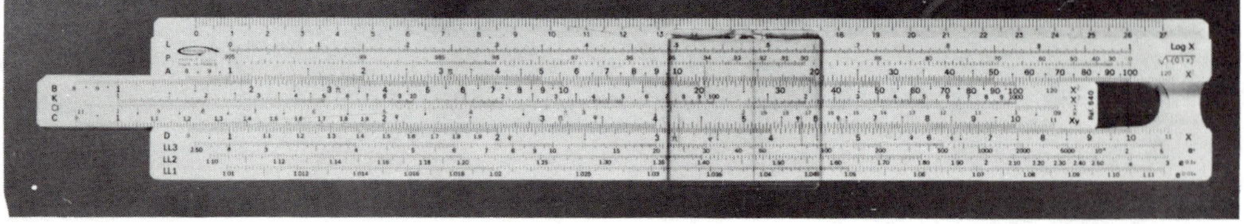

Calculatrices quatre opérations et calculatrices scientifiques

Les calculatrices les plus simples se limitent aux quatre opérations de l'arithmétique : addition, soustraction, multiplication et division ; elles permettent presque toutes d'extraire les racines carrées.
Les calculatrices dites « scientifiques » comportent de nombreuses touches correspondant aux diverses fonctions usuelles. Le mot « scientifique » ne doit pas dérouter l'utilisateur débutant. En effet, nous verrons dans ce livre élémentaire l'usage d'à peu près toutes les touches, à propos de calculs qui ne sont pas vraiment scientifiques.
La touche $1/x$ fournit directement l'inverse d'un nombre ; elle évite de devoir introduire le nombre 1 et d'effectuer ensuite une division. La touche x^2 permet de trouver directement le produit d'un nombre par lui-même, sans que l'on doive introduire deux fois ce nombre dans la calculatrice. La touche $\sqrt{x}$ remplace avantageusement une table de racines carrées. Les touches →H et →H.MS simplifient très considérablement les calculs sur les heures, minutes et secondes, ainsi que sur les angles en degrés, minutes et secondes. La touche π évite de retenir 3,141 59... pour calculer la longueur du cercle. Les touches SIN, COS, TAN (ainsi que les touches SIN^{-1}, COS^{-1} et TAN^{-1}) sont très utiles dans les calculs d'angles, de distances et de surfaces ; elles évitent le recours à une table trigonométrique. Nous n'exposerons pas les rôles des touches 10^x, e^x, LN et LOG ; en effet, il suffit de savoir employer la touche y^x, laquelle est indispensable dans les calculs d'intérêts composés (ou dans la détermination de la puissance administrative de votre voiture).

Calculatrices programmables

Les calculatrices scientifiques sont de plus en plus souvent programmables. Cela veut dire qu'on peut leur confier dans un premier temps la liste des instructions, dans un second temps les données numériques.
On pourrait croire que cette possibilité n'a d'intérêt que dans un problème revenant constamment : par exemple calcul d'un prix de revient avec des coefficients constants, et des prix unitaires variables d'un jour à l'autre. En fait, l'avantage incontestable des calculatrices programmables est de dissocier la réflexion et l'introduction des données. Considérons un exemple : calculer

$$\frac{3{,}229 \times 2{,}75 + 2}{6{,}61 \times 0{,}271 - 1}$$

Si le résultat est douteux, l'erreur a pu intervenir à n'importe quelle étape : affichage de l'un des nombres en question (32,29 au lieu de 3,229), confusion entre la touche × et la touche +, etc. Il n'y a plus qu'à recommencer le calcul ; mais l'éventualité d'une erreur est toujours à envisager. Sur une calculatrice programmable, on pourra programmer le calcul de $\frac{ab+2}{cd-1}$. On contrôlera le programme en le testant dans des cas très simples, tels que $a = 1$, $b = 1$, $c = 2$ et $d = 1$, ce qui doit donner la valeur 3. Et c'est là où intervient le calcul mental : il est indispensable de savoir faire des vérifications de tête pour employer efficacement une calculatrice. En l'absence de contrôle, on risque de trouver n'importe quoi. Une fois le programme contrôlé, on remplacera les lettres par leurs valeurs : $a = 3{,}229$ $b = 2{,}72$ $c = 6{,}61$ $d = 0{,}271$. Si le résultat obtenu est encore douteux, on ne devra recommencer que l'introduction des valeurs de *a, b, c* et *d*.
De manière générale, il est recommandé de recommencer toute la série des calculs. Les touches sont très petites et très voisines. En outre, la rapidité de la calculatrice permet d'effectuer beaucoup de calculs dans un temps donné, et le risque d'erreur augmente avec la quantité de calculs.

Mémoire permanente

Moyennant un supplément, on obtient certaines calculatrices de poche avec une mémoire permanente (dénotée C, de l'anglais *continuous*). De telles calculatrices conservent les informations (résultats numériques et programmes) pendant des semaines, indéfiniment si l'on prend soin de les recharger de temps à autre. L'intérêt pratique n'est pas évident. Mais il faut penser qu'une calculatrice classique alimentée par accumulateur est déchargée en quelques heures. Un candidat à un examen pourra programmer une fonction en début d'épreuve,

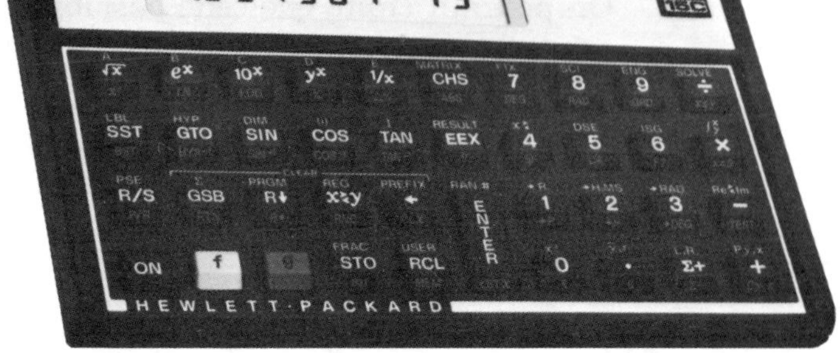

Calculatrice HP15C

et conserver son travail en mémoire pour résoudre une équation trois heures après. Un autre cas beaucoup plus fréquent est celui des emplettes au supermarché : pour estimer le montant de ses courses, le client introduira successivement le prix de chaque achat (éventuellement le prix unitaire et le nombre d'unités, pour en déduire le produit), et arrêtera la calculatrice après chaque opération. On évite ainsi le désagrément de trouver la calculatrice déchargée bien avant de passer à la caisse.

De bons conseils

N'achetez pas une « quatre opérations », aux possibilités trop limitées. N'achetez pas pour autant la calculatrice la plus chère ; une telle calculatrice offrira un très grand nombre de mémoires et des facilités de programmation dont vous ne profiterez jamais. En revanche, son emploi sera beaucoup moins commode pour la résolution de problèmes élémentaires. L'analogie avec l'automobile s'impose : une R 5 ou une 104 Z présentent des avantages certains sur une « six cylindres » au moment de se ranger dans un créneau.
Ne considérez pas l'achat d'une calculatrice comme un investissement à vie (contrairement à la règle à calcul). Depuis 1973, les machines se périment en trois ou quatre ans, et le prix de la moindre réparation représente une proportion non négligeable du prix d'une machine neuve, plus plate et d'emploi plus facile.
Inversement, ne changez pas constamment de calculatrice, n'empruntez pas une machine différente de la vôtre. Pour se servir efficacement d'une calculatrice, il est indispensable d'acquérir des automatismes. Or, d'une marque à l'autre, d'un modèle à l'autre dans une même marque, la disposition des touches varie. Les cas d'exception peuvent différer : une calculatrice donnera $(-2)^3 = -8$, et elle aura bien raison, tandis que le modèle précédent affiche dans les mêmes circonstances le mot « *Error* », aisément traduisible en français.
Pour ces mêmes raisons, nous devons renvoyer le lecteur au mode d'emploi de sa calculatrice : les procédures sont extrêmement différentes sur une « quatre opérations », sur une calculatrice scientifique à notation directe et sur une calculatrice scientifique à notation polonaise inverse.
Une fois en possession de votre calculatrice de poche, prenez un crayon (il vaut mieux en prévoir plusieurs) ainsi que des feuilles de papier, et reconstituez tous les exemples présentés dans cet ouvrage, aussi bien à la main qu'à l'aide de la calculatrice. Vous vous entraînerez à résoudre les exercices proposés à la fin de chaque chapitre, et vous contrôlerez les résultats grâce aux solutions ou aux réponses données en fin de volume. C'est le seul moyen d'apprendre à bien calculer.

Addition

L'*addition* est l'opération qui à deux nombres a et b associe leur *somme,* notée $a + b$.
La somme ne dépend pas de l'ordre des termes.

$$\boldsymbol{b + a = a + b}$$

On calcule de proche en proche la somme de plusieurs termes. Ainsi, $a + b + c$ est par définition $(a + b) + c$; de même, $a + b + c + d$ désigne $((a + b) + c) + d$, c'est-à-dire la somme de $a + b + c$ et de d.

■ On ne change pas le résultat en modifiant l'ordre des termes, ou en effectuant des regroupements : $\boldsymbol{a + b + c + d = a + (b + c) + d}$.

Calcul de la somme

Dans le cas de deux nombres à un seul chiffre, on utilise la table d'addition décimale. Cette table est bien entendu à savoir par cœur.

+	0	1	2	3	4	5	6	7	8	9
0	0	1	2	3	4	5	6	7	8	9
1	1	2	3	4	5	6	7	8	9	10
2	2	3	4	5	6	7	8	9	10	11
3	3	4	5	6	7	8	9	10	11	12
4	4	5	6	7	8	9	10	11	12	13
5	5	6	7	8	9	10	11	12	13	14
6	6	7	8	9	10	11	12	13	14	15
7	7	8	9	10	11	12	13	14	15	16
8	8	9	10	11	12	13	14	15	16	17
9	9	10	11	12	13	14	15	16	17	18

On lit par exemple la somme de 3 *et de* 8 *à l'intersection de la ligne contenant* 3 *et de la colonne contenant* 8 *(ou de la ligne contenant* 8 *et de la colonne contenant* 3*).*

Examinons maintenant le cas général : deux ou plusieurs nombres.

On écrit les nombres les uns au-dessous des autres, les chiffres de même ordre dans une même colonne. En procédant de droite à gauche, on ajoute les unités de chaque colonne, de haut en bas. Si un total ne dépasse pas 9, on l'écrit sous la même colonne ; dans le cas contraire, on reporte le nombre des dizaines de ce total dans la colonne suivante à gauche, c'est ce qu'on appelle faire une retenue, et l'on écrit le chiffre des unités sous la colonne considérée.

■ Dans le cas de la somme de deux nombres, la retenue ne peut être que 1. Dans le cas de plusieurs nombres, la retenue peut prendre n'importe quelle valeur.

Exemples

$$\begin{array}{r} 16\,048 \\ +\ \ 2\,684 \\ \hline 18\,732 \end{array} \qquad \begin{array}{r} 745 \\ +\ \ \ \ 84 \\ +\ 1\,397 \\ \hline 2\,226 \end{array}$$

■ On contrôle les résultats en recommançant les additions de bas en haut.

Calcul mental

On regroupe les termes donnant une somme partielle simple.

Exemple **47 + 12 + 25 + 18 + 23 = (47 + 23) + (12 + 18) + 25**
= (70 + 30) + 25 = 125

On peut commencer par les plus hautes unités (de gauche à droite), et effectuer ensuite les retenues.

Exemple **74 + 27 = (70 + 20) + (4 + 7) = 90 + 11= 101**

On peut aussi écrire **74 + 27 = (74 + 20) + 7 = 94 + 7 = 101**

■ Si l'on commet une erreur sur une retenue, on obtient au moins un ordre de grandeur correct. La méthode précédente permet de contrôler de tête les résultats obtenus à la main ou avec une calculatrice de poche.

Dans le cas d'une addition très longue, il est conseillé de fractionner les calculs.

7 125	
43 245	
5 120	
3 415	
11 825	
770	**71 500**
985	
1 720	
3 500	
26 400	
1 995	
895	
11 620	
4 350	**51 465**
122 965	**122 965**

On vérifie que le résultat obtenu directement, à savoir 122 965, est bien la somme des sommes partielles 71 500 et 51 465.
On peut décomposer les nombres donnés en parties dont l'addition est aisée, notamment en parties dont la somme se termine par un zéro.

Exemple **587 + 425 = (580 + 420) + 7 + 5 = 1 000 + 12 = 1 012**

On peut enfin ajouter et retrancher (voir p. 17) un même nombre.

Exemples **74 + 98 = (74 − 2) + (98 + 2) = 72 + 100 = 172**

992 + 1 230 = (992 + 8) + (1 230 − 8) = 2 222

Emploi d'une calculatrice de poche

La calculatrice de poche évite tout calcul de retenue ; elle permet en outre d'effectuer la somme de plusieurs termes.

Soustraction

La *différence* de deux nombres a et b est le nombre qu'il faut ajouter à b pour obtenir a. La différence de a et de b se note $a - b$. Ainsi, les relations $a - b = c$ et $a = b + c$ sont équivalentes.

La différence de a et b n'existe que si $a \geqslant b$. Pour pouvoir définir la différence de deux nombres quelconques, on introduit les nombres négatifs (voir p. 72).

L'opération qui aux nombres a et b, où $a \geqslant b$, associe leur différence s'appelle *soustraction.*

Calcul de la différence

On écrit le plus petit nombre sous le plus grand, les chiffres de même ordre l'un en dessous de l'autre. En procédant de droite à gauche, on retranche chaque chiffre du plus petit nombre du chiffre placé au-dessus. Si l'un des chiffres du plus grand nombre est strictement inférieur à celui que l'on doit en retrancher, on lui ajoute 10 unités du même ordre, à condition d'ajouter une unité (retenue) au chiffre suivant du petit nombre.

Exemple

$$\begin{array}{r} 4\,275 \\ -\quad 387 \\ \hline 3\,888 \end{array}$$

Il a fallu faire trois retenues de suite.
On contrôle le résultat en ajoutant le second nombre à la différence, c'est-à-dire en calculant la somme 387 + 3 888.

Calcul mental

En ajoutant ou en retranchant un même nombre aux deux termes, on ne change pas leur différence.

Exemples **1.** Calculer **1 745 – 1 703.**

Enlevons 1 700 aux deux nombres. Nous sommes ramenés à calculer 45 – 3, ce qui donne, de tête, le nombre 42.

2. Calculer **1 593 − 587.**

En ajoutant 7 aux deux nombres, on se ramène à 1 600 − 594, soit 1 006.

La méthode des commerçants pour rendre la monnaie consiste à revenir à la définition.

Exemple Pour calculer 100 − 37, on commence par dire 37 + 3 = 40, puis 40 + 60 = 100. La différence cherchée est donc 3 + 60 = 63.

Pour trouver de tête le complément à 1 000, à 10 000, etc. on emploie la règle suivante.

On prend le complément à 10 du premier chiffre non nul (à partir de la droite), le complément à 9 de chacun des chiffres suivants.

Exemple

$$\begin{array}{r} \mathbf{100\,000\,000} \\ -\quad \mathbf{82\,217\,900} \\ \hline \mathbf{17\,782\,100} \end{array}$$

Détaillons : le complément à 10 de 9 est 1, le complément à 9 de 7 est 2, le complément à 9 de 1 est 8, le complément à 9 de 2 est 7 (deux fois de suite), le complément à 9 de 8 est 1.

Plus généralement, pour calculer $a - b$, on peut compléter b à un nombre simple (1 000 ou 10 000 par exemple), pour se ramener à une addition.

Exemple Soustraire **728** de **3 411.**

On commence par former le complément à 1 000 de 728, ce qui donne 272. Il reste à ajouter ce dernier nombre à 3 411 − 1 000, c'est-à-dire à 2 411. On trouve ainsi 272 + 2 411 = 2 683.

Cas où il n'y a pas de retenue

On voit du premier coup d'œil s'il n'y a aucune retenue à effectuer ; c'est le cas lorsque chaque chiffre de a est supérieur au chiffre correspondant de b. (Si b a moins de chiffres que a, on complète mentalement b par des zéros.) Dans ces conditions, on peut effectuer la soustraction chiffre par chiffre, dans un ordre arbitraire (de gauche à droite par exemple).

Exemple

$$\begin{array}{r} \mathbf{128\,647} \\ -\quad \mathbf{6\,631} \\ \hline \mathbf{122\,016} \end{array}$$

En notation directe, on affiche successivement la valeur de a, le signe $-$, la valeur de b et le signe $=$. En notation inverse, on entre a en mémoire, on affiche b et on appuie sur la touche $-$.

Si $a < b$, la calculatrice ne signale pas Error *; elle donne la valeur de la différence $b - a$, précédée du signe $-$ (voir p. 72).*

Nombre de pages d'un chapitre

Un chapitre d'un livre commence en page 35 et se termine avec la page 92. Le nombre de pages de ce chapitre est :

$$\mathbf{92 - 35 + 1 = 58}$$

■ Une erreur très fréquente consiste à former seulement $92 - 35 = 57$. En effet, la page 35 fait partie du chapitre en question.

Nombre de jours de vacances

Une personne part en vacances le 7 août et revient le 22 de ce mois. Quelle est la durée de ses vacances (jours de voyage compris) ?

Le nombre de jours est $\mathbf{22 - 7 + 1 = 16}$

On retiendra la règle suivante :

Le nombre d'entiers supérieurs à b et inférieurs à a est $a - b + 1$.

Du 21 avril 1982 au 21 avril 1983, il s'est écoulé, non un an, mais un an et un jour. L'expression « prendre huit jours de congé » date de l'époque où l'on travaillait le samedi. Une semaine de vacances avec un dimanche à chaque bout dure effectivement huit jours. De même pour la quinzaine. L'expression « lundi en huit » s'explique par des raisons analogues.
Le cas des vacances scolaires est très différent. Ainsi, lorsque le Ministère de l'Education nationale indique un congé du 11 au 20 février, il est sous-entendu que les vacances commencent après les cours de l'après-midi du 11, et se terminent avant les cours de la matinée du 20. Autrement dit, les vacances durent du 12 au 19, soit $19 - 12 + 1 = 8$ jours (et non $20 - 11 + 1 = 10$ jours, suivant la règle générale).

Multiplication

Soient a et b des nombres entiers naturels. Le *produit* de a par b est la somme de b nombres égaux à a.

■ Si $b = 1$, le produit est a. Si $b = 0$, le produit est 0.

Le nombre a s'appelle *multiplicande,* le nombre b s'appelle *multiplicateur.* La *multiplication* est l'opération qui aux nombres a et b associe leur produit, noté ab (ou parfois $a \,.\, b$).

■ Dans le cas du produit de nombres écrits en chiffres, on doit employer le signe × (et non pas le point ou la lettre x). Mais pour le produit de deux nombres dont l'un au moins est représenté par une lettre, ne pas employer le signe ×.

Exemples $\boldsymbol{a(b + c)}$ $\boldsymbol{3\,a}$ mais $\mathbf{31 \times 250}$

Le produit ne dépend pas de l'ordre des facteurs.

$$\boldsymbol{ba = ab}$$

On calcule de proche en proche le produit de plusieurs facteurs. Ainsi, abc est par définition le produit de ab par c. De même, $abcd$ est le produit de abc par d.

Exemple Le produit $\mathbf{3 \times 4 \times 5}$ désigne $\mathbf{(3 \times 4) \times 5}$, c'est-à-dire $\mathbf{12 \times 5}$, ou encore **60.**

Le produit d'un nombre par la somme de deux autres se ramène à deux multiplications, suivies d'une addition.

$$\boldsymbol{a(b + c) = ab + ac}$$

Il en est de même pour une différence :

$$\boldsymbol{a(b - c) = ab - ac}$$

Exemple Pour calculer $12 \times 13 + 12 \times 17$, on remarque que $13 + 17 = 30$.

Par suite : $\mathbf{12 \times 13 + 12 \times 17 = 12 \times 30 = 360.}$

Calcul du produit de deux nombres

Dans le cas de deux nombres à un seul chiffre, on utilise la table de multiplication décimale, dite *table de Pythagore.*

On lit par exemple le produit de 3 et de 8 à l'intersection de la troisième ligne et de la huitième colonne (ou de la huitième ligne et de la troisième colonne).

×	1	2	3	4	5	6	7	8	9
1	1	2	3	4	5	6	7	8	9
2	2	4	6	8	10	12	14	16	18
3	3	6	9	12	15	18	21	24	27
4	4	8	12	16	20	24	28	32	36
5	5	10	15	20	25	30	35	40	45
6	6	12	18	24	30	36	42	48	54
7	7	14	21	28	35	42	49	56	63
8	8	16	24	32	40	48	56	64	72
9	9	18	27	36	45	54	63	72	81

■ La table de multiplication (ainsi que la table d'addition) est symétrique. On la rétablit ligne par ligne ; on contrôle à l'aide des colonnes.
■ On retient la colonne des multiples de 9 en notant que *la somme des chiffres est toujours* 9.

1 + 8 = 9 **2 + 7 = 9** **3 + 6 = 9** **4 + 5 = 9**

5 + 4 = 9 **6 + 3 = 9** **7 + 2 = 9** **8 + 1 = 9.**

On évite ainsi toute hésitation pour retrouver 8 fois 9 ou 9 fois 9.

1	fois	9	**9**
2	—	9	**18**
3	—	9	**27**
4	—	9	**36**
5	—	9	**45**
6	—	9	**54**
7	—	9	**63**
8	—	9	**72**
9	—	9	**81**
10	—	9	**90**

La table de multiplication figurant traditionnellement sur les cahiers d'écolier a été à juste titre l'objet de moqueries. En effet, on doit retenir des énoncés comme « deux fois deux font quatre », ce qui détourne l'attention des difficultés véritables (table des huit, table des neuf) tout en diluant l'information.

Lorsque le multiplicateur n'a qu'un chiffre, on multiplie chaque chiffre du multiplicande par ce chiffre, à partir de la droite. Si le produit ne dépasse pas 9, on l'écrit en dessous du chiffre du multiplicande ; dans le cas contraire, on n'écrit que le chiffre des unités, et l'on fait une retenue.

■ Cas général

On multiplie successivement le multiplicande par chacun des chiffres du multiplicateur, en commençant par la droite.

On écrit les divers produits les uns en dessous des autres, en les décalant chaque fois d'une colonne. On ajoute enfin les produits partiels.

Exemple

```
      4 363
   ×    697
   --------
     30 541
    392 67
   2 617 8
   --------
  3 041 011
```

Lorsque le multiplicateur comporte un zéro comme chiffre intermédiaire, on décale les produits partiels de deux colonnes à la fois. (Dans le cas de deux zéros consécutifs, on décale de trois colonnes, etc.)
Lorsque le multiplicateur ou le multiplicande se terminent par des zéros, on effectue la multiplication sans tenir compte de ces zéros. On écrit ensuite à la droite du résultat autant de zéros qu'il y en a dans les deux facteurs.

Exemple Calculer **7 400 × 240**

On calcule seulement 74 × 24 (ce qui donne 1 776). On multiplie ensuite ce produit par 100 × 10, ce qui revient à écrire trois fois le chiffre zéro :

7 400 × 240 = 1 776 000

Calcul mental et calcul rapide

De manière générale, pour multiplier un nombre par 10, par 100, par 1 000, il suffit d'écrire un zéro, deux zéros, trois zéros à la droite du nombre considéré.
La multiplication par 5 s'en déduit. On multiplie par 10 et l'on divise le résultat par 2 (voir p. 23). De même, pour multiplier par 25, on multiplie par 100 et l'on divise le résultat par 4.
Pour multiplier par 9, par 99, par 999, on multiplie par 10, par 100, par 1 000 et l'on retranche le multiplicande du résultat obtenu. De même, pour multiplier par 11, par 101, par 1 001, on multiplie par 10, par 100, par 1 000 et l'on ajoute le multiplicande au résultat obtenu.

Exemples **240 × 9 = 2 400 − 240 = 2 160**

37 × 99 = 3 700 − 37 = 3 663

$$256 \times 999 = 256\,000 - 256 = 255\,744$$

$$329 \times 11 = 3\,290 + 329 = 3\,619$$

$$248 \times 101 = 24\,800 + 248 = 25\,048$$

$$1\,579 \times 1\,001 = 1\,579\,000 + 1\,579 = 1\,580\,579$$

Les égalités remarquables (voir p. 27) fournissent d'autres méthodes pratiques.
Dans le cas de plusieurs facteurs, on examine la possibilité de regrouper des termes.

Exemple Calculer $25 \times 7 \times 4 \times 13$

On commence par grouper 25 et 4. On se ramène à :

$$7 \times 13 \times 100 = 91 \times 100 = 9\,100$$

Emploi d'une calculatrice de poche

L'intérêt essentiel des calculatrices de poche est de permettre des calculs « en chaîne », c'est-à-dire une suite d'additions, de soustractions et de multiplications, sans qu'il soit nécessaire de noter les résultats intermédiaires. Dans le cas de la notation directe, il convient de faire attention aux règles de priorité ; dans le cas de la notation inverse, cette difficulté disparaît. Lisez très attentivement la notice de votre calculatrice sur ces questions.

Division

Soient a et b des nombres entiers naturels non nuls, appelés *dividende* et *diviseur.* On peut écrire le nombre a d'une manière et d'une seule sous la forme :

$$a = bq + r, \qquad r < b$$

Les nombres q et r s'appellent *quotient* et *reste* dans la *division euclidienne* de a par b.
Dans le cas où $r = 0$ (c'est-à-dire où la division tombe juste), on dit que a est *divisible* par b (voir p. 38). Le nombre q se note alors $\frac{a}{b}$.

Le mot « diviseur » est équivoque. Si r n'est pas nul, b n'est pas un diviseur de a (au sens de la page 38).

Pratique de la division

• ***Premier cas.*** **Le diviseur et le quotient n'ont qu'un chiffre. On obtient le quotient grâce à la table de Pythagore.**

Exemple Diviser 64 par 9.

On remarque que $9 \times 7 = 63 \leqslant 64$, tandis que $9 \times 8 = 72 > 64$. Le quotient est $q = 7$ et le reste est $r = 64 - 63 = 1$.

• ***Deuxième cas.*** **Le diviseur est quelconque, le quotient n'a qu'un chiffre.**

Ce cas se présente lorsque $10\,b > a$.

Lorsque le quotient n'a qu'un chiffre, on divise par le chiffre le plus à gauche du diviseur le nombre des unités de même ordre du dividende. Le nombre ainsi trouvé est soit le quotient, soit un chiffre trop élevé.
On multiplie le diviseur par ce chiffre. Si le produit est inférieur au dividende, le chiffre est le quotient cherché. Sinon, on essaie le chiffre diminué de 1, jusqu'à ce qu'on obtienne un produit inférieur à *a*.

Exemple Diviser 2 384 par 632.

Le quotient n'a qu'un chiffre, car 6 320 > 2 384. Il n'est pas nécessaire d'essayer successivement 9, 8, etc. On commence par diviser 23 par 6. Le quotient est 3. Le quotient de la division initiale est donc soit 3, soit 2 ou 1. Formons le produit de 632 par 3 ; nous obtenons $632 \times 3 = 1\,896$. Ce produit étant inférieur à 2 384, le quotient est effectivement 3. Le reste est $2\,384 - 1\,896 = 488$.

En résumé : $\mathbf{2\,384 = 632 \times 3 + 488.}$

Disposition habituelle :

2 384	**632**
– 1 896	**3**
488	

On peut effectuer la soustraction de tête : on forme chaque produit partiel et les soustractions au fur et à mesure : 3 fois 2, 6, ôté de 4, je pose 8 et je retiens 1, etc. Cette méthode, souvent enseignée, est à déconseiller.

— C'est une source d'erreurs dans les retenues, et les erreurs deviennent très fréquentes car la méthode est fatigante.

— Les calculs intermédiaires n'étant pas explicités, il est impossible de déceler une erreur sans devoir recommencer toute la suite des calculs.

• *Cas général.* On sépare à la gauche du dividende le plus petit nombre de chiffres nécessaire pour obtenir un nombre supérieur au diviseur. On divise ce nombre par le diviseur ; le quotient de cette division est le premier chiffre du quotient cherché. On écrit le reste de cette division en dessous du nombre que l'on vient de diviser.

On abaisse à la droite de ce reste le chiffre du dividende qui suit la partie divisée. Le quotient par le diviseur du nombre ainsi formé est le deuxième chiffre du quotient cherché.

On continue ainsi jusqu'à ce qu'on ait abaissé tous les chiffres du dividende. Le dernier reste trouvé est le reste de l'opération.

Exemple Diviser 35 437 par 78.

35 437	**78**
− 31 2	**454**
4 23	
− 3 90	
337	
− 312	
25	

35 437 = 78 × 454 + 25

■ Quand un reste partiel est strictement inférieur au diviseur, on met un 0 au quotient et l'on abaisse le chiffre suivant.
■ Dans le cas d'une division assez longue, il est avantageux d'écrire d'abord la liste des produits du diviseur par 2, 3, ..., 9 ; il suffit alors de comparer ces produits aux restes partiels, ce qui supprime les essais. Cette remarque s'applique à plus forte raison au cas où l'on doit effectuer plusieurs divisions *avec un même diviseur.*
■ Pour la vérification de la division, on calcule le produit bq ; en ajoutant r, on doit retrouver le dividende. On peut aussi employer la preuve par neuf (voir p. 44).

Calcul mental et rapide

Les règles pratiques ne se rapportent qu'au seul cas où la division tombe juste ; il s'agit en fait de règles sur la divisibilité (voir p. 38).

Emploi d'une calculatrice de poche

La calculatrice ne donne pas le quotient et le reste, mais seulement une valeur décimale approchée du quotient (voir p. 96). On obtient le quotient de la division euclidienne en prenant la partie entière du résultat donné par la calculatrice (voir p. 86), soit de tête, soit en utilisant la touche INT. Pour trouver le reste, on multiplie le quotient ainsi obtenu par le diviseur, et on retranche le produit du dividende.

Exemple Reprenons le cas de la division de 35 437 par 78.

La calculatrice fournit 454,32. On ne tient pas compte de la virgule et des chiffres qui la suivent. On multiplie 454 par 78, ce qui donne 35 412 ; on retranche enfin ce nombre de 35 437, pour retrouver 25.

Carrés

On appelle *carré* d'un nombre a, et on note a^2, le produit de ce nombre par lui-même.

$$a^2 = a \cdot a$$

Le nom de carré provient du fait que l'aire du carré de côté a est égale à a^2 *(voir p. 185).*

Exemples Le produit de 3 par lui-même est $3 \times 3 = 9$; autrement dit, 9 est le carré de 3. Le produit de 25 par lui-même est 625 ; ainsi, le nombre 625 est le carré de 25.

Noter que $0^2 = 0$ et $1^2 = 1$; les nombres 0 et 1 sont leur propre carré.
Le carré de 10 est 100, c'est pourquoi le nombre 100 se note encore 10^2.

Calculs sur les carrés

Le carré d'un produit est le produit des carrés des facteurs.

$$(ab)^2 = a^2 b^2$$

Exemple. Pour calculer le carré de 250, il suffit de connaître les carrés de 25 et de 10 :

$$250^2 = (25 \times 10)^2 = 25^2 \times 10^2$$

Nous avons vu que $25^2 = 625$ et $10^2 = 100$. Par conséquent :

$$250^2 = 625 \times 100 = 62\,500$$

Egalités remarquables

Carré d'une somme

$$(a + b)^2 = a^2 + 2\,ab + b^2$$

Le carré d'une somme est la somme des carrés de chaque terme, augmentée de leur double produit.

Carré d'une différence

$$(a - b)^2 = a^2 - 2\,ab + b^2$$

Le carré d'une différence est la somme des carrés de chaque terme, diminuée de leur double produit.

Différence de deux carrés

$$a^2 - b^2 = (a + b)\,(a - b)$$

La différence des carrés de deux nombres est le produit de la somme et de la différence de ces nombres.

Applications au calcul mental

Les formules donnant le carré d'une somme et d'une différence sont très utiles pour calculer de tête le carré d'un nombre de deux chiffres.

$$11^2 = (10 + 1)^2 = 10^2 + 2 \times 10 + 1^2 = 100 + 20 + 1 = 121$$

$$18^2 = (20 - 2)^2 = 20^2 - 2 \times 2 \times 20 + 2^2 = 400 - 80 + 4 = 324$$

$$29^2 = (30 - 1)^2 = 30^2 - 2 \times 1 \times 30 + 1^2 = 900 - 60 + 1 = 841$$

Le calcul d'un produit peut toujours se ramener à des calculs sur les carrés, puisque :

$$ab = \frac{(a + b)^2 - (a - b)^2}{4}$$

Exemple Le calcul de 23×7 se ramène au calcul des carrés de 30 et de 16. En effet :

$$23 \times 7 = \frac{30^2 - 16^2}{4} = \frac{900 - 256}{4} = \frac{900}{4} - \frac{256}{4} = 225 - 64 = 161$$

Pour calculer le produit de deux nombres à deux chiffres avec le même chiffre des dizaines et dont la somme des chiffres des unités est 10, on peut encore utiliser la règle suivante : on obtient le nombre des centaines en multipliant le chiffre des dizaines par lui-même augmenté d'une unité ; on obtient les dizaines et les unités en effectuant le produit des chiffres des unités.

Exemples $33 \times 37 = 3 \times 4 \times 100 + 3 \times 7 = 1\,200 + 21 = 1\,221$

$54 \times 56 = 5 \times 6 \times 100 + 4 \times 6 = 3\,000 + 24 = 3\,024$

Dans de nombreux cas, on peut se ramener à la différence de deux carrés. Ainsi :

$$31 \times 29 = (30 + 1)(30 - 1) = 30^2 - 1^2 = 900 - 1 = 899$$

$$18 \times 22 = (20 - 2)(20 + 2) = 20^2 - 2^2 = 400 - 4 = 396$$

Il est donc indispensable de connaître par cœur les carrés des premiers entiers. On voit aussi l'intérêt d'une table des carrés (voir p. 332).

Carré d'un nombre terminé par un 5

Considérons un nombre n terminé par un 5. Notons d le nombre des dizaines. Alors $n = 10\,d + 5$. D'où le carré de n :

$$n^2 = (10\,d + 5)^2 = 100\,d^2 + 100\,d + 25 = 100\,d(d + 1) + 25$$

Le résultat se termine par 25. Nous obtenons les autres chiffres en multipliant d par $d + 1$.

Exemples

$$65^2 = 6 \times 7 \times 100 + 25 = 4\,225$$

$$55^2 = 5 \times 6 \times 100 + 25 = 3\,025$$

$$115^2 = 11 \times 12 \times 100 + 25 = 13\,225$$

Emploi d'une calculatrice de poche

Sur toute calculatrice, on obtient le carré d'un nombre en effectuant le produit de deux facteurs égaux. Sur les calculatrices scientifiques, la touche x^2 fournit aussitôt le résultat (sans que l'on soit obligé d'introduire deux fois le nombre considéré).

Cubes

On appelle *cube* d'un nombre a, et on note a^3, le produit de trois facteurs égaux à ce nombre.

$$a^3 = a \,.\, a \,.\, a$$

Le nom de cube provient du fait que le volume du cube de côté a est égal à a^3 (voir p. 255).

Exemples Le produit de trois nombres égaux à 4 est $4 \times 4 \times 4 = 64$. Le nombre 64 est donc le cube de 4. De même, 729 est le cube de 9.
Noter que $0^3 = 0$ et $1^3 = 1$. Les nombres 0 et 1 sont leur propre cube.
Le cube de 10 est 1 000 ; c'est pourquoi le nombre 1 000 se note encore 10^3.

Pour calculer le cube de *a*, on commence par calculer le carré de *a* ; on multiplie alors *a* par son carré.

$$a^3 = a^2 \cdot a$$

Ainsi, pour calculer le cube de 12, on commence par calculer le carré de 12, ce qui donne 144. Il reste à effectuer le produit de 144 par 12 :

$$144 \times 12 = 1\,728$$

Calculs sur les cubes

Le cube d'un produit est le produit des cubes des facteurs.

$$(ab)^3 = a^3\, b^3$$

Exemple. Le cube de 36 est $4^3 \times 9^3 = 64 \times 729$; ce produit vaut 46 656.

Egalités remarquables

- **Cube d'une somme** $(a + b)^3 = a^3 + 3\,a^2 b + 3\,ab^2 + b^3$
- **Cube d'une différence** $(a - b)^3 = a^3 - 3\,a^2 b + 3\,ab^2 - b^3$
- **Somme de deux cubes** $a^3 + b^3 = (a + b)\,(a^2 - ab + b^2)$
- **Différence de deux cubes** $a^3 - b^3 = (a - b)\,(a^2 + ab + b^2)$

■ Pour ne pas confondre ces deux dernières formules, retenir les deux points suivants :
— Dans chaque cas, on trouve un signe + et un signe − ;
— Dans la somme de deux cubes, on met la somme des termes en facteur, tandis que dans la différence de deux cubes, on met la différence des termes en facteur.

Exemples

$$11^3 = (10 + 1)^3 = 10^3 + 3 \times 10^2 + 3 \times 10 + 1$$
$$= 1\,000 + 300 + 30 + 1 = 1\,331$$

$$19^3 = (20 - 1)^3 = 20^3 - 3 \times 20^2 + 3 \times 20 - 1$$
$$= 8\,000 + 60 - 1\,200 - 1 = 6\,859$$

■ Mettre ensemble tous les termes affectés du signe +, puis tous les termes affectés du signe −, afin de ne faire qu'une seule soustraction.

$$9^3 - 7^3 = (9 - 7)\,(9^2 + 9 \times 7 + 7^2)$$
$$= 2\,(81 + 63 + 49) = 2 \times 193 = 386$$

Emploi d'une calculatrice de poche

Même sur les calculatrices de poche scientifiques, il n'y a pas de touche x^3. Cependant, on peut éviter d'introduire trois fois de suite le même nombre en utilisant la touche y, avec $x = 3$ (voir p. 132). On peut aussi effectuer le produit de x^2 par x.

Puissances d'un nombre

Nous venons de rencontrer les symboles a^2 et a^3, produits de deux facteurs égaux, de trois facteurs égaux. On pose de même

$$a^4 = a\,.\,a^3 \qquad a^5 = a\,.\,a^4 \qquad \text{etc.}$$

Les symboles a^4 et a^5 se lisent : a puissance quatre, a puissance cinq. Les nombres 2, 3, 4, 5 etc. s'appellent *exposants*.

■ Pour éviter des cas d'exception, on convient qu'un nombre non nul à la puissance 0 signifie 1. Par exemple, $2^0 = 1$, $10^0 = 1$, $1^0 = 1$.

Puissances de 10. Les premières puissances de 10 sont :

$$10^1 = 10 \qquad 10^2 = 100 \qquad 10^3 = 1\,000 \qquad 10^4 = 10\,000$$
$$10^5 = 100\,000 \qquad 10^6 = 1\,000\,000 \qquad 10^7 = 10\,000\,000 \qquad \text{etc.}$$

D'une façon générale, le nombre 10^n s'écrit avec un 1 suivi de n zéros.

■ L'écriture 10^n est plus rapide et, avec un peu d'habitude, plus lisible ; aussi l'emploie-t-on de préférence quand il s'agit de très grands nombres.

On trouvera deux généralisations : le cas des exposants négatifs (voir p. 92), le cas des exposants fractionnaires (voir p. 131).

EXERCICES

1 **Un livre possède 352 pages. Combien a-t-on utilisé de chiffres pour numéroter les pages ?**

2 **Observer le cadran d'un téléphone automatique.**
Si l'indicatif se compose de huit chiffres (exemple : 46 34 86 34), combien d'abonnés peut-on desservir ? Combien, parmi eux, ont des numéros composés de six chiffres tous différents ?

3 **Trouver combien on peut immatriculer de véhicules dans un département donné :**

a) Avec un numéro d'au plus quatre chiffres suivi de deux lettres (à l'exclusion de TT et de WW).

b) Avec un numéro d'au plus trois chiffres suivi de trois lettres.
(Les lettres I et O, prêtant à confusion, ne sont pas employées en France. Il en est désormais de même pour Q et U. Par ailleurs, certains arrangements malsonnants sont exclus ; on n'en tiendra pas compte ici, car leur liste n'est pas dressée à l'avance.)

4 **On divise un nombre entier par 4, le reste de la division est 3. Si l'on divise le même nombre par 5, le quotient diminue de 2 et le reste de la division est toujours 3. Quel est ce nombre ?**

5 **On augmente le dividende de 145 et le diviseur de 2. Le quotient ne change pas et le reste augmente de 3. Trouver le quotient.**

6 **On augmente le dividende de 52 et le diviseur de 4. Le quotient et le reste ne changent pas. Trouver le quotient.**

7 **Le dividende et le reste d'une division sont 169 et 8. Trouver le diviseur et le quotient.**

8 **Calculer deux entiers consécutifs sachant que la différence de leurs carrés est égale à 321.**

9 **Comparer les nombres *a* et *b* dans les deux cas suivants :**

a) $a = 3^3 + 11^2$
$b = 6^2 \times 4.$

b) $a = 5^3$
$b = 11^2 + 2^2.$

Numération binaire et numération octale

Numération binaire

La numération binaire est la numération de base deux ; elle n'utilise que les chiffres 0 et 1, appelés *bits* (abréviation de l'anglais *binary digit,* signifiant chiffre binaire).

■ La numération binaire est la numération employée en informatique et en automatique, mais on n'est plus obligé de travailler en base deux pour converser avec les machines.

Passage de la numération binaire à la numération décimale

On revient tout simplement à la définition, à condition de connaître par cœur les premières puissances de 2.

Ces nombres reviennent constamment en informatique, car ils jouent le rôle des nombres « ronds » de la numération décimale, tels que 100, 1 000, 10 000 *ou* 1 000 000.

$2^0 = 1$	$2^8 = 256$
$2^1 = 2$	$2^9 = 512$
$2^2 = 4$	$2^{10} = 1\,024$
$2^3 = 8$	$2^{11} = 2\,048$
$2^4 = 16$	$2^{12} = 4\,096$
$2^5 = 32$	$2^{13} = 8\,192$
$2^6 = 64$	$2^{14} = 16\,384$
$2^7 = 128$	$2^{15} = 32\,768$

Premières puissances de 2.

Exemples. L'écriture binaire 1 011 signifie $1 + 1 \times 2 + 1 \times 8$ (si on lit les chiffres de droite à gauche), c'est-à-dire $1 + 2 + 8 = 11$.

L'écriture binaire 100 101 signifie de même $1 + 1 \times 2^2 + 1 \times 2^5$, c'est-à-dire $1 + 4 + 32 = 37$.

Des nombres très simples en numération décimale prennent très vite un aspect démesuré en binaire : il faut environ trois fois plus de bits que de chiffres décimaux.

Passage de la numération décimale à la numération binaire

Première méthode. On détermine les bits de gauche à droite en cherchant d'abord la plus grande puissance de deux inférieure au nombre proposé ; puis la plus grande puissance de deux inférieure à la différence des deux nombres précédents, etc.

Exemple Cherchons la représentation binaire de 1 335.

La plus grande puissance de 2 inférieure à 1 335 est $1\,024 = 2^{10}$. Le premier chiffre à partir de la gauche (un 1) est en onzième position à partir de la droite. Recommençons avec la différence $1\,335 - 1\,024$, égale à 311. La plus grande puissance de 2 inférieure à 311 est $256 = 2^8$. D'où le bit 1 en neuvième position à partir de la droite, ou en troisième position à partir de la gauche. (Entre les deux 1, on trouve le bit 0, car $2^9 = 512$ était trop grand.) Nous recommençons encore cinq fois :

$\mathbf{311 - 256 = 55}$	$\mathbf{32 \leqslant 55 < 64}$
$\mathbf{55 - 32 = 23}$	$\mathbf{16 \leqslant 23 < 32}$
$\mathbf{23 - 16 = 7}$	$\mathbf{4 \leqslant 7 < 8}$
$\mathbf{7 - 4 = 3}$	$\mathbf{2 \leqslant 3 < 4}$
$\mathbf{3 - 2 = 1}$	$\mathbf{1 \leqslant 1 < 2}$

Ainsi, $1\,335 = 2^{10} + 2^8 + 2^5 + 2^4 + 2^2 + 2 + 1$. L'équivalent binaire est donc : 10 100 110 111.
(Les puissances de 2 présentes dans la décomposition donnent le bit 1 ; le bit 0 sert à noter les puissances de 2 absentes, telles que 2^9 et 2^7.)

Seconde méthode. On divise le nombre donné par 2 ; le reste est le premier bit à partir de la droite. On divise le quotient par 2 ; le nouveau reste est le deuxième bit à partir de la droite, etc.

Exemple. Reprenons le cas de 1 335.

$\mathbf{1\,335 = 2 \times 667 + 1}$	$\mathbf{667 = 2 \times 333 + 1}$
$\mathbf{333 = 2 \times 166 + 1}$	$\mathbf{166 = 2 \times 83 + 0}$
$\mathbf{83 = 2 \times 41 + 1}$	$\mathbf{41 = 2 \times 20 + 1}$
$\mathbf{20 = 2 \times 10 + 0}$	$\mathbf{10 = 2 \times 5 + 0}$
$\mathbf{5 = 2 \times 2 + 1}$	$\mathbf{2 = 2 \times 1 + 0}$

On obtient ainsi tous les bits à partir de la droite. Le dernier quotient, représentant le coefficient de 2^{10}, est le bit le plus à gauche (c'est-à-dire en onzième position). On retrouve ainsi 10 100 110 111.

■ *Octets.* En informatique et en bureautique, on prend pour unité l'*octet,* groupement de huit bits. Le multiple, le kilo-octet, noté K, ne représente pas 1 000 octets, mais 1 024 octets, soit encore 8 192 bits. (Rappelons que 1 024 est la dixième puissance de 2.)
On obtient $2^8 = 256$ éventualités différentes avec un seul octet.
Les 256 cas servent par exemple pour coder :
— Les dix chiffres de 0 à 9 ;
— Les vingt-six lettres de l'alphabet, en majuscules et en minuscules, en gras, en italique, etc.
— Les signes de ponctuation (point, virgule, point d'interrogation, etc.).
— Les symboles typographiques (trait d'union, § pour paragraphe, $ pour dollar, £ pour livre, crochets [et]) ;
— Les lettres grecques α, β, γ, etc.
— Des symboles mathématiques $\subset$, $\cap$, $\in$, etc.
Chaque caractère typographique est alors associé à un octet. Une telle représentation est employée sur les machines à écrire électroniques, pour stocker l'information en mémoire interne ou externe (cassettes, disquettes).

Numération octale

binaire	octal	binaire	octal
000	0	100	4
001	1	101	5
010	2	110	6
011	3	111	7

La numération octale est un intermédiaire commode entre la numération binaire et la numération décimale. Les chiffres sont 0, 1, 2, 3, 4, 5, 6 et 7.
Pour passer de la numération binaire à la numération octale, on groupe les bits par paquets de trois, en convertissant chaque paquet grâce à la table ci-contre.

Exemple Trouver l'équivalent octal de 1 335.

Passons par l'intermédiaire de l'écriture binaire 10 100 110 111. Les équivalents octaux de 111, 110, 100 et 010 sont respectivement 7, 6, 4 et 2. Le nombre octal cherché est donc 2 467.

Inversement, pour passer de la numération octale à la numération binaire, on remplace chaque chiffre octal par un triplet de bits, grâce au tableau précédent.

Exemple Convertir le nombre octal 725 241 en binaire.

On obtient aussitôt : 111 010 101 010 100 001.

■ La numération octale, se lisant aussi facilement que la numération décimale, sert à visualiser les nombres binaires sur les consoles des ordinateurs. On la rencontre aussi dans les combinaisons « à secret » des systèmes d'alarme.

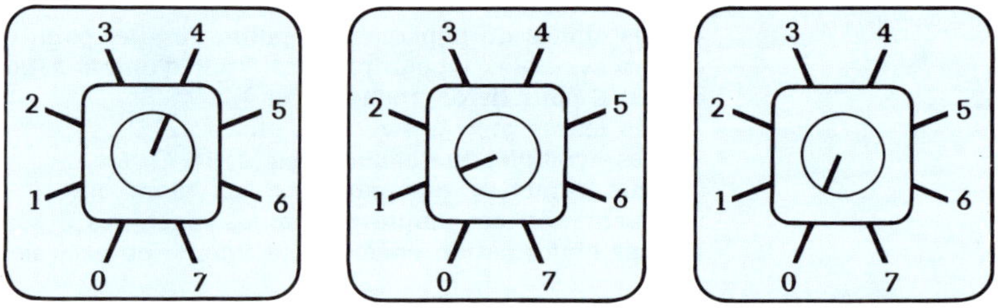

Panneau d'un système d'alarme. Ce panneau ne permet pas de représenter les mille nombres de 000 à 999, mais seulement les 512 nombres de 000 à 777. Il s'agit en effet de nombres d'au plus trois chiffres en numération octale. Le temps nécessaire à un malfaiteur pour trouver le bon numéro est environ la moitié de ce que laisserait penser un examen superficiel des trois cadrans.

Nous rencontrerons un exemple d'écriture octale dans le codage numérique des lettres de l'alphabet *(voir p. 59).*

EXERCICES

1 **a) On donne les nombres $a = \overline{146}$ et $b = \overline{55}$ écrits dans le système de numération de base huit. Calculer directement en base huit la somme $a + b$.**

b) Vérification : écrire les nombres a et b dans le système décimal, calculer alors $a + b$ et transformer le résultat dans le système de base huit.

c) Soit le nombre $c = \overline{1\,111}$ en base huit. En remarquant que huit est une puissance de deux, déduire simplement l'écriture de c dans le système binaire.

2 **Effectuer dans la base huit le produit des nombres $\overline{63}$ et $\overline{77}$.**

Vérifier le résultat en écrivant $\overline{63}$ $\overline{77}$ et leur produit dans le système décimal.

3 **On appelle « nombre de trois chiffres » dans un système de numération donné, tout entier naturel écrit, dans ce système, au moyen de trois chiffres, distincts ou non, le premier étant non nul. (Ainsi, dans le système décimal, 133 est un nombre de trois chiffres, 033 n'en est pas un.)**

a) Combien existe-t-il de nombres de trois chiffres dans le système décimal ?

b) Combien existe-t-il de nombres de trois chiffres dans le système de base huit ?

c) Ecrire dans le système décimal l'entier naturel qui s'écrit $\overline{144}$ dans le système de base huit.

d) Ecrire dans le système de base huit l'entier naturel qui s'écrit 512 dans le système décimal.

N.B. Pour les questions a), b) on donnera les réponses dans le système décimal.

4 **a) Combien y a-t-il de nombres de trois chiffres dans le système de numération de base cinq ?**

b) Ecrire dans le système de base cinq le nombre qui s'écrit 159 dans le système décimal.

c) Ecrire dans le système décimal le nombre qui s'écrit 341 dans le système de base cinq.

5 **a) Dans quel système de numération a-t-on l'égalité :**

$$\overline{40} + \overline{63} = \overline{123}$$

b) Ecrire alors $\overline{40}$, $\overline{63}$, $\overline{123}$ dans le système décimal.

c) Ecrire ces nombres dans le système binaire.

Divisibilité

On appelle *multiple* d'un nombre le produit de ce nombre par un nombre entier naturel.

Exemple Les multiples de 6 sont 0, 6, 12, 18, 24, etc.

(Ne pas oublier que 0 et 1 sont des entiers naturels ; ainsi, $0 = 0 \times 6$ et $6 = 1 \times 6$.)

On appelle *diviseur* d'un nombre entier naturel non nul tout entier naturel dont le nombre donné est un multiple.

Exemple Les diviseurs de 12 sont 1, 2, 3, 4, 6 et 12.

Soient a et b des nombres entiers naturels non nuls. Le nombre b est un diviseur de a si et seulement si le reste de la division euclidienne de a par b est nul. On dit alors que a est *divisible* par b.

Caractères de divisibilité

Un caractère de divisibilité est une règle permettant de reconnaître si un nombre entier, représenté en numération décimale, est divisible par un entier donné.

Une telle règle permet d'affirmer que le reste dans la division euclidienne par le nombre donné est nul, sans que l'on doive effectuer cette division.

Les règles de divisibilité sont à l'origine de la preuve par neuf (voir p. 43).

Les règles de divisibilité servent pour la création de clés de contrôle des numéros matricules (voir p. 57).

Divisibilité par 10, par 100, par 1 000

Pour qu'un nombre soit divisible par 10, il faut et il suffit qu'il se termine par un zéro.

Exemples Le nombre 240 est divisible par 10 ; il en est de même pour 23 000. En revanche, 2 001 n'est pas divisible par 10.

Pour qu'un nombre soit divisible par 100, il faut et il suffit qu'il se termine par deux zéros.
Pour qu'un nombre soit divisible par 1 000, il faut et il suffit qu'il se termine par trois zéros.

Exemples Le nombre 13 000 est divisible par 1 000 (et à plus forte raison par 100 et par 10). Le nombre 12 500 est divisible par 100 (et donc par 10), mais non par 1 000. Le nombre 7 520 n'est pas divisible par 100 (bien qu'il soit divisible par 10).

Divisibilité par 2, par 4

Pour qu'un nombre soit divisible par 2, il faut et il suffit que son dernier chiffre soit 0, 2, 4, 6 ou 8.

Exemples Les nombres 20, 12, 34 et 58 sont divisibles par 2. Les nombres 21, 37, 43 et 69 ne sont pas divisibles par 2.

Les nombres divisibles par 2 sont appelés nombres *pairs* ; ceux qui ne sont pas divisibles par 2 sont appelés nombres *impairs.* Ainsi, pour qu'un nombre soit pair, il faut et il suffit que son chiffre des unités soit pair.

■ Le nombre 0 est divisible par 2, puisque $0 = 2 \times 0$; le chiffre 0 doit donc être considéré comme un chiffre pair.

De deux nombres entiers consécutifs, l'un est pair, l'autre est impair.

La somme des entiers naturels de 1 à n est donnée par la formule :

$$1 + 2 + 3 + ... + n = \frac{n(n+1)}{2}$$

On trouve effectivement un entier au second membre, car l'un des nombres n et n + 1 est divisible par 2.

Par exemple, la somme des entiers de 1 *à* 12 *est* $\frac{12 \times 13}{2} = 6 \times 13 = 78$.

Pour qu'un nombre soit divisible par 4, il faut et il suffit que ses deux derniers chiffres forment un multiple de 4.

■ Voici la liste des multiples de 4 entre 0 et 99 :

0 4 8 12 16 20 24 28 32 36 40 44 48 52 56
60 64 68 72 76 80 84 88 92 96

La divisibilité par 4 *intervient dans la détermination des années bissextiles (**voir p.* 174*).*

Exemples Le nombre 146 n'est pas divisible par 4 (bien qu'il soit pair) ; en effet, 46 n'est pas divisible par 4. Le nombre 252 est divisible par 4 (car $52 = 4 \times 13$).

■ On pourrait énoncer une règle analogue pour la divisibilité par 8, en considérant cette fois le nombre formé par les trois derniers chiffres.

Divisibilité par 5, par 25

Pour qu'un nombre soit divisible par 5, il faut et il suffit que son dernier chiffre soit 0 ou 5.

Exemples Les nombres 235 et 1 440 sont divisibles par 5. Le nombre 126 n'est pas divisible par 5.

Pour qu'un nombre soit divisible par 25, il faut et il suffit que ses deux derniers chiffres forment un multiple de 25.

■ Cela revient à dire que le nombre se termine par 00, 25, 50 ou 75.

Exemples. Les nombres 1 935 et 8 682 ne sont pas divisibles par 25. Les nombres 22 225, 8 650 et 9 000 sont divisibles par 25.

Divisibilité par 3, par 9

Pour qu'un nombre soit divisible par 3, il faut et il suffit que la somme de ses chiffres soit divisible par 3.

Exemples. Le nombre 3 762 est divisible par 3, car

$$\mathbf{3 + 7 + 6 + 2 = 18 = 3 \times 6}$$

Le nombre 431 n'est pas divisible par 3, car 4 + 3 + 1 = 8, et 8 n'est pas divisible par 3.
Le nombre 6 423 est divisible par 3, car

$$\mathbf{6 + 4 + 2 + 3 = 15 = 3 \times 5}$$

■ Il n'est pas nécessaire d'effectuer la somme de tous les chiffres : on obtient la même conclusion si l'on néglige les chiffres multiples de 3 (c'est-à-dire 3, 6 et 9, le chiffre 0 n'intervenant pas dans l'addition). Ainsi, pour 3 762, on peut se contenter de calculer $7 + 2 = 9 = 3 \times 3$. Pour 431, on forme de même $4 + 1 = 5$, en négligeant le chiffre 3. Pour 6 423, on écrit seulement $4 + 2 = 6 = 3 \times 2$.

Pour qu'un nombre soit divisible par 9, il faut et il suffit que la somme de ses chiffres soit divisible par 9.

■ La règle est donc exactement aussi simple que pour la divisibilité par 3.

Noter qu'un nombre divisible par 9 est divisible par 3. Si la somme des chiffres est divisible par 9, elle l'est à plus forte raison par 3.

Exemples. Le nombre 9 432 est divisible par 9, car

$$\mathbf{9 + 4 + 3 + 2 = 18 = 9 \times 2}$$

Le nombre 6 423 n'est pas divisible par 9 (bien qu'il soit divisible par 3).

En parlant de la table de Pythagore (voir p. 21), nous avons déjà remarqué que la somme des chiffres des produits de 9 par 1, 2, 3, ..., 10 est égale à 9.

■ Ici non plus, il n'est pas nécessaire d'effectuer la somme de tous les chiffres : on peut remplacer 9 par 0 ; de plus, dès qu'une somme partielle est égale à 9, on peut remplacer les chiffres correspondants par 0. Ainsi, dans le cas de 6 423, la somme des chiffres extrêmes est $6 + 3 = 9$; on ne tient pas compte de ces chiffres, et on se limite à former $4 + 2$.

Divisibilité par 11

Pour qu'un nombre soit divisible par 11, il faut et il suffit que la différence entre la somme de ses chiffres de rang pair et la somme de ses chiffres de rang impair (ou le contraire) soit divisible par 11.

On ne sait pas d'avance quelle est la plus grande des deux sommes.

Exemples **1.** Le nombre 53 245 est-il divisible par 11 ?

La somme des chiffres de rang impair est $5 + 2 + 5 = 12$. La somme des chiffres de rang pair est $3 + 4 = 7$. La différence est $12 - 7 = 5$. Comme 5 n'est pas divisible par 11, le nombre donné n'est pas non plus divisible par 11.

2. Même question pour le nombre 987 250.

On obtient cette fois les sommes $8 + 2 + 0 = 10$ et $9 + 7 + 5 = 21$. La différence étant $21 - 10 = 11$, le nombre donné est divisible par 11.

Il n'y a pas de règle simple concernant la divisibilité par 7. Mais en numération octale, un nombre est divisible par 7 si et seulement si la somme de tous ses chiffres est divisible par 7.

■ Pour les règles de divisibilité par un produit, voir p. 53.

Preuve par 9

La preuve par 9 permet de contrôler rapidement les multiplications et les divisions.

■ La preuve par 9 n'est guère utilisée pour les additions et les soustractions.

Le principe de la preuve par 9 consiste à dire que si une égalité est vérifiée par des nombres, elle l'est encore par les restes des divisions euclidiennes de ces nombres par 9.

Multiplication

On veut contrôler l'égalité du produit présumé *p* avec la valeur exacte de *ab*. A cet effet, on calcule la somme de tous les chiffres de *a*, en remplaçant systématiquement 9 par 0, et en retranchant 9 chaque fois qu'on le peut du résultat. On recommence avec *b* et avec *p*. On dispose les résultats en croix.

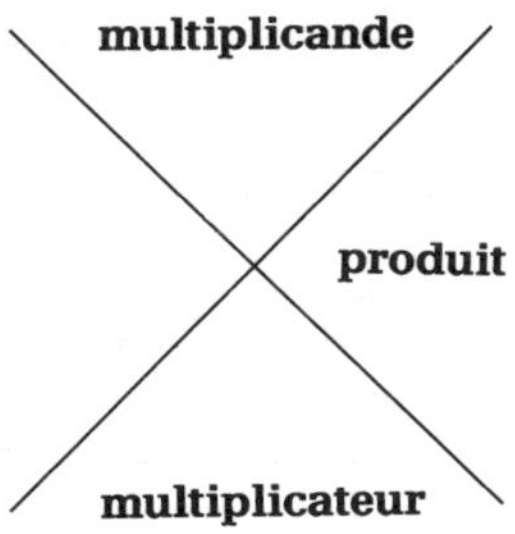

On calcule par ailleurs le produit des nombres trouvés pour *a* et *b*, et on retranche 9 autant de fois qu'il est possible. On écrit le résultat à gauche de la croix. Les nombres à gauche et à droite doivent être égaux.

Exemple **$4\,363 \times 697 = 3\,041\,011$**

Si a ou b est divisible par 9, on doit trouver trois fois le chiffre 0 dans la croix. En effet, le produit par n'importe quel nombre d'un multiple de 9 est encore un multiple de 9.

On procède de même avec les nombres *a, b, q* et *r.* On dispose encore les résultats en croix.

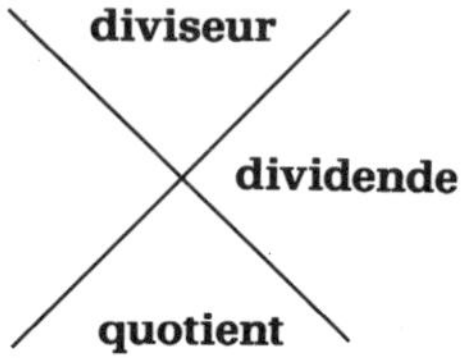

On effectue par ailleurs le produit des nombres obtenus pour le diviseur et le quotient ; on lui ajoute le nombre obtenu pour le diviseur, et on retranche 9 autant de fois qu'il est possible. On place le résultat à gauche de la croix. Les nombres à gauche et à droite doivent être égaux.

Exemple $\qquad$ **35 437 = 78 × 454 + 25**

La preuve par 9 fait intervenir tous les chiffres des nombres considérés ; elle a l'avantage d'être très rapide. On pourrait énoncer une preuve par 11 *(d'application moins commode), ou une preuve par* 3 *(moins sûre).*

■ La preuve par 9 ne fournit pas une certitude : par exemple, elle ne permet pas de détecter l'interversion de deux chiffres d'un même nombre.

■ Enfin, si les nombres obtenus à gauche et à droite sont différents, l'opération n'est pas nécessairement fausse. Ne pas perdre de vue que l'on peut aussi commettre une erreur dans l'exécution de la preuve !

Nombres premiers

On appelle *nombre premier* un nombre entier naturel différent de 0 et de 1, n'admettant pas d'autre diviseur que lui-même et l'unité.

Le nombre 1 *n'est pas premier. Cette convention a été retenue pour assurer l'unicité de la décomposition en facteurs premiers (voir p.* 47*).*

Exemple. Les nombres 2, 3, 5, 7 et 11 sont premiers. Le nombre 12, étant divisible par 2, 3, 4 et 6, n'est pas premier. Le nombre 33, égal à 3×11, n'est pas premier.

Ne pas confondre nombre premier et nombre impair. Les nombres pairs sont divisibles par 2 ; un nombre pair autre que 2 n'est donc pas premier. Cependant, le nombre 2, étant divisible seulement par 1 *et par* 2, *est premier.*

La liste des nombres premiers est illimitée, et l'on ne connaît pas de règle permettant de trouver tous les nombres premiers. Il y a toutefois un procédé pratique pour trouver les nombres premiers inférieurs à un entier donné :

Crible d'Eratosthène

~~1~~	**2**	**3**	~~4~~	**5**	~~6~~	**7**	~~8~~	~~9~~	~~10~~	**11**	~~12~~	**13**	~~14~~	~~15~~	~~16~~	**17**	~~18~~	**19**	~~20~~
~~21~~	~~22~~	**23**	~~24~~	~~25~~	~~26~~	~~27~~	~~28~~	**29**	~~30~~	**31**	~~32~~	~~33~~	~~34~~	~~35~~	~~36~~	**37**	~~38~~	~~39~~	~~40~~
41	~~42~~	**43**	~~44~~	~~45~~	~~46~~	**47**	~~48~~	~~49~~	~~50~~	~~51~~	~~52~~	**53**	~~54~~	~~55~~	~~56~~	~~57~~	~~58~~	**59**	~~60~~
61	~~62~~	~~63~~	~~64~~	~~65~~	~~66~~	**67**	~~68~~	~~69~~	~~70~~	**71**	~~72~~	**73**	~~74~~	~~75~~	~~76~~	~~77~~	~~78~~	**79**	~~80~~
~~81~~	~~82~~	**83**	~~84~~	~~85~~	~~86~~	~~87~~	~~88~~	**89**	~~90~~	~~91~~	~~92~~	~~93~~	~~94~~	~~95~~	~~96~~	**97**	~~98~~	~~99~~	~~100~~
101	~~102~~	**103**	~~104~~	~~105~~	~~106~~	**107**	~~108~~	**109**	~~110~~	~~111~~	~~112~~	**113**	~~114~~	~~115~~	~~116~~	~~117~~	~~118~~	~~119~~	~~120~~
~~121~~	~~122~~	~~123~~	~~124~~	~~125~~	~~126~~	**127**	~~128~~	~~129~~	~~130~~	**131**	~~132~~	~~133~~	~~134~~	~~135~~	~~136~~	**137**	~~138~~	**139**	~~140~~
~~141~~	~~142~~	~~143~~	~~144~~	~~145~~	~~146~~	~~147~~	~~148~~	**149**	~~150~~	**151**	~~152~~	~~153~~	~~154~~	~~155~~	~~156~~	**157**	~~158~~	~~159~~	~~160~~
~~161~~	~~162~~	**163**	~~164~~	~~165~~	~~166~~	**167**	~~168~~	~~169~~	~~170~~	~~171~~	~~172~~	**173**	~~174~~	~~175~~	~~176~~	~~177~~	~~178~~	**179**	~~180~~
181	~~182~~	~~183~~	~~184~~	~~185~~	~~186~~	~~187~~	~~188~~	~~189~~	~~190~~	**191**	~~192~~	**193**	~~194~~	~~195~~	~~196~~	**197**	~~198~~	**199**	~~200~~
~~201~~	~~202~~	~~203~~	~~204~~	~~205~~	~~206~~	~~207~~	~~208~~	~~209~~	~~210~~	**211**	~~212~~	~~213~~	~~214~~	~~215~~	~~216~~	~~217~~	~~218~~	~~219~~	~~220~~
~~221~~	~~222~~	**223**	~~224~~	~~225~~	~~226~~	**227**	~~228~~	**229**	~~230~~	~~231~~	~~232~~	**233**	~~234~~	~~235~~	~~236~~	~~237~~	~~238~~	**239**	~~240~~
241	~~242~~	~~243~~	~~244~~	~~245~~	~~246~~	~~247~~	~~248~~	~~249~~	~~250~~	**251**	~~252~~	~~253~~	~~254~~	~~255~~	~~256~~	**257**	~~258~~	~~259~~	~~260~~
~~261~~	~~262~~	**263**	~~264~~	~~265~~	~~266~~	~~267~~	~~268~~	**269**	~~270~~	**271**	~~272~~	~~273~~	~~274~~	~~275~~	~~276~~	**277**	~~278~~	~~279~~	~~280~~
281	~~282~~	**283**	~~284~~	~~285~~	~~286~~	~~287~~	~~288~~	~~289~~	~~290~~	~~291~~	~~292~~	**293**	~~294~~	~~295~~	~~296~~	~~297~~	~~298~~	~~299~~	~~300~~
~~301~~	~~302~~	~~303~~	~~304~~	~~305~~	~~306~~	**307**	~~308~~	~~309~~	~~310~~	**311**	~~312~~	**313**	~~314~~	~~315~~	~~316~~	**317**	~~318~~	319	~~320~~
~~321~~	~~322~~	~~323~~	~~324~~	~~325~~	~~326~~	~~327~~	~~328~~	~~329~~	~~330~~	**331**	~~332~~	~~333~~	~~334~~	~~335~~	~~336~~	**337**	~~338~~	~~339~~	~~340~~
~~341~~	~~342~~	~~343~~	~~344~~	~~345~~	~~346~~	**347**	~~348~~	**349**	~~350~~	~~351~~	~~352~~	**353**	~~354~~	~~355~~	~~356~~	~~357~~	~~358~~	**359**	~~360~~
~~361~~	~~362~~	~~363~~	~~364~~	~~365~~	~~366~~	**367**	~~368~~	~~369~~	~~370~~	~~371~~	~~372~~	**373**	~~374~~	~~375~~	~~376~~	~~377~~	~~378~~	**379**	~~380~~
~~381~~	~~382~~	**383**	~~384~~	~~385~~	~~386~~	~~387~~	~~388~~	**389**	~~390~~	~~391~~	~~392~~	~~393~~	~~394~~	~~395~~	~~396~~	**397**	~~398~~	~~399~~	~~400~~

Pour obtenir les nombres premiers inférieurs à 400, par exemple, on écrit la liste de tous les entiers de 1 à 400. On barre 1, qui n'est pas premier, puis les multiples de 2 autres que 2, les multiples de 3 autres que 3. (Les multiples pairs de 3, c'est-à-dire 6, 12, 18, etc. ont déjà été barrés.) Le premier nombre qui reste est 5. Ce nombre est premier ; barrons les multiples de 5 autres que 5. Recommençons avec les multiples de 7 autres que 7. On rencontre encore 11, 13, 17 et 19. Une fois que l'on a barré les multiples de 19 autres que 19, tous les nombres restants sont premiers.

En effet, si un nombre n restant dans le tableau n'était pas premier, on pourrait l'écrire sous la forme du produit de deux facteurs a et b. Supposons par exemple que a est supérieur à 20 ; alors que le quotient b de n par a serait inférieur à 20 (car 400 = 20^2). Plus généralement, pour former une table de nombres premiers, il suffit de supprimer les produits par 2, par 3, etc. des nombres premiers dont le carré est inférieur au plus grand nombre de la table.

Nombres premiers de 1 *à* 1 000

	11	101	211	307	401	503	601	701	809	907
2	13	103	223	311	409	509	607	709	811	911
3	17	107	227	313	419	521	613	719	821	919
5	19	109	229	317	421	523	617	727	823	929
7	23	113	233	331	431	541	619	733	827	937
	29	127	239	337	433	547	631	739	829	941
	31	131	241	347	439	557	641	743	839	947
	37	137	251	349	443	563	643	751	853	953
	41	139	257	353	449	569	647	757	857	967
	43	149	263	359	457	571	653	761	859	971
	47	151	269	367	461	577	659	769	863	977
	53	157	271	373	463	587	661	773	877	983
	59	163	277	379	467	593	673	787	881	991
	61	167	281	383	479	599	677	797	883	997
	67	173	283	389	487		683		887	
	71	179	293	397	491		691			
	73	181			499					
	79	191								
	83	193								
	89	197								
	97	199								

Il est indispensable de savoir par cœur la liste des nombres premiers inférieurs à 50.

Décomposition d'un nombre en facteurs premiers

Tout nombre entier supérieur à 2 peut se décomposer d'une manière et d'une seule en un produit de facteurs premiers.

■ Dans le cas d'un nombre premier, ce produit se réduit à un seul facteur.

Pour obtenir la décomposition d'un nombre en facteurs premiers, on commence par voir si ce nombre est divisible par 2. Si oui, on recommence avec le quotient. Sinon, on essaie de voir si ce nombre est divisible par 3, etc.

Ce procédé permet aussi de déterminer si un nombre est premier.

Disposition pratique

On écrit le nombre et les quotients successifs dans une colonne, les facteurs premiers dans une autre colonne. On continue jusqu'à ce que le quotient soit 1.

Exemple. Décomposer 360 en facteurs premiers.

360	**2**
180	**2**
90	**2**
45	**3**
15	**3**
5	**5**
1	

Détaillons les opérations. Le nombre 360 est divisible par 2 ; le quotient est 180. De même, 180 est divisible par 2, et le quotient est 90. Ce nombre est encore divisible par 2, et le quotient est 45. On peut diviser 45 deux fois de suite par 3, ce qui donne $45 = 3 \times 15$ et $15 = 3 \times 5$. Enfin, on écrit 5 sous la forme $5 = 5 \times 1$. On rassemble les résultats en employant des exposants (voir p. 31) :

$$\mathbf{360 = 2^3 \times 3^2 \times 5}$$

Calcul rapide

On gagne un temps considérable si l'on connaît par cœur quelques résultats remarquables, tels que :

$$4 = 2^2 \quad 9 = 3^2 \quad 25 = 5^2 \quad 10 = 2 \times 5$$
$$8 = 2^3 \quad 27 = 3^3 \quad 125 = 5^3 \quad 100 = 2^2 \times 5^2$$

Exemples $180 = 18 \times 10 = 2 \times 9 \times 10 = 2^2 \times 3^2 \times 5$

$$2\,700 = 27 \times 100 = 2^2 \times 3^3 \times 5^2$$

$$81\,000 = 9^2 \times 10^3 = 3^4 \times 2^3 \times 5^3$$

Formation de tous les diviseurs d'un nombre

On obtient tous les diviseurs d'un nombre en combinant de toutes les façons possibles les facteurs premiers de ce nombre.

Exemple. Trouver tous les diviseurs de 360.

Nous savons que $360 = 2^3 \times 3^2 \times 5$. On doit prendre 2 avec l'un des exposants 0, 1, 2 et 3 (avec la convention $2^0 = 1$), puis 3 avec l'un des exposants 0, 1 et 2, et enfin 5 avec l'exposant 0 ou 1. Au total $4 \times 3 \times 2 = 24$ possibilités.
On obtient d'abord :

1	2	2^2	2^3

les produits de ces nombres par 3 et par 3^2 :

3	2×3	$2^2 \times 3$	$2^3 \times 3$
3^2	2×3^2	$2^2 \times 3^2$	$2^3 \times 3^2$

enfin, les produits de chacun des nombres précédents par 5 :

5	2×5	$2^2 \times 5$	$2^3 \times 5$
3×5	$2 \times 3 \times 5$	$2^2 \times 3 \times 5$	$2^3 \times 3 \times 5$
$3^2 \times 5$	$2 \times 3^2 \times 5$	$2^2 \times 3^2 \times 5$	$2^3 \times 3^2 \times 5$

En résumé, nous avons trouvé les vingt-quatre nombres :

1	2	4	8	3	6	12	24
9	18	36	72	5	10	20	40
15	30	60	120	45	90	180	360

Plus grand commun diviseur

Soient a et b des nombres entiers naturels non nuls. Parmi les diviseurs communs à a et à b, il en est un et un seul qui est multiple de tous les autres ; on l'appelle le *plus grand commun diviseur* de a et de b, et on le note P.G.C.D. (a,b), ou encore d.

On dit aussi plus grand diviseur commun à a et b ; on note alors P.G.D.C. (a,b).

Exemple. Le P.G.C.D. de 63 et de 42 est 21.

La définition s'étend au cas du plus grand commun diviseur de plusieurs nombres.

La notion de P.G.C.D. intervient souvent dans les calculs : obtention de règles de divisibilité (voir p. 53), simplification des fractions (voir p. 78).

Recherche du P.G.C.D.

Première méthode. Décomposition en facteurs premiers

Pour calculer le P.G.C.D. de plusieurs nombres, on décompose chacun d'eux en facteurs premiers. On forme ensuite le produit des facteurs premiers communs à tous les nombres, chaque facteur étant affecté du plus petit des exposants qu'il a dans ces nombres.

Exemples **1.** Calculer le P.G.C.D. de 630, 840 et 420.

Décomposons ces nombres en produits de facteurs premiers. On trouve aisément :

$$630 = 2 \times 3^2 \times 5 \times 7$$

$$840 = 2^3 \times 3 \times 5 \times 7$$

$$420 = 2^2 \times 3 \times 5 \times 7$$

Les nombres premiers 2, 3, 5 et 7 divisent tous trois les nombres donnés. Dans chaque cas, le plus petit des exposants est 1. Le P.G.C.D. est donc $2 \times 3 \times 5 \times 7 = 210$.

2. Calculer le P.G.C.D. de 3 480, 8 250 et 45 045.

Nous venons de voir que :

$$\mathbf{3\,480 = 2^3 \times 3 \times 5 \times 29}$$

$$\mathbf{8\,250 = 2 \times 3 \times 5^3 \times 11}$$

$$\mathbf{45\,045 = 3^2 \times 5 \times 7 \times 11 \times 13}$$

Seuls les facteurs 3 et 5 sont communs. Ici encore, le plus petit des exposants est dans chaque cas 1. Le P.G.C.D. est donc $3 \times 5 = 15$.

3. Calculer le P.G.C.D. de $2^3 \times 3^5 \times 5^2 \times 11^2$

$2^4 \times 3^4 \times 5^3 \times 7^2 \times 11^3$

$2^2 \times 3^4 \times 5^3 \times 13 \times 19$

Le P.G.C.D. est $2^2 \times 3^4 \times 5^2 = 8\,100$.

Seconde méthode. Algorithme d'Euclide

Cherchons le P.G.C.D. de *a* et de *b*, où $a \geqslant b$. On effectue la division euclidienne de *a* par *b* :

$$a = bq + r; \qquad r < b$$

On recommence avec *b* et *r*, et ainsi de suite. Le dernier reste non nul est le P.G.C.D. cherché.

Disposition pratique

On présente les divisions successives les unes à côté des autres, pour ne pas recopier les nombres. On écrit les quotients au-dessus des diviseurs, pour laisser la place nécessaire à la division suivante.

L'intérêt de cette méthode est d'éviter la décomposition préalable de a et de b en facteurs premiers.

Exemple Calculer le P.G.C.D. de 28 420 et de 4 116.

	6	1	9	2
28 420 − 24 696	4 116 − 3 724	3 724 − 3 528	392 − 392	196
3 724	392	196	0	

Le P.G.C.D. est 196.

Dans le cas de plusieurs nombres, on cherche le P.G.C.D. des deux premiers, puis le P.G.C.D. du nombre ainsi obtenu et du troisième, etc.

Exemple. Calculer le P.G.C.D. de 28 420, 4 116 et 14 210.

Nous venons de voir que le P.G.C.D. de 28 420 et de 4 116 est 196. Cherchons donc le P.G.C.D. de 14 210 et de 196.

	72	**2**
14 210 **− 1 372**	**196** **− 196**	**98**
490 **− 392**	**0**	
98		

Le dernier reste non nul est 98 ; c'est le P.G.C.D. des trois nombres donnés.

Propriétés du P.G.C.D.

Si *b* divise *a*, alors *b* est le P.G.C.D. de *a* et de *b*.

Exemple. Le P.G.C.D. de 192 et de 96 est 96.

Si l'on divise deux nombres par un même diviseur, le P.G.C.D. des quotients obtenus est égal au quotient par le même diviseur du P.G.C.D. des nombres donnés.
Si l'on multiplie deux nombres par un même facteur, le P.G.C.D. des produits obtenus est égal au produit par le même facteur du P.G.C.D. des nombres donnés.

Nombres premiers entre eux

On dit que deux nombres sont *premiers entre eux* s'ils n'ont pas de diviseur commun autre que 1 ; cela revient à dire que leur P.G.C.D. est égal à 1.

Exemples. Les nombres 15 et 8 sont premiers entre eux. En effet, les diviseurs de 15 sont 1, 3 et 5, tandis que les diviseurs de 8 sont 1, 2, 4 et 8.

Les nombres 28 et 35 ne sont pas premiers entre eux, car ils sont tous deux multiples de 7.

Tout nombre premier est premier avec les nombres qui ne sont pas ses multiples.

La définition s'étend au cas de plusieurs nombres : on dit que des nombres sont *premiers entre eux dans leur ensemble* s'ils n'ont pas de diviseur commun autre que 1.

Cela ne signifie pas que ces nombres sont premiers entre eux deux à deux.

Exemples. Les nombres 12, 15 et 25 sont premiers entre eux dans leur ensemble, car ils n'ont pas de diviseur commun autre que 1. Cependant, 12 et 15 ne sont pas premiers entre eux, puisqu'ils sont tous deux divisibles par 3 ; de même, 15 et 25, étant divisibles par 5, ne sont pas premiers entre eux.

En revanche, les nombres 12, 25 et 49 sont premiers entre eux deux à deux ; à plus forte raison, ils sont premiers entre eux dans leur ensemble.

Les quotients de deux nombres par leur P.G.C.D. sont premiers entre eux.

Exemple Le P.G.C.D. de 3 780 et de 2 970 est 270. Les quotients de ces nombres par 270 sont 14 et 11. On vérifie que 14 et 11 sont premiers entre eux.

La propriété précédente sera utilisée pour simplifier les fractions (voir p. 78).

Calcul mental

Les règles de calcul sur les P.G.C.D. permettent de trouver très rapidement le P.G.C.D. de deux nombres, grâce à des mises en facteur.

Exemple Pour trouver le P.G.C.D. de 360 et de 630, on commence par mettre 10 en facteur. On est ramené au cas de 36 et de 63. Ces derniers nombres sont des multiples de 9 :

$$\mathbf{36 = 9 \times 4} \qquad\qquad \mathbf{63 = 9 \times 7}$$

Enfin, 4 et 7 sont premiers entre eux. Le P.G.C.D. de 36 et 63 est 9 ; celui de 360 et de 630 est 90.

Divisibilité par un produit

Pour qu'un nombre soit divisible par un produit de deux facteurs premiers entre eux, il faut et il suffit qu'il soit divisible par chacun d'eux.

On obtient ainsi de nouveaux caractères de divisibilité :
Un nombre est divisible par 6 si et seulement s'il est divisible par 2 et 3.
Un nombre est divisible par 12 si et seulement s'il est divisible par 3 et 4.

On énoncera des règles analogues pour la divisibilité par 15, par 18, etc.

■ Ne pas oublier qu'il s'agit de facteurs premiers entre eux. Il serait faux de dire qu'un nombre est divisible par 18 s'il est divisible par 3 et 6. (Penser au cas de $12 = 3 \times 4 = 6 \times 2$.)

La propriété s'étend au cas de plusieurs facteurs premiers entre eux deux à deux.

Exemple Le nombre 42 636 est divisible par 3, par 4 et par 11 ; il est donc divisible par $3 \times 4 \times 11 = 132$.

— Tout nombre qui divise un produit de deux facteurs et qui est premier avec l'un d'eux divise l'autre.

— Tout nombre premier qui divise un produit de facteurs divise au moins l'un d'eux.

— Tout nombre premier qui divise un produit de facteurs premiers est égal à l'un d'eux.

— Tout nombre premier qui divise une puissance d'un nombre divise ce nombre.

Plus petit commun multiple

Soient *a* et *b* des nombres entiers naturels non nuls. Parmi les multiples communs à *a* et à *b*, il en est un et un seul qui divise tous les autres ; on l'appelle le *plus petit commun multiple* à *a* et à *b*, et on le note P.P.C.M. (a,b), ou encore m.

On dit aussi plus petit multiple commun à a et b ; on note alors P.P.M.C. (a,b).

Exemple Le P.P.C.M. de 63 et 42 est 126.

La définition s'étend au cas du plus petit commun multiple de plusieurs nombres.

La notion de P.P.C.M. intervient dans la réduction des fractions au même dénominateur (voir p. 80).

Recherche du P.P.C.M.

Pour calculer le P.P.C.M. de plusieurs nombres, on décompose chacun d'eux en facteurs premiers. On forme ensuite le produit des facteurs premiers d'au moins l'un des nombres, chaque facteur étant affecté du plus grand des exposants qu'il a dans ces nombres.

Exemple. Calculer le P.P.C.M. de 630, 840 et 420.

La décomposition de ces nombres en facteurs premiers (voir p. 49) montre que $m = 2^3 \times 3^2 \times 5 \times 7 = 2\,520$.

■ Il n'y a pas de règle analogue à l'algorithme d'Euclide. Cependant, la connaissance du P.G.C.D. de deux nombres permet d'obtenir aussitôt leur P.P.C.M. En effet :

Le produit de deux nombres est égal au produit de leur P.G.C.D. et de leur P.P.C.M.

$$ab = md.$$

Exemple Le P.G.C.D. de 3 780 et de 2 970 est 270. On en déduit que leur P.P.C.M. est :

$$m = 14 \times 2\,970 = 41\,580$$

Calcul mental

Si b divise a, le P.P.C.M. de a et b est a.

Exemple Le P.P.C.M. de 96 et 192 est 192.

Si a et b sont premiers entre eux, leur P.P.C.M. est leur produit.

Exemple Le P.P.C.M. de 15 et 22 est $15 \times 22 = 330$.

La recherche du P.P.C.M. se simplifie lorsqu'on divise les nombres donnés par leur P.G.C.D.

Exemple Les nombres 360 et 75 sont divisibles par 3 et par 5, donc par 15. Les quotients sont 24 et 5, nombres premiers entre eux. Le P.P.C.M. est donc $24 \times 5 \times 15 = 1\,800$.

EXERCICES

1 Reconnaître si les nombres suivants sont premiers, et trouver leur plus petit diviseur premier :

79 89 83 97 101 107 149 167 179 187

911 181 283 193 4 913 1 081 8 281 4 761

2 Décomposer en facteurs premiers les nombres suivants :

380 176 605 4 774 2 424 1 200 108×65

$24^2 \times 33^4 \times 7^3$ 8 776 4 500 5 740 10 530

3 On considère le nombre 504.

a) Décomposer ce nombre en un produit de nombres premiers.

b) Trouver tous les diviseurs de 504.

4 Trouver le plus petit commun multiple des nombres :

120 et 160 ; 150 et 225 ; 128 et 230 ; 156 et 144 ; 972 et 1 134 ; 168, 252 et 336 ; 110, 77 et 22 ; 38, 57 et 95.

5 Trouver le plus petit des nombres entiers qui, divisés par 2, 5, 11 et 26 donnent toujours 1 pour reste.

6 Trouver le plus petit nombre divisible à la fois par les entiers de 2 à 12.

7 On considère les deux nombres : 400 et 375. Trouver leur P.G.C.D. et leur P.P.C.M.

8 Trouver deux nombres entiers, sachant que leur produit est 32 928 et que leur P.G.C.D. est 28.

9 On veut planter le long d'un champ triangulaire des arbres équidistants, de telle sorte qu'il y ait un arbre à chaque sommet. Les longueurs des côtés sont 128 m, 144 m et 192 m. Quel est le plus grand intervalle possible entre deux arbres ? Combien d'arbres faut-il alors planter ?

10 On veut planter le long des bords d'une plate-bande rectangulaire des rosiers équidistants, de telle sorte que la distance d'un rosier au suivant soit comprise entre 1 m et 2 m, et qu'il y ait un rosier à chaque coin. La longueur est 14,84 m et la largeur, 10,60 m. Trouver le nombre de rosiers.

Immatriculation et clé de contrôle

Numéro I.N.S.E.E. et numéro S.I.R.E.N.E.

Pour représenter un individu ou un établissement, on utilise le numéro matricule déterminé par l'Institut National de la Statistique et des Etudes économiques (I.N.S.E.E.) ou par le Système Informatique pour la Représentation des Entreprises et des Etablissements (S.I.R.E.N.E.).

Numéro I.N.S.E.E.

Le numéro matricule d'un individu comporte désormais 15 chiffres (naguère 13 chiffres).
Le premier chiffre à partir de la gauche est 1 pour un homme, 2 pour une femme.
Les deux chiffres suivants sont les deux derniers chiffres du millésime de naissance ; les deux chiffres d'après désignent le mois de naissance (de 01 à 12).
Les deux groupes de trois chiffres représentent la commune de naissance (ou pour Paris, 1 suivi du numéro de l'arrondissement) et le numéro d'inscription sur le registre d'état civil le mois considéré.
Enfin, le matricule est accompagné d'une *clé de contrôle.* C'est un nombre de deux chiffres, de 01 à 97, permettant de déceler une erreur éventuelle. C'est le complément à 97 du reste de la division par 97 du nombre formé par les 13 premiers chiffres.

Un nombre de 15 *chiffres permet l'immatriculation de* 10^{15} *individus (soit un million de milliards). En fait, le code offre :*

2 *possibilités pour le sexe*	95 *pour le département*
100 *pour l'année*	999 *pour la commune*
12 *pour le mois*	999 *pour le numéro d'inscription.*

Au total :

$$2 \times 100 \times 12 \times 95 \times 999 \times 999 = 227\,544\,228\,000,$$

c'est-à-dire seulement un peu moins de 228 milliards.
Bien que deux Français ne puissent jamais porter le même numéro à 15 chiffres (sauf dans le cas d'un centenaire), le matricule ne contient pas suffisamment d'informations : la preuve en est que toute feuille de maladie comporte, outre la demande du matricule, celle de la date de naissance. (Le quantième du mois n'a pas été pris en compte par l'I.N.S.E.E.)

Exemple **1 35 03 75 109 019 50**

Sexe masculin.
Année de naissance : 1935.
Mois de naissance : mars.
Département : Paris.
Ville : Paris (IXe arrondissement).
Dix-neuvième personne inscrite sur les registres de l'état civil de la mairie du IXe en mars 1935.
Le nombre 50 est la clé de contrôle.

On vérifiera que : $\mathbf{1\,350\,375\,109\,019 = 97 \times 13\,921\,392\,876 + 47}$

Le complément à 97 du reste est $97 - 47 = 50$.

Remarque. *Les calculatrices de poche ne permettent pas d'écrire un nombre à 15 chiffres ; la division par 97 ne peut donc se faire directement. Notons cependant que :*

$$100 = 1 \times 97 + 3$$
$$10\,000 = 103 \times 97 + 9$$
$$1\,000\,000 = 10\,309 \times 97 + 27$$

On peut par exemple commencer par diviser le matricule par 10^6 (ce qui revient à séparer les 6 derniers chiffres). Ainsi :

$$1\,350\,375\,109\,019 = 1\,350\,375 \times 10^6 + 109\,019$$

Le reste de la division par 97 est le même que pour

$$109\,019 + 27 \times 1\,350\,375 = 36\,569\,144$$

On est donc ramené à un nombre entrant dans la calculatrice. D'où le reste :

$$36\,569\,144 = 97 \times 377\,001 + 47$$

(Ce procédé ne donne pas le quotient, mais seulement le reste, ce qui suffit pour trouver la clé de contrôle.)

Le numéro d'employeur « gens de maison » comporte 12 chiffres et une lettre de contrôle. Le code 900 ou 901 signifie employeur de personnel domestique. Les deux chiffres suivants désignent le département. Les trois chiffres d'après correspondent à la commune (dans le cas de Paris, 1 suivi du numéro de l'arrondissement). Enfin, les quatre derniers chiffres désignent le numéro de l'employeur dans la commune considérée.
La lettre de contrôle est prise parmi les 24 lettres de l'alphabet autres que *I* et *O*.

Ces deux lettres peuvent prêter à confusion avec les chiffres 1 *et* 0. *La même remarque vaut pour le numéro minéralogique des véhicules.*

La lettre correspond à un nombre compris entre 00 et 27, suivant le tableau ci-dessous :

00	*A*	10	*J*	20	*S*
01	*B*	11	*K*	21	*T*
02	*C*	12	*L*	22	*U*
03	*D*	13	*M*	23	*V*
04	*E*	14	*N*	24	*W*
05	*F*	15	*P*	25	*X*
06	*G*	16	*Q*	26	*Y*
07	*H*	17	*R*	27	*Z*

Les chiffres 8 *et* 9 *ne sont pas employés : il s'agit de la numération octale (voir page* 35*), comme c'est souvent le cas en informatique.*

Détermination de la lettre de contrôle

Les chiffres du numéro matricule de l'employeur sont codés, d'une manière dépendant de la colonne considérée, suivant le tableau ci-après.

On effectue la somme des chiffres des unités des divers codes, et l'on calcule le reste de la division par 8. On obtient ainsi un chiffre compris entre 0 et 7. C'est le chiffre des unités du numéro de la lettre de contrôle.

colonne 1 4 7 10		colonne 2 5 8 11		colonne 3 6 9 12	
chiffre	code	chiffre	code	chiffre	code
1	04	1	02	1	01
2	10	2	04	2	02
3	14	3	06	3	03
4	01	4	10	4	04
5	05	5	12	5	05
6	11	6	14	6	06
7	15	7	16	7	07
8	02	8	01	8	10
9	06	9	03	9	11
0	03	0	11	0	14

On effectue la somme des chiffres des dizaines des différents codes, et l'on calcule le reste de la division par 3. On obtient ainsi l'un des chiffres 0, 1 et 2. C'est le chiffre des dizaines de la lettre de contrôle.
Ce procédé fournit un nombre entre 00 et 27. Il ne reste plus qu'à convertir ce nombre en une lettre, grâce à la liste précédente.

Exemple. Considérons le matricule 900 78 224 0155.

Nous écrivons successivement le numéro de colonne (de gauche à droite), le chiffre du matricule, sa codification compte tenu de la colonne :

chiffre des dizaines et en dessous chiffre des unités.

colonne	1	2	3	4	5	6	7	8	9	10	11	12	total
matricule	9	0	0	7	8	2	2	4	0	1	5	5	
dizaines	0	1	1	1	0	0	1	1	1	0	1	0	7
unités	6	1	4	5	1	2	0	0	4	4	2	5	34

$$\mathbf{7 = 3 \times 2 + 1} \qquad \mathbf{34 = 8 \times 4 + 2}$$

Le numéro de la lettre de contrôle est 12. En se reportant à la liste, on trouve la lettre *L*.

Numéros SIREN et SIRET

Le numéro SIREN d'une entreprise comporte 9 chiffres. Le numéro de classement interne (ou NIC), caractérisant l'établissement dans l'entreprise, comporte 5 chiffres. L'ensemble des 14 chiffres constitue le numéro SIRET de l'entreprise.

Pour éviter toute confusion avec un numéro I.N.S.E.E., le numéro SIREN ne commence jamais par un 1 *ou un* 2.

Le numéro SIRET d'un établissement est pourvu de deux clés de contrôle, en 9e position et en 14e position.
Le principe de contrôle est le même, qu'il s'agisse du numéro SIREN ou du numéro SIRET. On effectue la somme des chiffres de rang pair à partir de la droite (le chiffre de contrôle étant exclu). On multiplie les chiffres de rang impair par 2, et on effectue la somme des chiffres des nombres ainsi obtenus. On ajoute les deux sommes entre elles. Le chiffre de contrôle est le nombre que l'on doit ajouter pour obtenir un multiple de 10. Ce mode de calcul s'appelle *formule de Luhn ;* nous le retrouverons à propos des clés bancaires (cas de la Société Générale, voir p. 64). On l'emploie aussi pour les cartes de crédit.

Exemple. Considérons le numéro SIRET 353 446 321 02902.

Le matricule SIREN est 353 446 321, et le NIC est 02902. Les chiffres de contrôle sont 1 et 2.
Le numéro SIREN, sans la clé, se réduit à 35344632. La somme des chiffres de rang pair est $3 + 4 + 3 + 3 = 13$. Pour les chiffres de rang impair, on obtient $4 + (1 + 2) + 8 + (1 + 0) = 16$. (Remplacer 2×6 par 12, puis par $1 + 2$; de même, 5 doit être remplacé par 10, puis par $1 + 0$.)
On obtient finalement $13 + 16 = 29$. Le chiffre de contrôle doit donc être 1. On retrouve donc le matricule SIREN à 9 chiffres :

353 446 321

Pour trouver le second chiffre de contrôle, recommençons les opérations en adjoignant les quatre chiffres suivants :

353 446 321 0290

Les chiffres de rang pair donnent $\mathbf{9 + 0 + 2 + 6 + 4 + 5 = 26}$.
Les chiffres de rang impair conduisent à

$$\mathbf{0 + 4 + 2 + 6 + 8 + 6 + 6 = 32}$$

(Le calcul est plus simple que la première fois, car il n'y a pas de retenue.) Au total : $26 + 32 = 58$. La seconde clé de contrôle (ou 14e chiffre) est donc 2.

Clés bancaires

Clé RIB

Le relevé d'identité bancaire (en abrégé RIB) comporte :
- — le code banque (5 chiffres) ;
- — le code guichet (5 chiffres) ;
- — le numéro de compte (11 chiffres) ;
- — la clé RIB (2 chiffres).

La clé RIB sert à contrôler les numéros des comptes bancaires, pour déceler d'éventuelles erreurs de transcription. Le principe est couvert par le secret bancaire, afin de décourager les fraudeurs. En l'occurrence, il s'agit du secret de Polichinelle, car la règle est exactement la même que pour le numéro I.N.S.E.E. (voir p. 57).

On écrit à la suite les 21 chiffres du code banque, du code guichet et du numéro de compte, puis deux fois le chiffre 0 (ce qui revient à multiplier par 100). On divise le nombre ainsi obtenu par 97 ; la clé RIB est le complément à 97 du reste. Certaines banques utilisent des lettres conjointement aux chiffres. La détermination de la lettre-clé s'effectue suivant les mêmes règles que pour le numéro matricule d'un employeur (voir p. 59), le numéro étant complété par un zéro à gauche pour arriver à un nombre à 11 chiffres. On remplace les caractères alphabétiques par leurs équivalents numériques, suivant le tableau ci-dessous (code Hollerith) :

Les chiffres de 2 à 9 correspondent chacun à trois lettres, le chiffre 1, à deux lettres seulement.

1	2	3	4	5	6	7	8	9
A *J*	*B* *K* *S*	*C* *L* *T*	*D* *M* *U*	*E* *N* *V*	*F* *O* *W*	*G* *P* *X*	*H* *Q* *Y*	*I* *R* *Z*

En pratique, on procède comme pour le numéro I.N.S.E.E. On décompose le nombre de 23 chiffres en tranches de 6 chiffres à partir de la droite. On multiplie la deuxième tranche par 27, la troisième par 27^2, la quatrième par 27^3 et l'on ajoute les résultats pour obtenir un nombre entrant dans la calculatrice.

Exemples **1.** Considérons le cas de la banque 30004, du guichet 01441 et du compte 00006083616. La clé RIB est 63.

On peut effectuer la division de

30 004 014 410 000 608 361 600 par 97

On peut aussi utiliser la remarque précédente. On effectue alors la somme des produits :

$$\mathbf{27^3 \times 30\,004 = 590\,568\,732}$$
$$\mathbf{27^2 \times 14\,410 = 10\,504\,890}$$
$$\mathbf{27 \times 608 = 16\,416}$$

à laquelle on ajoute 361 600. On obtient ainsi le nombre 601 451 638. Le reste dans la division par 97 est 34 ; le complément à 97 est donc bien 63.

2. Soit maintenant le cas de 30002 08900 0000065306 *J*. La lettre *J* doit être remplacée par le chiffre 1. En divisant le nombre 30 002 0890 000 000 065 306 100 par 97, on trouve comme reste 64. La clé RIB est donc 33.

Clé interne

La clé RIB permet un contrôle interbancaire. Dans une banque donnée, le numéro de compte est muni d'une clé de contrôle, suivant une procédure propre à cette banque.

BNP

Le calcul de cette clé interne est calqué sur celui de la clé RIB. On écrit à la suite le numéro de l'agence, le numéro de compte (limité à 6 chiffres, c'est-à-dire sans les trois zéros en tête) et deux fois le chiffre 0. On divise le nombre ainsi obtenu par 97, et l'on prend le complément à 97.

Exemple Dans le cas du compte 060 142 tenu par l'agence 01441, on doit diviser 144 106 014 200 par 97.
Ici aussi, on se contente de chercher le reste sans déterminer le quotient. On sépare donc les 6 derniers chiffres :

$$\mathbf{27 \times 144\,106 + 14\,200 = 3\,905\,062 = 97 \times 40\,258 + 36}$$

Le complément à 97 est 61.

Le numéro du compte, clé incluse, est 060142 61.

On vérifiera que **144 106 014 261 = 1 485 629 013 × 97**

Le numéro de compte est désormais suivi de la clé interne. Pour calculer la clé RIB, on insère trois zéros, et l'on fait précéder le nombre obtenu du code banque. On remarque que, dans le cas de la BNP, la clé RIB ne dépend pas du numéro de compte, mais seulement du code guichet : tous les comptes d'une agence donnée ont la même clé RIB (ce qui diminue l'intérêt de celle-ci).

Société Générale

On emploie la formule de Luhn (voir p. 61).

On ajoute les chiffres de rang pair (à partir de la droite) et les chiffres de rang impair préalablement multipliés par 2. (Si le produit est supérieur à 10, on le remplace par la somme des deux chiffres. Par exemple, 2 × 7 doit être remplacé par 1 + 4, soit 5.) La clé est le chiffre que l'on doit ajouter pour obtenir la dizaine supérieure.
Suivant une procédure en voie d'abandon, on effectue ce calcul sur le numéro de compte à 6 chiffres. Une autre méthode consiste à mettre bout à bout le code guichet à 5 chiffres et le numéro de compte, limité à 5 chiffres.

Exemple. Considérons le compte 073830, tenu par l'agence 05000. Suivant la première méthode, on forme 3 + 3 + 7 + 5 = 18. (Le chiffre 7 correspond à 2 × 8 = 16 et 1 + 6 = 7.) La clé est 20 − 18 = 2.

La seconde méthode conduit à un calcul analogue sur le nombre 0500073038. On trouve cette fois 3 + 3 + 7 + 5 + 1 = 19. La clé est alors 1.

Crédit du Nord

On considère le nombre à 8 chiffres formé des 3 derniers chiffres du code guichet et de 5 chiffres du numéro de compte. On multiplie les chiffres à partir de la droite par 2, par 3, etc. jusqu'à 9 pour le chiffre de tête, et l'on ajoute le tout. On divise le résultat par 11. La clé (à un chiffre) est le complément à 11 du reste. (Les numéros de compte donnant un reste égal à 1, et donc à une clé égale à 10, ne sont pas attribués.) La règle est analogue pour la C.N.C.A.

Exemple Soit le compte 21211 tenu par l'agence 02020. On considère le nombre 02021211. On forme :

$$\mathbf{2 \times 1 + 3 \times 1 + 4 \times 2 + 5 \times 1 + 6 \times 2 + 7 \times 0 + 8 \times 2 + 9 \times 0 = 46}$$

Le reste de la division de 46 par 11 est 2 ; la clé interne est donc 9.

B.R.E.D. On effectue le même calcul que pour le Crédit du Nord, mais en remplaçant 11 par 10. Cela revient à ne considérer que le chiffre des unités du résultat, et à prendre son complément à 10. (Si le chiffre obtenu est 0, la clé est 0.)

Exemple. Soit le compte 51904139. On forme :

$$\mathbf{2 \times 9 + 3 \times 3 + 4 \times 1 + 5 \times 0 + 6 \times 9 + 7 \times 1 + 8 \times 5 = 147.}$$

Le chiffre des unités est 7 ; la clé interne est 3.

Codes magnétiques et codes à barres

La représentation des nombres par des chiffres est souvent doublée par une représentation codée, en un langage lisible par les ordinateurs.

Code CMC7

Les caractères magnétiques CMC7 sont utilisés sur tous les chèques, bancaires et postaux, en vue d'un traitement informatique.

Le code CMC7 a été mis au point vers 1960 par la Compagnie des Machines BULL, laquelle a fait abandon de ses droits éventuels sur l'usage de ce caractère au profit de la normalisation.

Structure des caractères

Le code CMC7 est alphanumérique : il permet de représenter les dix chiffres, les vingt-six lettres de l'alphabet, ainsi que cinq symboles.
Chaque caractère est constitué de sept bâtonnets, définissant six intervalles. Les bâtonnets sont découpés de telle sorte que l'ensemble figure le dessin d'un caractère. (Autrement dit, les caractères codés sont lisibles par l'homme, sans qu'il soit nécessaire d'expliciter à côté leur signification.)

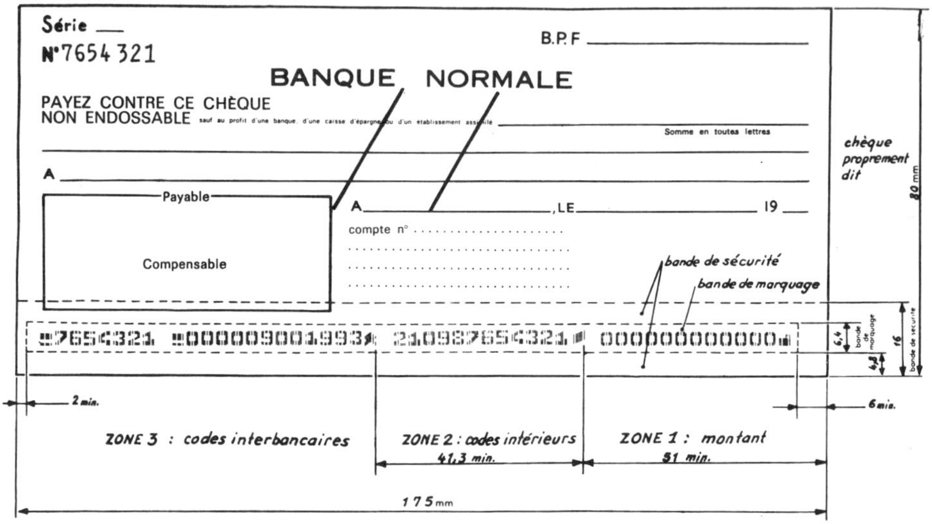

Le marquage magnétique comporte, de la droite vers la gauche, les codes internes, les codes interbancaires et le numéro du chèque. Ce marquage sera précédé au moment du traitement informatique par le montant du chèque.

On emploie deux sortes d'intervalles entre les bâtonnets : intervalles courts et intervalles longs. (Les bâtonnets ont tous la même largeur.) Pour représenter les chiffres et les symboles, on utilise deux intervalles longs. Pour représenter les lettres, on utilise un ou trois intervalles longs.

■ Il y a $\frac{6 \times 5}{2} = 15$ manières de choisir deux intervalles longs parmi les six intervalles, ce qui permet de coder les 10 chiffres et aussi 5 symboles. Il y a 6 manières de choisir un intervalle long parmi les six ; il y a $\frac{6 \times 5 \times 4}{3 \times 2 \times 1} = 20$ manières de choisir trois intervalles longs parmi les six. On peut donc représenter ainsi les 26 lettres.

Détaillons le premier calcul : il y a 6 manières de choisir le premier intervalle long parmi les six ; on doit alors choisir un intervalle long parmi les cinq intervalles restants. Par ce procédé, chaque paire d'intervalles longs est obtenue deux fois ; c'est pourquoi l'on divise le produit 6 × 5 par 2. Le dernier calcul se traite de même, à ceci près que chaque combinaison de trois intervalles longs est obtenue six fois.

Les tableaux suivants donnent l'affectation des combinaisons aux caractères. Les intervalles sont numérotés de 1 à 6, de la gauche vers la droite du caractère imprimé. Les valeurs des intervalles sont représentées par des 0 (zéro) (intervalles courts) ou des 1 (un) (intervalles longs).

1	2	3	4	5	6	
1	0	0	0	1	0	1
0	1	1	0	0	0	2
1	0	1	0	0	0	3
1	0	0	1	0	0	4
0	0	0	1	1	0	5
0	0	1	0	1	0	6
1	1	0	0	0	0	7
0	1	0	0	1	0	8
0	1	0	1	0	0	9
0	0	1	1	0	0	0
1	0	0	0	0	1	SI
0	1	0	0	0	1	SII
0	0	1	0	0	1	SIII
0	0	0	1	0	1	SIV
0	0	0	0	1	1	SV

1	2	3	4	5	6	
0	1	0	0	0	0	A
1	0	1	0	1	0	B
0	0	0	1	1	1	C
1	0	0	1	1	0	D
0	0	0	1	0	0	E
0	0	1	0	1	1	F
1	0	0	0	1	1	G
1	0	1	1	0	0	H
0	0	0	0	0	1	I
1	0	1	0	0	1	J
0	1	1	0	1	0	K
0	1	0	0	1	1	L
0	0	1	1	1	0	M

1	2	3	4	5	6	
0	0	1	0	0	0	N
1	0	0	0	0	0	O
0	1	0	1	1	0	P
1	1	1	0	0	0	Q
0	1	1	1	0	0	R
0	1	0	1	0	1	S
0	0	0	0	1	0	T
1	1	0	1	0	0	U
1	1	0	0	0	1	V
1	0	0	1	0	1	W
1	1	0	0	1	0	X
0	1	1	0	0	1	Y
0	0	1	1	0	1	Z

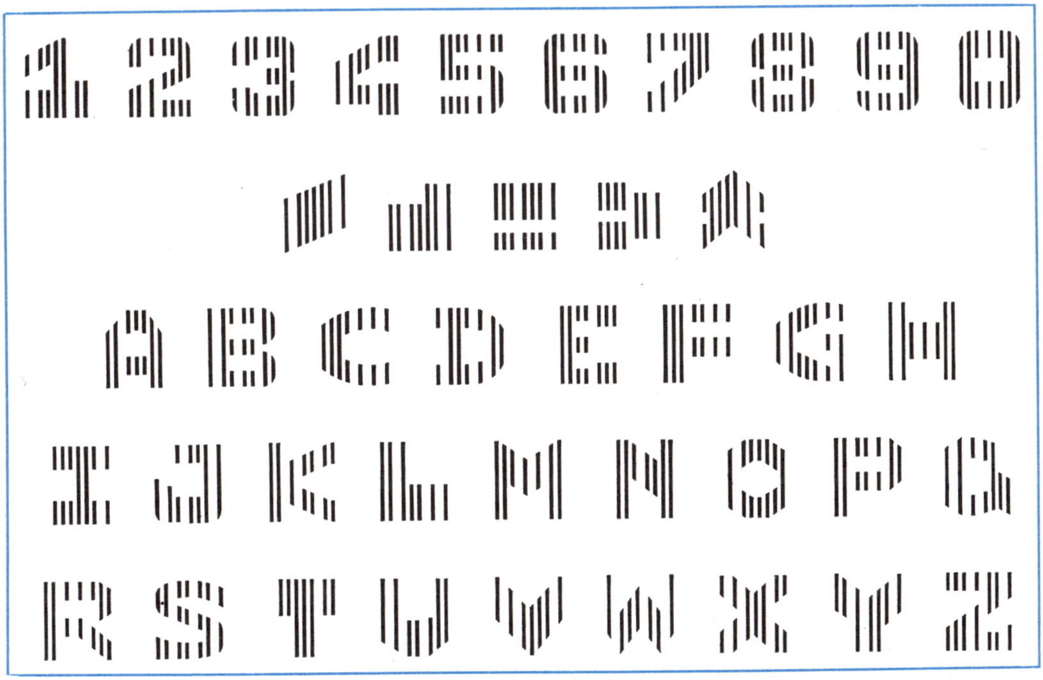

Les bâtonnets sont imprimés avec de l'encre magnétique. La reconnaissance des caractères est effectuée par identification des longueurs des intervalles entre bâtonnets successifs. On emploie à cet effet des têtes de lecture magnétique analogues à celles des magnétophones et des magnétoscopes. (La forme des caractères n'intervient pas dans la reconnaissance automatique ; elle ne sert que pour un contrôle humain.)

Codes à barres : GENCOD

On peut aussi représenter les chiffres par des traits plus ou moins larges, la reconnaissance des symboles s'effectuant par lecture optique.

Le risque de perte d'information est beaucoup moins grand que dans le cas du codage magnétique (lequel est sensible au contact direct des métaux). En principe, la lecture optique peut se faire à travers un emballage transparent, tel que le film rétractable.

Il existe une cinquantaine de symbolisations en France, répondant aux besoins spécifiques de l'automobile, de l'industrie pharmaceutique, etc. Nous décrivons ici la symbolisation internationale GENCOD, que l'on trouve sur les produits alimentaires, ainsi qu'au dos du présent livre.

9 782010 087806

Ce symbole représente une succession de 13 chiffres à l'aide de barres foncées plus ou moins larges, sur fond clair. Chaque chiffre codé est représenté en dessous « en clair », au cas où la lecture optique serait impossible. La lecture optique, discernant le début et la fin des symboles, est possible dans les deux sens.
Les sept premiers chiffres sont attribués par GENCOD (les deux premiers correspondent au pays : 30 à 37 pour la France). Les chiffres nos 7 à 12, désignant le produit, sont choisis par le fabricant. Le dernier chiffre sert au contrôle. Dans le cas des livres, le code commence par 978.

Liste d'attribution des identifications aux autorités nationales pour la symbolisation à la source des articles

Etiquettes des Autorités de Codification	Détenteurs et seuls utilisateurs des identifications pour la symbolisation à la source
00 - 01 03 04 06 09	UPC + CANADA
20 à 29	EAN (+ distributeurs)
30 à 37	FRANCE (GENCOD)
40 à 43	ALLEMAGNE (C.C.G.)
49	JAPON (Distr. Code Center)
50	ANGLETERRE (A.N.A.)
54	BELGIQUE + LUXEMBOURG (ICODIF)
57	DANEMARK (Dansk Varek. Adm.)
64	FINLANDE (Centr. Ch. of Cce)
70	NORVEGE (Norsk Varekodefor.)
73	SUEDE (Swedish EAN Comm.)
76	SUISSE (S.A.C.V.)
80 à 83	ITALIE (ITALCOD)
84	ESPAGNE (A.E.C.O.C.)
87	PAYS-BAS (U.A.C.)
90 - 91	AUTRICHE (EAN AUSTRIA)
93	AUSTRALIE (A.P.N.A.)
94	NELLE-ZELANDE (N.Z. Prod. Numb. Ass.)
97 à 99	EAN (1)

(1) L'identification 978 a été attribuée à l'utilisation du code ISBN (livres) à l'intérieur du code et symbole EAN 13.

Contrôle

Les caractères sont supposés numérotés de droite à gauche ; le premier chiffre est alors le chiffre de contrôle, ou modulus.

On détermine ce chiffre en effectuant les étapes suivantes.

Etape 1. On ajoute, en partant de la position 2 du code, les chiffres de position paire (2, 4, 6, 8, 10 et 12).

Etape 2. On multiplie par 3 le nombre ainsi obtenu.

Etape 3. On ajoute, en partant de la position 3 du code, les chiffres de position impaire (3, 5, 7, 9, 11 et 13).

Etape 4. On ajoute les résultats des étapes 2 et 3.

Etape 5. Le chiffre de contrôle est le plus petit nombre qui, ajouté au résultat de l'étape 4, donne un multiple de 10. (Autrement dit, le chiffre de contrôle est le complément à 10 du chiffre des unités si celui-ci est différent de 0, et 0 si ce chiffre est 0.)

Un tel code détecte une erreur simple, mais pas toujours une erreur multiple. Il existe des codes plus compliqués détectant une erreur double, triple, etc. Il existe même des codes autocorrecteurs, détectant et corrigeant les erreurs simples, voir les erreurs doubles. De tels codes sont employés lorsqu'on cherche une sécurité quasi absolue (codage des produits pharmaceutiques, des messages de guidage des fusées).

Exemples **1.** Considérons le symbole

3 102029 957031.

Etape 1 : $\mathbf{3 + 7 + 9 + 2 + 2 + 1 = 24}$

Etape 2 : $\mathbf{3 \times 24 = 72}$

Etape 3 : $\mathbf{0 + 5 + 9 + 0 + 0 + 3 = 17}$

Etape 4 : $\mathbf{72 + 17 = 89}$

Etape 5 : le chiffre de contrôle est 1 (car $\mathbf{89 + 1 = 90 = 9 \times 10}$)

2. Considérons de même le symbole

9 782010 075964.

On obtient cette fois

$$\mathbf{3 \times (6 + 5 + 0 + 1 + 2 + 7) + (9 + 7 + 0 + 0 + 8 + 9) = 3 \times 21 + 33 = 96}$$

Le chiffre de contrôle est donc 4.

Signification des barres

Les chiffres de 0 à 9 sont symbolisés par une succession de barres foncées sur fond clair (éventuellement dans les couleurs de l'emballage, sauf le rouge). Pour éviter tout risque d'erreur, il existe trois symbolisations, employées suivant la position du chiffre dans le symbole.

On choisit les barres foncées parmi 7 emplacements, ce qui laisse $2^7 = 128$ *éventualités. Avec 3 jeux, on utilise* $3 \times 10 = 30$ *combinaisons. Il y a donc* $128 - 30 = 98$ *combinaisons interdites, ce qui permet de déceler des erreurs de lecture avant même de vérifier le chiffre de contrôle.*

Intérêt du GENCOD

Le prix des articles se trouvant en mémoire dans un ordinateur, il n'est pas nécessaire de remplacer les étiquettes après chaque hausse (ou chaque baisse). En outre, la lecture optique supprime les risques d'erreurs, simplifie la tâche des caissières et diminue l'attente des clients. Enfin, l'ordinateur utilisé pour la facturation sert en même temps pour la gestion des stocks.

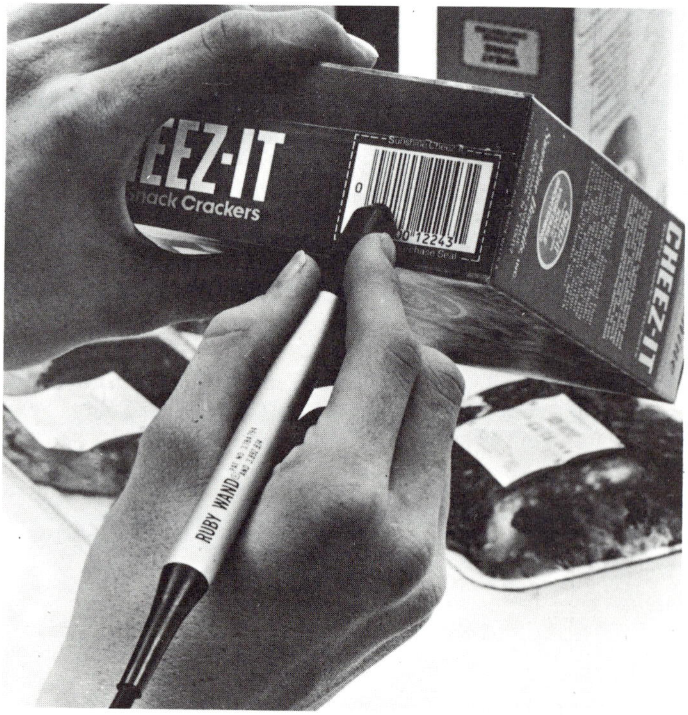

Lecture du code à barres. A la caisse d'un supermarché, le code est lu par simple passage du paquet sur une fenêtre. Il peut aussi être lu par un crayon spécial.

Symbolisation des caractères numériques

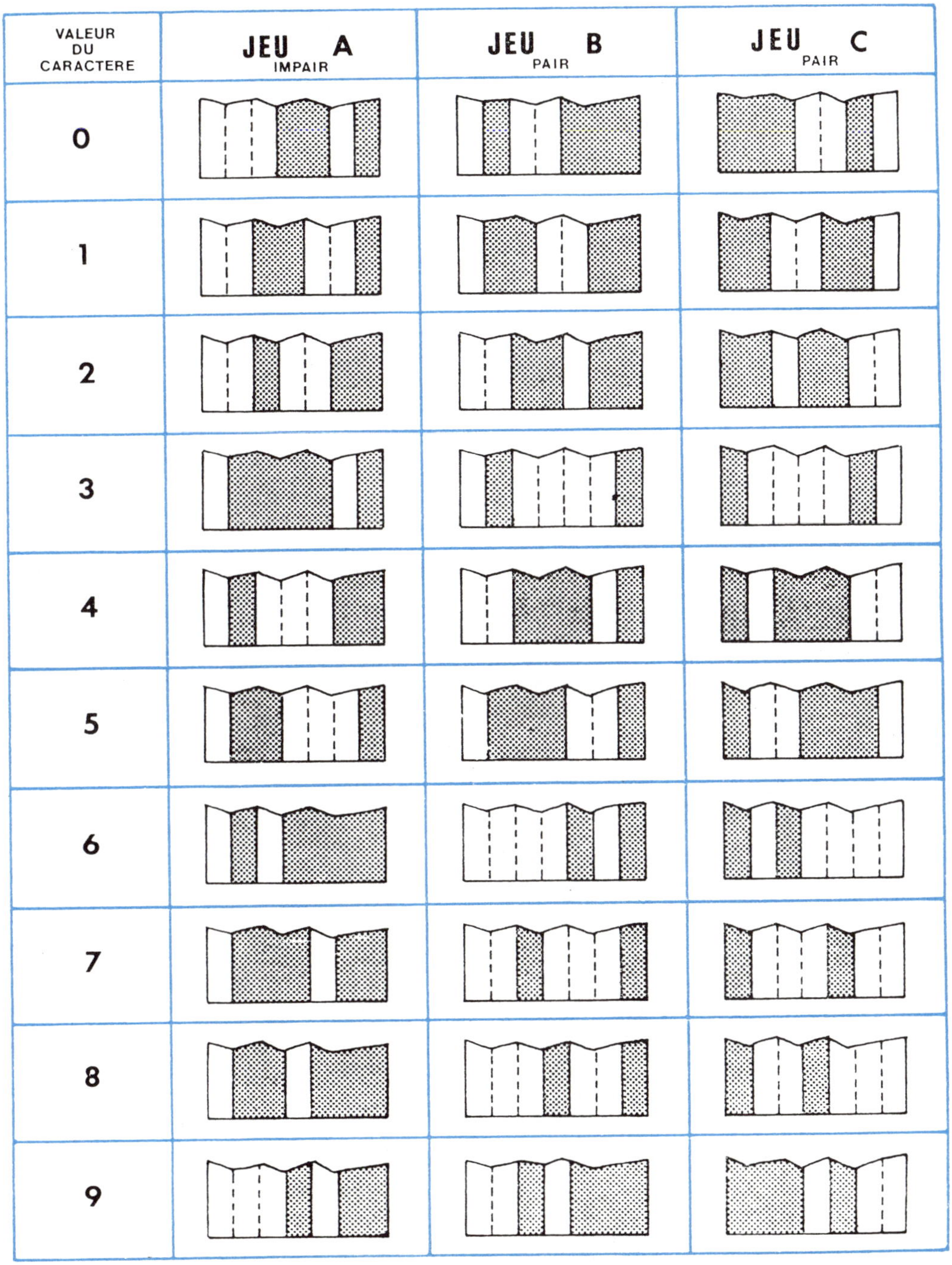

Dans le jeu A, il y a toujours un nombre impair de zones foncées (plus précisément, 3 ou 5). Par exemple, les chiffres 3, 6, 7 et 8 sont représentés par cinq zones foncées, et donc par deux zones claires. De même, dans les jeux B et C, il y a toujours 2 ou 4 zones foncées.

71. Immatriculation et clé de contrôle

Nombres entiers négatifs

En admettant l'existence de nombres inférieurs à zéro, ou nombres négatifs, on peut définir la différence de deux nombres a et b sans devoir supposer $b \leqslant a$.

■ La notion de nombre négatif intervient dans bien des circonstances :
— Températures en dessous de zéro (voir p. 100) ;
— Profondeur d'une fosse marine, altitude en dessous du niveau de la mer (voir p. 160) ;
— Solde débiteur (voir p. 107) ;
— Années avant notre ère (voir p. 174).
Dans chacun de ces cas, il s'agit de repérer un point sur une droite d'un côté ou de l'autre d'une origine.
En outre, les nombres négatifs sont indispensables dans l'écriture des multiples et des sous-multiples des unités : centimètre, dixième de seconde, milligramme, etc. (voir p. 93).

Opposé d'un nombre entier

Soit n un nombre entier naturel. La différence $0 - n$ s'appelle *opposé* de n, et se note $-n$.

La différence $0 - (-n)$ s'appelle opposé de $-n$; elle est égale au nombre n lui-même.

Exemples L'opposé du nombre 3 est -3 ; l'opposé de -3 est 3. L'opposé de 0, étant égal à 0, ne se note jamais -0.

Les nombres entiers naturels sont dits *positifs* ; les opposés des nombres entiers naturels sont dits *négatifs*.

■ Le nombre 0 est à la fois positif et négatif.

Un nombre qui est soit un entier naturel, soit l'opposé d'un entier naturel, est appelé *entier rationnel.*

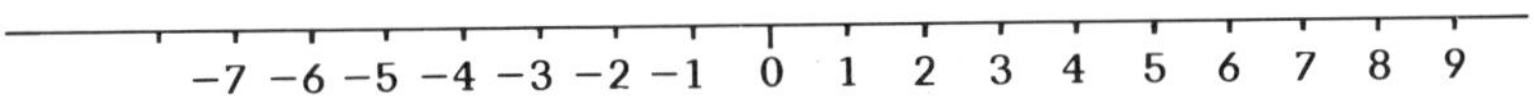

Les nombres entiers rationnels ont été appelés entiers relatifs, *ou encore* entiers algébriques.

Valeur absolue

Soit n un nombre entier rationnel. On appelle valeur absolue de n et on note $|n|$

— le nombre n lui-même si n est positif.
— le nombre $-n$ si n est négatif.

Dans tous les cas, la valeur absolue de n est un entier naturel.

Exemples $|3| = 3$ $|1| = 1$ $|-4| = 4$ $|0| = 0$

La valeur absolue de la valeur absolue de n est égale à $|n|$.

Comparaison des nombres entiers rationnels

La relation $b \leqslant a$ déjà vue dans le cas des entiers naturels s'étend au cas des entiers rationnels de la manière suivante :

Si a est un entier naturel et si b est l'opposé d'un entier naturel, alors $b \leqslant a$. Si a et b sont des opposés d'entiers naturels, la relation $b \leqslant a$ signifie que $-b \geqslant -a$, soit encore $|b| \geqslant |a|$.

■ De deux nombres négatifs, le plus petit est celui dont la valeur absolue est la plus grande. Sur la figure ci-dessus, le plus petit nombre est le plus à gauche.

Exemples $-1 \leqslant 10$ $-7 \leqslant -4$ $-13 \leqslant -13$

■ En prenant a ou b égal à 0, on voit que les nombres positifs ne sont autres que les nombres supérieurs à 0 ; de même, les nombres négatifs sont les nombres inférieurs à 0. (Le nombre 0 est inférieur à lui-même.)

La relation $b < a$ se définit comme dans le cas des entiers naturels.

Exemples $\mathbf{-1 < 0}$ $\mathbf{-5 < -4}$ $\mathbf{-10 > -11}$

Signe

Un entier strictement négatif, étant l'opposé d'un entier naturel non nul n, s'écrit sous la forme $-n$; on dit qu'il a le signe moins (noté $-$). On dit par opposition que les entiers naturels non nuls ont le signe plus (noté $+$).

■ Mais il ne servirait à rien d'écrire $+5$ au lieu de 5.
■ On remarquera que le nombre 0 n'a pas de signe (bien qu'il soit positif et négatif).

Le signe $-$ désigne donc à la fois les nombres strictement négatifs et la soustraction, ce qui s'explique par le fait qu'un nombre négatif est la différence entre 0 et un nombre positif. Les mots plus *ou* moins *signifient dans le langage courant « strictement supérieur » et « strictement inférieur ». La médaille « + qu'hier et − que demain » dénote (outre un pédantisme hors de propos) une confusion fondamentale entre la comparaison des nombres et les opérations de l'arithmétique.*

Opérations sur les nombres entiers rationnels

Addition

La somme de deux nombres entiers rationnels de même signe est un nombre ayant pour valeur absolue la somme des valeurs absolues, et pour signe le signe commun à ces deux nombres.

La somme de deux nombres entiers rationnels de signes différents et de valeurs absolues différentes a pour valeur absolue la différence des valeurs absolues (dans l'ordre où on peut la calculer) et pour signe celui des nombres ayant la plus grande valeur absolue.

La somme est 0 dans le cas de deux nombres opposés.

Détaillons les quatre cas. La somme de a et de b est donc :

- **le nombre $a + b$ si a et b sont tous deux positifs.**
- **l'opposé de $|a| + |b|$ si a et b sont tous deux négatifs.**
- **le nombre $a - |b|$ si $0 \leqslant -b \leqslant a$.**
- **l'opposé de $|b| - a$ si $0 \leqslant a \leqslant -b$.**

Exemples $\quad 8 + 12 = 20 \qquad 8 + (-12) = -4$

$-8 + 12 = 4 \qquad -8 + (-12) = -20$

■ Les notations $8 + (-12)$ et $-8 + (-12)$ ne sont pas utilisées en pratique. Comme nous allons le voir, on écrit tout simplement $8 - 12$ et $-8 - 12$.

Soustraction

Soient a et b des nombres entiers rationnels. On appelle différence de a et de b, et on note $a - b$, la somme $a + (-b)$.

Lorsque a et b sont positifs et que $b \leqslant a$, on retrouve le nombre entier naturel c que l'on doit ajouter à b pour obtenir a.
On notera que la différence $a - b$ de deux entiers rationnels est un entier naturel si et seulement si $b \leqslant a$ (même si a et b ne sont pas tous deux des entiers naturels).

Exemples $\quad 3 - (-4) = 3 + 4 = 7 \qquad 2 - 5 = -3$

$-10 - (-15) = -10 + 15 = 5$

Multiplication

Le produit de deux entiers rationnels non nuls a pour valeur absolue le produit de leurs valeurs absolues. Le signe est donné par la *règle des signes* :

Le signe est le signe plus si les facteurs ont le même signe ; le signe est le signe moins si ces facteurs ont des signes différents.

Le produit d'un entier rationnel par 0 *est* 0 *; il n'a donc pas de signe.*

■ On résume la règle des signes sous forme suivante :

$$+ \times + = + \qquad - \times - = +$$
$$+ \times - = - \qquad - \times + = -$$

Exemples

$$(-3) \times (-7) = 3 \times 7 = 21$$
$$(-3) \times 7 = -21$$
$$3 \times (-7) = -21$$

La règle des signes s'étend au cas du produit de plusieurs facteurs :

Le produit de plusieurs facteurs a pour valeur absolue le produit des valeurs absolues ; il a le signe plus si le nombre de facteurs négatifs est pair, négatif si le nombre de facteurs négatifs est impair.

■ En particulier, le signe est plus s'il n'y a pas de facteur négatif. (Le nombre 0 est un nombre pair.)

Exemples

$$(-4) \times 5 \times (-1) \times (-3) = -60$$
$$(-5) \times (-4) \times (-1) \times (-3) = 60$$

Emploi d'une calculatrice de poche

Les calculs sur les entiers rationnels s'effectuent exactement comme dans le cas des entiers naturels, le résultat étant précédé du signe − le cas échéant.

Fractions

Le langage parlé fait constamment appel à la notion de fraction : trois quarts d'heure, une demi-livre, quart de place, sans oublier la pièce de 1/2 franc.
La notion intuitive de fraction est présentée traditionnellement à l'aide du partage des tartes. Pour diviser équitablement une tarte entre trois convives, on doit donner à chacun d'eux un tiers de cette tarte. Le partage de deux tartes entre cinq convives amène à donner à chacun deux cinquièmes de tarte. A cet effet, le plus simple est de diviser chaque tarte en cinq parties égales, et de donner deux morceaux à chacun.
Nous admettrons plus généralement que l'on peut définir le rapport $\frac{p}{q}$ (lire p sur q) de deux nombres entiers naturels, q étant non nul. Un tel rapport s'appelle *fraction.*

■ On écrit encore p/q, comme le montre la pièce de 1/2 franc.

■ Si q est égal à 1, le rapport $\frac{p}{q}$ est égal à p. Les nombres entiers naturels apparaissent donc comme des fractions particulières. Si q divise p, le rapport $\frac{p}{q}$ est le quotient dans la division euclidienne de p par q (le reste étant nul).
Enfin, si $p = 0$, le rapport $\frac{p}{q}$ est nul (quelle que soit la valeur de q).

Le nombre p s'appelle le *numérateur,* le nombre q s'appelle le *dénominateur.*

Exemples La fraction $\frac{3}{5}$ a pour numérateur 3 et pour dénominateur 5 ; elle se lit : trois cinquièmes. La fraction $\frac{22}{7}$ se lit vingt-deux septièmes.

Plusieurs fractions peuvent représenter un même nombre.

Exemples $\mathbf{\frac{2}{3} = \frac{4}{6} = \frac{6}{9}}$ **etc.** $\mathbf{\frac{48}{12} = \frac{36}{9} = \frac{4}{1} = 4}$

Par définition même, les fractions $\frac{p}{q}$ et $\frac{p'}{q'}$ sont égales si

$$\boldsymbol{pq' = p'q}$$

Dans le temps, l'égalité $\frac{p}{q}=\frac{p'}{q'}$ *s'appelait* proportion. *Les nombres p et q' étaient dits* termes extrêmes, *les nombres q et p' étant dits* termes moyens. *L'égalité des deux fractions s'exprimait alors : « Le produit des extrêmes est égal au produit des moyens ».*

On ne change pas la valeur d'une fraction en multipliant *p* et *q* par un même nombre entier naturel non nul.
On ne change pas non plus la valeur d'une fraction en divisant le numérateur et le dénominateur par un diviseur commun.

On dit qu'une fraction est *irréductible* si le numérateur et le dénominateur sont premiers entre eux.

Exemples La fraction $\frac{27}{10}$ est irréductible ; la fraction $\frac{54}{72}$ ne l'est pas.

On peut mettre toute fraction non nulle d'une manière et d'une seule sous forme irréductible : il suffit de diviser le numérateur et le dénominateur par leur P.G.C.D.

Exemple Le P.G.C.D. de 54 et de 72 est 18. En divisant 54 et 72 par 18, on obtient la forme irréductible $\frac{54}{72}=\frac{3}{4}$.

La forme irréductible n'est pas toujours la plus commode pour le calcul sur les fractions, comme le montre le cas de l'addition, ou l'étude des nombres décimaux.

La notion de fraction s'étend aisément au cas où *p* est un nombre entier rationnel (le nombre *q* étant toujours un nombre entier naturel non nul).
Il est d'usage de mettre le signe − devant la fraction (et non pas au numérateur). On écrira donc :

$$-\frac{27}{5}\left(\text{et non pas } \frac{-27}{5}\right).$$

La règle « produit des extrêmes égal produit des moyens » reste valable dans le cas des fractions de numérateur négatif.

Comparaison des fractions

La comparaison des entiers naturels (voir p. 6) et des entiers rationnels (voir p. 73) s'étend au cas des fractions. On dit que $\frac{p}{q}$ est inférieur à $\frac{p'}{q'}$, et on note $\frac{p}{q} \leqslant \frac{p'}{q'}$, si

$$pq' \leqslant p'q$$

Le produit des extrêmes est inférieur au produit des moyens.

En particulier, si p est négatif, $\frac{p}{q}$ est négatif (c'est-à-dire inférieur à 0).

Exemples

$$\frac{2}{5} \leqslant \frac{3}{7} \quad \text{car } 2 \times 7 = 14 \leqslant 3 \times 5 = 15$$

$$\frac{9}{4} \leqslant \frac{10}{3} \quad \text{car } 9 \times 3 \leqslant 4 \times 10$$

$$-\frac{2}{5} \leqslant \frac{1}{4} \quad \text{car } -2 \times 4 \leqslant 5 \times 1$$

$$-\frac{27}{5} \leqslant -\frac{8}{7} \quad \text{car } -27 \times 7 \leqslant -8 \times 5$$

■ Plus généralement, si $\frac{p}{q}$ et $\frac{p'}{q'}$ sont négatifs, la relation $\frac{p}{q} \leqslant \frac{p'}{q'}$ signifie que $\frac{-p}{q} \geqslant \frac{-p'}{q'}$.

Opérations sur les fractions

Addition

Si le dénominateur est le même, on ajoute les numérateurs, en conservant le dénominateur commun.

$$\frac{p}{q} + \frac{p'}{q} = \frac{p + p'}{q}$$

Exemples $\frac{3}{7}+\frac{2}{7}=\frac{5}{7}$ $\frac{22}{9}+\frac{3}{9}=\frac{25}{9}$

Dans le cas général, on commence par se ramener à un dénominateur commun. Celui-ci doit être un multiple de q et de q'.

■ On peut prendre comme dénominateur commun le P.P.C.M. de q et q', mais ce n'est pas obligatoire, et ce n'est pas toujours le plus commode. (Dans certains cas, on gagne du temps en prenant tout simplement le produit des dénominateurs.)

Exemples $\frac{2}{3}+\frac{5}{12}=\frac{8}{12}+\frac{5}{12}=\frac{13}{12}$

$$\frac{27}{23}+\frac{6}{5}=\frac{27\times 5}{23\times 5}+\frac{23\times 6}{23\times 5}=\frac{135}{115}+\frac{138}{115}=\frac{273}{115}$$

$$\frac{2}{15}+\frac{1}{12}=\frac{8}{60}+\frac{5}{60}=\frac{13}{60}$$

La somme de deux fractions ne se présente pas toujours sous forme irréductible. On pourra simplifier le résultat le cas échéant.

Exemples $\frac{3}{7}+\frac{11}{7}=\frac{14}{7}=2$ $\frac{13}{12}+\frac{5}{12}=\frac{18}{12}=\frac{3}{2}$

On effectue de même la somme de plusieurs fractions, en distinguant deux cas suivant que le dénominateur est le même ou non.

Exemples $\frac{29}{7}+\frac{8}{7}+\frac{10}{7}+\frac{3}{7}=\frac{50}{7}$ $\frac{22}{15}+\frac{17}{15}+\frac{9}{15}=\frac{48}{15}=\frac{16}{5}$

Soustraction

Pour calculer la différence de deux fractions, on distingue encore deux cas suivant que le dénominateur est le même ou non.

Exemples $\frac{9}{7}-\frac{6}{7}=\frac{3}{7}$ $\frac{7}{4}-\frac{5}{4}=\frac{2}{4}=\frac{1}{2}$ $\frac{7}{4}-\frac{3}{14}=\frac{49-6}{28}=\frac{43}{28}$

Le cas des fractions négatives ne présente pas de difficulté nouvelle.

Exemples $-\dfrac{25}{4}-\dfrac{13}{4}=-\dfrac{38}{4}=-\dfrac{19}{2}$

$$-\frac{27}{7}+\left(-\frac{3}{2}\right)=-\frac{54+21}{14}=-\frac{75}{14}$$

Multiplication

Pour calculer le produit de deux fractions $\dfrac{p}{q}$ et $\dfrac{p'}{q'}$, on multiplie séparément les numérateurs et les dénominateurs.

$$\frac{p}{q}\cdot\frac{p'}{q'}=\frac{pp'}{qq'}$$

En particulier, on obtient le produit d'une fraction $\dfrac{p}{q}$ par un entier n en multipliant p par n et en conservant le dénominateur.

$$n.\frac{p}{q}=\frac{np}{q}$$

■ Ne pas oublier qu'un entier peut être considéré comme une fraction de dénominateur 1.

Exemples $\dfrac{3}{4}\times\dfrac{7}{11}=\dfrac{21}{44}$ $\dfrac{3}{4}\times\dfrac{12}{5}=\dfrac{36}{20}=\dfrac{9}{5}$

On peut décomposer les numérateurs et les dénominateurs en produits de nombres premiers, et simplifier avant d'effectuer les produits.

Exemple $\dfrac{27}{7}\times\dfrac{49}{360}=\dfrac{3^3\times 7^2}{7\times 2^3\times 3^2\times 5}=\dfrac{3\times 7}{2^3\times 5}=\dfrac{21}{40}$

Le cas de plusieurs fractions est analogue.

Exemple $\dfrac{3}{4}\times\dfrac{4}{7}\times\dfrac{2}{3}\times\dfrac{5}{6}=\dfrac{3\times 4\times 2\times 5}{4\times 7\times 3\times 6}=\dfrac{5}{21}$

Enfin, la règle des signes reste valable sans changement.

Exemples

$\left(-\dfrac{5}{4}\right)\times\dfrac{7}{9}=-\dfrac{35}{36}$ $\left(-\dfrac{3}{5}\right)\times\dfrac{2}{7}\times\left(-\dfrac{21}{2}\right)=\dfrac{3}{5}\times\dfrac{2}{7}\times\dfrac{21}{2}=\dfrac{9}{5}.$

Inverse d'une fraction

Soit $\frac{p}{q}$ une fraction non nulle (ce qui revient à dire que $p \neq 0$).

Le produit $\frac{p}{q} \cdot \frac{q}{p}$ est égal à 1. La fraction $\frac{q}{p}$ s'appelle *inverse* de la fraction $\frac{p}{q}$.

Exemples L'inverse de $\frac{3}{5}$ est $\frac{5}{3}$. L'inverse de $\frac{1}{2}$ est 2.

L'inverse de 3 est $\frac{1}{3}$.

La fraction $\frac{q}{p}$ étant encore non nulle, admet un inverse, lequel n'est autre que $\frac{p}{q}$.

Exemples L'inverse de $\frac{5}{3}$ est $\frac{3}{5}$. L'inverse de $\frac{1}{3}$ est 3.

On peut définir l'inverse de $\frac{p}{q}$ dans le cas où p est strictement négatif. On trouve cette fois $\frac{-q}{-p}$, car le dénominateur est toujours un entier naturel non nul.

Division

Soient $\frac{p}{q}$ et $\frac{p'}{q'}$ des fractions non nulles. On appelle quotient de $\frac{p}{q}$ par $\frac{p'}{q'}$ le produit de $\frac{p}{q}$ par l'inverse de $\frac{p'}{q'}$.

$$\frac{\frac{p}{q}}{\frac{p'}{q'}} = \frac{p}{q} \cdot \frac{q'}{p'} = \frac{pq'}{qp'}.$$

L'écriture du premier membre est très malcommode ; c'est pourquoi on emploie aussi la notation $\frac{p}{q} : \frac{p'}{q'}$. La touche ÷ des calculatrices fait allusion aux deux notations à la fois.

L'intérêt fondamental des fractions est que l'on peut définir le quotient dans le cas général (et non pas seulement lorsque b divise a). En particulier, on peut toujours diviser un nombre par 2 (ce qui n'était pas forcément le cas avec les entiers).

Exemples. Le quotient de $\frac{3}{5}$ par $\frac{4}{7}$ est $\frac{3}{5} \times \frac{7}{4} = \frac{21}{20}$.

Le quotient de $\frac{1}{3}$ par 2 est $\frac{1}{6}$. Le quotient de 1 par $\frac{p}{q}$ est $\frac{q}{p}$.

Exercice Trouver deux nombres connaissant leur somme et leur différence.
Nous voulons calculer les nombres a et b, connaissant leur somme s et leur différence d.

$$\boldsymbol{a + b = s \qquad a - b = d}$$

En ajoutant ces égalités, nous obtenons :

$$\boldsymbol{(a + b) + (a - b) = s + d,}$$

ce qui se réduit à $2\,a = s + d$. Par conséquent, $a = \frac{s + d}{2}$.

De même, en retranchant les égalités précédentes, on obtient $2\,b = s - d$, et donc $b = \frac{s - d}{2}$.

Il reste à vérifier que les nombres ainsi trouvés conviennent, ce qui est facile :

$$\boldsymbol{\frac{s + d}{2} + \frac{s - d}{2} = s \qquad \frac{s + d}{2} - \frac{s - d}{2} = d}$$

Comme $\frac{s + d}{2} = \frac{s}{2} + \frac{d}{2}$ et $\frac{s - d}{2} = \frac{s}{2} - \frac{d}{2}$, on peut énoncer le résultat suivant :

On obtient *a* en ajoutant la demi-somme et la demi-différence. On obtient *b* en retranchant la demi-différence de la demi-somme.

Application numérique. $s = 37$, $d = 10$. On trouve :

$$\boldsymbol{a = \frac{37 + 10}{2} = \frac{47}{2} \qquad b = \frac{37 - 10}{2} = \frac{27}{2}.}$$

Emploi d'une calculatrice de poche

La division s'effectue aussi simplement que les autres opérations, grâce à la touche ÷. Sur les calculatrices scientifiques, on trouve la touche $1/x$, donnant l'inverse du nombre x. On peut alors calculer le quotient de a par b en revenant à la définition : c'est le produit de a par l'inverse de b.

EXERCICES

1 Ranger dans l'ordre croissant les fractions suivantes :

a) $\frac{5}{6}$ $\frac{1}{4}$ $\frac{17}{60}$ $\frac{7}{12}$ $\frac{3}{5}$ *b*) $\frac{5}{12}$ $\frac{8}{36}$ $\frac{9}{27}$ $\frac{41}{72}$ $\frac{25}{30}$

c) $\frac{7}{22}$ $\frac{5}{33}$ $\frac{14}{49}$ $\frac{14}{55}$ $\frac{18}{66}$ *d*) $\frac{5}{7}$ $\frac{23}{49}$ $\frac{45}{84}$ $\frac{40}{70}$ $\frac{72}{63}$

2 Trouver la fraction égale à $\frac{15}{21}$ telle que la somme du numérateur et du dénominateur soit 132. Trouver la fraction égale à $\frac{5}{7}$ dont la différence du dénominateur et du numérateur est 30.

3 Simplifier les fractions suivantes :

$\frac{42}{105}$ $\frac{144}{192}$ $\frac{430}{924}$ $\frac{1\,950}{910}$ $\frac{435}{290}$ $\frac{7\,560}{2\,184}$ $\frac{2\,385}{1\,815}$ $\frac{9\,009}{8\,613}$

$\frac{25\,025}{24\,024}$ $\frac{2\,385 \times 3\,150 \times 588}{1\,815 \times 441 \times 3\,339}$ $\frac{924 \times 252 \times 12\,096}{756 \times 336 \times 2\,205}$

4 Effectuer les additions suivantes :

a) $\frac{3}{5}+\frac{1}{4}$ *b*) $\frac{47}{7}+\frac{72}{7}$ *c*) $\frac{8}{12}+\frac{3}{15}$

d) $\frac{3}{4}+\frac{5}{6}+\frac{9}{12}+\frac{7}{15}$ *e*) $\frac{5}{7}+\frac{7}{2}$ *f*) $\frac{2}{15}+\frac{11}{12}$

g) $\frac{5}{18}+\frac{1}{9}+\frac{1}{6}+\frac{1}{4}$ *h*) $\frac{49}{52}+\frac{17}{51}+\frac{21}{168}$

5 Effectuer les additions suivantes :

a) $1+\frac{1}{2}+\frac{1}{4}+\frac{1}{8}+\frac{1}{16}+\frac{1}{32}$ *b*) $\frac{1}{3}+\frac{1}{9}+\frac{1}{27}+\frac{1}{81}+\frac{1}{243}$

6 Effectuer les multiplications suivantes :

$\frac{5}{6}\times\frac{3}{15}$ $\frac{34}{185}\times 35$ $\left(\frac{2}{3}\right)^2\times\left(\frac{1}{2}\right)^3$

$\frac{3}{4}\times\frac{5}{6}\times\frac{7}{15}\times\frac{9}{21}$ $\frac{7}{32}\times\frac{48}{35}\times\frac{15}{36}\times\frac{3}{4}$

7 Soit les expressions :

$$a=\frac{2}{3}+\frac{4}{5}+\frac{3}{4}, \quad b=\frac{5}{3}-\frac{5}{2}-\frac{3}{5}.$$

Calculer $a+b$; $a-b$; ab ; $\frac{a}{b}$.

Nombres décimaux, nombres réels

Nombres décimaux

On appelle nombre *décimal* le quotient d'un nombre entier rationnel par une puissance de 10.

Exemples $\frac{3}{10}$ $\frac{275}{100}$ $-\frac{13}{1\,000}$

Les nombres entiers rationnels sont des nombres décimaux particuliers. (Le nombre 1 est égal à 10 puissance zéro.)
Un nombre décimal est une fraction particulière. Mais une fraction n'est pas toujours un nombre décimal. Plus précisément :

Soit $\frac{p}{q}$ une fraction irréductible. Pour que $\frac{p}{q}$ soit un nombre décimal, il faut et il suffit que q n'ait pas d'autre facteur premier que 2 et 5 (avec des exposants quelconques, éventuellement nuls).

Exemples

$$\frac{7}{40} = \frac{7}{2^3 \times 5} = \frac{7 \times 5^2}{2^3 \times 5^3} = \frac{175}{1\,000}$$

$$\frac{3}{25} = \frac{3}{5^2} = \frac{3 \times 2^2}{2^2 \times 5^2} = \frac{12}{100}$$

$$-\frac{5}{4} = -\frac{5 \times 5^2}{2^2 \times 5^2} = -\frac{125}{100}$$

$$-\frac{17}{125} = -\frac{17 \times 2^3}{5^3 \times 2^3} = -\frac{136}{1\,000}$$

Dans ces quatre cas, il s'agit de nombres décimaux. Mais $\frac{19}{175}$ n'est pas un nombre décimal, car $175 = 5^2 \times 7$.

Représentation des nombres décimaux

Un nombre décimal est donc de la forme $a = \frac{p}{10^n}$, où p est un entier rationnel et n un entier naturel. On représente le nombre a en numération décimale de la manière suivante :

On commence par écrire l'entier rationnel p. On insère une virgule, en laissant n chiffres à droite de cette virgule. Pour faciliter la lecture, on sépare encore les nombres en tranches de trois chiffres, cette fois de part et d'autre de la virgule.

Exemples $\frac{123}{10} = 12{,}3 \quad \frac{2\,527}{100} = 25{,}27 \quad -\frac{729}{10} = -72{,}9$

$$\frac{38\,503\,630\,186}{10\,000} = 3\,850\,363{,}018\,6$$

Le cas où $n = 0$ est celui où a est un entier rationnel. La virgule est alors inutile. Dans le cas où p se termine par un zéro et où n n'est pas nul, on peut simplifier par 10 ; de même si p se termine par deux zéros et si n est supérieur à 2, on peut simplifier par 100. Cependant, on conserve parfois la virgule suivie d'un zéro, voire de deux zéros, pour indiquer une précision supplémentaire.

Par exemple, $\frac{12\,700}{100}$ peut se noter 127,00 pour indiquer qu'il s'agit de 127 francs (au centime près), non d'une somme arrondie au franc le plus proche. De même, si la consommation d'une automobile est de 80 litres en 1 000 kilomètres, on écrira que cette consommation est 8,0 l aux 100 kilomètres. (L'indication de 8 l aux cent laisserait croire que cette consommation est à peu près 8 l, à un litre près, non à un décilitre près.) Voir les règles d'arrondissage p. 98.

Partie entière et partie fractionnaire

Soit $a = \frac{p}{10^n}$ un nombre décimal positif. On appelle *partie entière* de a le nombre entier à gauche de la virgule, *partie fractionnaire,* ou *partie décimale* de a, le nombre à droite de la virgule.

Exemple La partie entière de 31,572 est 31. La partie fractionnaire est 0,572.

■ La partie entière est donc le plus grand entier naturel inférieur à a ; la partie fractionnaire est la différence entre a et sa partie entière.

La définition s'étend au cas d'un nombre décimal négatif. La partie entière est le plus grand entier *rationnel* inférieur à a ; la partie fractionnaire est toujours la différence entre a et sa partie entière. La partie fractionnaire est dans tous les cas un nombre positif et strictement inférieur à 1.

Exemple La partie entière de − 3,52 est − 4 ; la partie fractionnaire est 0,48.

Usage d'une calculatrice de poche

Une calculatrice scientifique donne la partie entière à l'aide de la touche *INT* (de l'anglais *integer*, signifiant entier), et la partie fractionnaire à l'aide de la touche *FRAC*.

Dans le cas des nombres négatifs, la convention adoptée est différente de l'usage français. La partie entière est l'opposé de la partie entière de la valeur absolue ; la partie fractionnaire est la différence entre le nombre et sa partie entière ainsi calculée. Par exemple, la machine donnera pour partie entière de − 3,52 *le nombre* − 3 *(et non* − 4*) ; la partie fractionnaire est alors* − 0,52.

Opérations sur les nombres décimaux

Addition et soustraction

La pratique est exactement la même que dans le cas des entiers : les chiffres des unités étant écrits les uns en dessous des autres, les virgules sont aussi alignées. La virgule du résultat se trouve en dessous des précédentes.

Exemples

734,61	
+ 205,32	1 247,21
+ 628,60	− 998,32
1 568,53	248,89

■ Si l'un des termes est un nombre entier, il n'est pas obligatoire d'écrire une partie décimale (constituée de zéros). De même, il n'est pas nécessaire de compléter les parties décimales par des zéros pour obtenir chaque fois le même nombre de chiffres. On pourra donc écrire :

729	
+ 257,12	1 000
+ 52,7	− 237,41
1 038,82	762,59

Multiplication

La relation : $\frac{p}{10^n} \cdot \frac{p'}{10^{n'}} = \frac{pp'}{10^{n+n'}}$

montre que le nombre de chiffres du produit après la virgule est le total des nombres des chiffres après la virgule dans chacun des facteurs. D'où la règle :

On effectue la multiplication sans tenir compte des virgules. On place la virgule dans le résultat en laissant autant de chiffres décimaux qu'il y en a en tout dans les deux facteurs.

Exemples

2,45	78,453
× 5,35	× 42,5
122 5	39 226 5
735	156 906
12 25	3 138 12
13,107 5	3 334,252 5

Il est indispensable de contrôler l'emplacement de la virgule. Dans le premier cas, le produit est de l'ordre de grandeur de 2 × 5, c'est-à-dire 10 ; il serait absurde de trouver 1,310 75 ou 131,075. Dans le second cas, le résultat doit être voisin de 80 × 40 = 3 200.

Division

Le problème de la division euclidienne des nombres décimaux n'a de sens que si l'on précise : quotient à 0,1 près, à 0,01 près, à 0,001 près, etc.

■ La division euclidienne des entiers apparaît comme la recherche du quotient à une unité près.

Pour trouver le quotient approché à 0,1 près, à 0,01 près, à 0,001 près de deux nombres décimaux, on supprime la virgule du diviseur et on déplace la virgule du dividende d'autant de rangs à droite (en complétant éventuellement par des zéros) que l'on a supprimé de chiffres décimaux au diviseur.
On effectue alors la division en abaissant successivement les chiffres de la partie entière, puis de la partie décimale (ou des zéros s'il y a lieu) jusqu'à obtention au quotient d'un chiffre de l'ordre décimal cherché.

417,234	**13**
39	**32,09**
27	
26	
123	
117	
6	

L'écriture des quotients sous forme de fraction s'étend au cas des nombres décimaux : $\frac{2,623}{19,11} \times \frac{5,22}{1,87}$

L'inverse d'un nombre décimal non nul n'est pas en général un nombre décimal.

Calcul mental et calcul rapide

L'emploi des fractions simplifie certaines multiplications et divisions par des nombres décimaux.

■ Multiplication par 0,5 ; par 0,05 ; par 0,25 ; par 2,5 ; etc.

On revient à la définition : $0,5 = \frac{5}{10} = \frac{1}{2}$ $\quad 0,25 = \frac{25}{100} = \frac{1}{4}$

Pour multiplier un nombre par 0,5, on en prend la moitié ; pour multiplier un nombre par 0,05, on en prend la moitié, puis on divise le résultat par 10 (ce qui revient à déplacer la virgule) ; pour multiplier un nombre par 0,25, on en prend le quart ; pour multiplier un nombre par 2,5, on en prend le quart, puis on multiplie le résultat par 10 (ce qui revient à déplacer la virgule, ou à écrire un zéro à droite du résultat).

Exemples $0{,}25 \times 2{,}48 = \frac{1}{4} \times 2{,}48 = \frac{1}{2} \times 1{,}24 = 0{,}62$

$2{,}5 \times 2{,}48 = 10 \times 0{,}62 = 6{,}2$

Multiplication par 0,75 ; par 7,5 ; par 0,075 ; etc.

On écrit 0,75 sous la forme $\frac{3}{4}$.

Pour multiplier un nombre par 0,75, on en prend les trois quarts (on multiplie par 3, et on divise deux fois de suite par 2) ; pour multiplier un nombre par 7,5, on en prend les trois quarts, puis on multiplie le résultat par 10 ; pour multiplier un nombre par 0,075, on en prend les trois quarts, puis on divise le résultat par 10.

Exemples $0{,}75 \times 72 = \frac{3}{4} \times 72 = 3 \times 18 = 54$

$7{,}5 \times 72 = 10 \times 54 = 540$ $\quad 0{,}075 \times 72 = 5{,}4$

Exercice Calculer de tête $0{,}75 \times 730$.

On multiplie d'abord par 3, ce qui donne $3 \times 730 = 2\,190$, soit $2\,200 - 10$. On divise 2 200 deux fois de suite par 2, ce qui donne 1 100 puis 550. Enfin, on doit enlever un quart de 10, soit 2,5. Il reste $550 - 2{,}5 = 547{,}5$.

Multiplication par 1,5 ; par 15 ; par 0,15 ; etc.

On remarque que $1{,}5 = \frac{3}{2} = 1 + \frac{1}{2}$

Pour multiplier un nombre par 1,5, on ajoute à ce nombre sa moitié ; pour multiplier un nombre par 15, on ajoute à ce nombre sa moitié, puis on multiplie le résultat par 10 ; pour multiplier un nombre par 0,15, on ajoute à ce nombre sa moitié, puis on divise le résultat par 10.

Exemples $4{,}2 \times 1{,}5 = 4{,}2 + 2{,}1 = 6{,}3$ $\quad 42 \times 0{,}15 = 6{,}3$

Division par 0,5 ; par 0,05 ; par 0,25 ; par 2,5 ; etc.

On utilise le fait que 0,5 est l'inverse de 2.

Pour diviser un nombre par 0,5, on le multiplie par 2 ; pour diviser un nombre par 0,05, on le multiplie par 20 ; pour diviser un nombre par 0,25, on le multiplie par 4 (ou deux fois de suite par 2) ; pour diviser un nombre par 2,5, on le multiplie par 4, puis on divise le résultat par 10.

Exemples

$$\frac{5{,}34}{0{,}05} = 20 \times 5{,}34 = 10 \times 10{,}68 = 106{,}8$$

$$\frac{4{,}32}{0{,}25} = 4 \times 4{,}32 = 2 \times 8{,}64 = 17{,}28$$

Division par 0,75 ; par 7,5 ; par 0,075 ; etc.

Pour diviser un nombre par 0,75, on en prend les quatre tiers ; pour diviser un nombre par 7,5, on en prend les quatre tiers, puis on divise le résultat par 10 ; pour diviser un nombre par 0,075, on en prend les quatre tiers, puis on multiplie le résultat par 10.

Exemples

$$\frac{78}{0{,}75} = \frac{4}{3} \times 78 = 4 \times \frac{78}{3} = 4 \times 26 = 104$$

$$\frac{78}{0{,}075} = 1\,040$$

Multiplication par 0,45 ; par 0,55

On remarque que :

$$0{,}45 = 0{,}50 - 0{,}05 \qquad 0{,}55 = 0{,}50 + 0{,}05$$

Pour multiplier un nombre par 0,45, on en prend la moitié, puis on retranche du résultat le dixième de celui-ci ; pour multiplier un nombre par 0,55, on en prend la moitié, puis on ajoute au résultat le dixième de celui-ci.

Exemples $0{,}45 \times 84 = 42 - 4{,}2 = 37{,}8$ $\qquad 0{,}55 \times 84 = 46{,}2$

Nombres réels

Les nombres pouvant s'écrire sous la forme $\frac{p}{q}$ sont appelés nombres rationnels *(du latin* ratio, *signifiant raison). Les nombres entiers naturels, les nombres entiers rationnels et les nombres décimaux, sont des nombres rationnels particuliers.*
On rencontre (même dans les problèmes les plus simples) des nombres qui ne peuvent s'écrire sous cette forme :
— Le nombre $\sqrt{2}$ (racine de 2), intervenant dans la diagonale du carré (voir pp. 125 et 185) ;
— Le nombre π (pi), intervenant dans la longueur et l'aire du cercle (voir pp. 203 et 206).
On est ainsi amené à considérer les nombres réels. Les nombres rationnels sont des nombres réels particuliers.
La comparaison des nombres réels, les opérations sur les nombres réels généralisent les propriétés déjà vues sur les nombres rationnels. Cependant, pour les calculs pratiques, on remplace systématiquement les nombres réels par des nombres décimaux (les seuls que connaisse en fait une calculatrice de poche).

Puissances négatives

L'inverse d'un nombre réel non nul a se note encore a^{-1} (lire : a puissance moins un). Le carré de a^{-1} est l'inverse du carré de a :

$$(a^{-1})^2 = (a^2)^{-1}$$

La valeur commune des deux membres se note plus simplement a^{-2} (lire : a puissance moins deux). On définit de même a^{-3}, a^{-4}, etc.

Exemples $\quad 10^{-1} = 0{,}1 \quad 10^{-2} = 0{,}01 \quad 10^{-3} = 0{,}001$

Multiples et sous-multiples des unités

Pour former les noms et les symboles des multiples et des sous-multiples des unités du Système international (unités *SI*), on utilise les préfixes suivants :

Facteur par lequel l'unité est multipliée	Préfixe	Symbole
10^{18}	exa	E
10^{15}	peta	P
10^{12}	téra	T
10^{9}	giga	G
10^{6}	méga	M
10^{3}	kilo	k
10^{2}	hecto	h
10	déca	da
10^{-1}	déci	d
10^{-2}	centi	c
10^{-3}	milli	m
10^{-6}	micro	µ
10^{-9}	nano	n
10^{-12}	pico	p
10^{-15}	femto	f
10^{-18}	atto	a

A part la multiplication et la division par 10 et par 100, on emploie des puissances de 10^3 et de 10^{-3}.

■ Le Système international d'unités, adopté en 1960, s'est substitué progressivement à trois autres systèmes :
— Le système CGS (centimètre, gramme, seconde), ou système des physiciens ;
— Le système MTS (mètre, tonne, seconde), ou système légal (jamais utilisé en pratique) ;
— Le système MKpS (mètre, kilogramme-poids, seconde), ou système des ingénieurs.

Règles de calcul sur les puissances

Soient *a* un nombre réel non nul, *n* et *p* des nombres entiers rationnels.

$$(a^n)(a^p) = a^{n+p} \qquad (a^n)^p = a^{np}$$

Exemples

$$10^{-3} \times 10^5 = 10^2 = 100 \qquad 10^{-1} \times 10^{-2} = 10^{-3} = 0{,}001$$

$$(10^{-1})^2 = 10^{-2} \qquad (10^{-1})^3 = 10^{-3} \qquad (10^{-2})^{-2} = 10^4$$

$$(10^{-3})^3 = 10^{-9} \qquad (10^3)^{-3} = 10^{-9} \qquad (10^3)^6 = 10^{18}.$$

Représentations des nombres décimaux sur les calculatrices

Sur les calculatrices de poche, on peut généralement afficher 10 chiffres en tout, de part et d'autre de la virgule.

Notation fixe

L'écriture habituelle, dite notation fixe, permet de représenter les nombres décimaux de valeur absolue comprise entre 0,000 000 001 et 9 999 999 999.

Ceci peut paraître très suffisant pour les applications pratiques. Cependant, en physique, on est amené à considérer de très grands ou de très petits nombres (distances astronomiques, physique nucléaire). De plus, même si les données d'un problème sont d'un ordre de grandeur raisonnable, on ne sait rien sur les ordres de grandeur des calculs intermédiaires. Pour pouvoir représenter des nombres plus petits que 0,000 000 001 *ou plus grands que* 9 999 999 999, *on fait appel à d'autres types de notations.*

Notation scientifique

On met en facteur une puissance de 10 (positive ou négative) de façon à se ramener à un nombre ayant un chiffre non nul et un seul avant la virgule. Le nombre est alors décomposé en une *mantisse* à 7 chiffres (un avant la virgule, six après) et un *exposant* à 2 chiffres. On peut ainsi représenter les nombres dont la valeur absolue est comprise entre 10^{-99} et $9{,}999\,999 \times 10^{99}$ (soit environ 10^{100}, c'est-à-dire un 1 suivi de cent zéros).

Les notations fixe et scientifique sont parfois désignées par « virgule fixe » et « virgule flottante ». Cette terminologie provient du fait que la virgule reste toujours juste à côté du premier chiffre (« presque en surface »).

Un résultat strictement supérieur à 9,999 999 $\times 10^{99}$ ne peut être traité par la machine : il y a dépassement de capacité. L'écran indique le nombre ci-dessus, sans que ces chiffres aient une signification véritable. (Le nombre 9,999 999 $\times 10^{99}$ se lit « beaucoup »).

Exemples Le nombre 0,001 225 devient en notation scientifique 1,225 $\times 10^{-3}$. La machine affiche 1,225 − 03.
(Le signe − se rapporte à l'exposant seulement.)
Le nombre − 9 827 devient de même − 9,827 $\times 10^{3}$; l'affichage est − 9,827 03. (Le signe − en tête se rapporte au nombre donné, non à l'exposant.)
L'affichage − 9,58 − 04 représente le nombre − 9,58 $\times 10^{-4}$ soit encore − 0,000 958.
Enfin, l'affichage 2,34 00 représente tout simplement 2,34. (En effet, 00 désigne l'exposant nul, et 10 à la puissance zéro est le nombre 1.)

■ Le passage à la notation scientifique s'effectue automatiquement sur la calculatrice dès que la notation fixe est insuffisante.

La lecture de la notation scientifique demande un peu d'habitude. En cas de difficulté, revenir à la notation fixe ...
L'intérêt de la notation scientifique est de visualiser l'ordre de grandeur des nombres très grands ou très petits.

Notation « ingénieur »

Les ingénieurs et les physiciens emploient les unités *SI* (voir p. 93). Il est alors commode d'imposer à l'exposant d'être un multiple (positif ou négatif) de 3. Dans ces conditions, la machine peut afficher un, deux ou trois chiffres avant la virgule.

La touche ENG *signifie* engineer, *mot anglais pour « ingénieur ».*

Exemples Le nombre 1,242 $\times 10^{-5}$ en notation scientifique devient en notation ingénieur 12,42 $\times 10^{-6}$, ce que la machine affiche 12,42 − 06. De même, le nombre 1,250 $\times 10^{8}$ devient 125,0 06. Le nombre 1,567 $\times 10^{3}$ ne change pas.

Valeurs approchées

Les résultats d'un calcul (surtout sur calculatrice de poche) se présentent souvent avec une partie décimale démesurée, n'ayant guère de signification.

Exemples Le nombre $\frac{2}{3}$ est 0,666 666 666... On se contentera suivant les cas de 0,67 ou de 0,667.

Le nombre $\frac{2}{3}$ n'étant pas un nombre décimal, on n'obtiendra jamais la valeur exacte en écrivant des 6 à la suite. Les nombres 0,67 et 0,667 sont des valeurs approchées, à des précisions diverses (voir p. 97) ; il en est de même pour le nombre 0,666 666 666.

Le nombre π est égal à 3,141 592 653... (voir p. 204). Pour obtenir la longueur d'un cercle de diamètre 300 mm, on remplacera π par 3,14. On commet ainsi une erreur inférieure à un demi-millimètre.

Pour signifier que 0,667 n'est pas égal à $\frac{2}{3}$, ou que 3,14 n'est pas égal à π, on emploie le symbole $\approx$ (lire : approximativement égal à).

$$\frac{2}{3} \approx 0{,}667 \qquad \pi \approx 3{,}14$$

Ne pas confondre le symbole $\approx$ avec $\backsimeq$ (courant alternatif). Le symbole # est abandonné depuis des décennies.

Il arrive (en particulier dans le présent livre) que l'on emploie le symbole = au lieu de $\approx$, afin d'alléger l'écriture.

Valeurs approchées d'un carré, d'un cube

La formule donnant le carré d'une somme (voir p. 27) montre que, pour tout nombre réel x,

$$(1 + x)^2 = 1 + 2x + x^2$$

Si x est très petit devant l'unité, on peut négliger x^2. La formule exacte ci-dessus se réduit en pratique à la formule approchée : $\mathbf{(1 + x)^2 \approx 1 + 2x}$

Exemples $\mathbf{1{,}03^2 \approx 1{,}06}$ **(tandis que** $\mathbf{1{,}03^2 = 1{,}060\,9}$**)**

$\mathbf{1{,}005^2 \approx 1{,}01}$ **(tandis que** $\mathbf{1{,}005^2 = 1{,}010\,025}$**).**

De même, la formule donnant le cube d'une somme (voir p. 29) conduit à : $\mathbf{(1 + x)^3 = 1 + 3x + 3x^2 + x^3}$

Si x est très petit devant l'unité, on peut négliger x^2 et x^3. La formule exacte ci-dessus se réduit en pratique à la formule approchée : $\mathbf{(1 + x)^3 \approx 1 + 3x}$

Exemples $\mathbf{1{,}01^3 \approx 1{,}03}$ **(au lieu de** $\mathbf{1{,}01^3 = 1{,}030\,301}$**)**

$\mathbf{1{,}002^3 \approx 1{,}006}$ **(au lieu de** $\mathbf{1{,}002^3 = 1{,}006\,012\,008}$**)**

$\mathbf{0{,}997^3 \approx 0{,}991}$ **(au lieu de** $\mathbf{0{,}997^3 = 0{,}991\,026\,973}$**).**

Précision

Le nombre π est supérieur à 3,14 et inférieur à 3,15. On dit que 3,14 et 3,15 sont des valeurs approchées de π à la précision 0,01 (ou encore à la précision 10^{-2}).

Suivant une autre terminologie, on dit que l'incertitude est 10^{-2}.

De même, 0,67 est une valeur approchée de $\frac{2}{3}$ à la précision 10^{-2}, tandis que 0,667 en est une valeur approchée à la précision 10^{-3} et 0,666 666 666 une valeur approchée à la précision 10^{-9}.

La division de a par b à 0,1 près, à 0,01 près, etc. fournit une valeur décimale approchée par défaut de $\frac{a}{b}$ *à la précision* 10^{-1}, 10^{-2}, *etc.*

Arrondissage

L'arrondissage consiste à remplacer un nombre par une valeur décimale approchée, dite *nombre arrondi,* située dans la suite des multiples entiers d'un intervalle d'arrondissage choisi.

Exemples. L'intervalle d'arrondissage est 0,1. Les multiples entiers sont 0 0,1 0,2 0,3 ... 12,1 12,2 12,3 ...
L'intervalle d'arrondissage est 100. Les multiples entiers sont 0 100 200 300 ... 1 200 1 300 ...

S'il n'y a qu'un seul multiple entier qui soit le plus proche du nombre donné, c'est celui-ci qui est pris comme nombre arrondi. On dit suivant le cas arrondi *par défaut,* arrondi *par excès.*

Exemples Avec l'intervalle d'arrondissage 0,1 :

nombre donné	**nombre arrondi**
14,213 42	**14,2**
14,251	**14,3**

Avec l'intervalle d'arrondissage 100 :

nombre donné	**nombre arrondi**
1 221,3	**1 200**
1 253,241	**1 300**

Les nombres 14,2 et 1 200 sont des nombres arrondis par défaut ; les nombres 14,3 et 1 300 sont arrondis par excès.

S'il y a deux multiples entiers également voisins du nombre donné, on choisit généralement le multiple entier de rang le plus élevé (arrondi par excès).

Exemple Avec l'intervalle d'arrondissage 0,1 le nombre 12,45 est arrondi à 12,5 (et non à 12,4).

■ Ce point de vue est celui de l'U.R.S.S.A.F. « Plus de centimes. Arrondissez au franc le plus proche. Jusqu'à 49 centimes au franc inférieur, à partir de 50 centimes au franc supérieur ». L'intervalle d'arrondi est ici 1.

■ *Faites-le vous-même !* Les billets de 500 F comportent une clé de contrôle en bas à gauche, que l'on reconstitue aisément. On multiplie le numéro du billet par 4×10^{-7}. La clé de contrôle est l'entier arrondi par excès. Par exemple, pour le billet n° 249 114 787, on effectue le produit

$$\mathbf{4 \times 10^{-7} \times 249\,114\,787 = 99{,}645\,914\,8.}$$

La clé de contrôle est 100. De même, pour le billet n° 340 081 250 la clé de contrôle est 137.

Arrondissage sur calculatrice de poche

Dans chacune des notations (fixe, scientifique, ingénieur), on peut choisir le nombre de chiffres après la virgule. (Certaines calculatrices donnent d'office deux chiffres après la virgule jusqu'à ce qu'on leur impose un nombre de chiffres différent.)

La calculatrice traite les nombres avec 10 chiffres plus 2 chiffres pour l'exposant, bien qu'elle n'affiche qu'au plus 10 chiffres en notation fixe, et 6 chiffres après la virgule en notation scientifique. Les erreurs d'arrondi lors de l'affichage n'ont donc pas de répercussion sur le déroulement interne des calculs.

EXERCICES

1 **Parmi les fractions suivantes, trouver celles qui sont égales à un nombre décimal. Donner la valeur décimale approchée à 10^{-3} près par défaut pour chacune des autres.**

$$\frac{12}{75} \quad \frac{17}{75} \quad \frac{18}{150} \quad \frac{11}{150} \quad \frac{49}{140} \quad \frac{44}{140} \quad \frac{817}{8\,041}$$

2 **Effectuer le calcul :**

$$\frac{\left(\frac{2}{3}+\frac{3}{4}\right)\left(1-\frac{1}{5}\right)}{\left(\frac{11}{9}-\frac{5}{6}\right)\left(3-\frac{1}{5}\right)}$$

Donner la valeur du résultat à $\frac{1}{100}$ près.

Mesure des températures

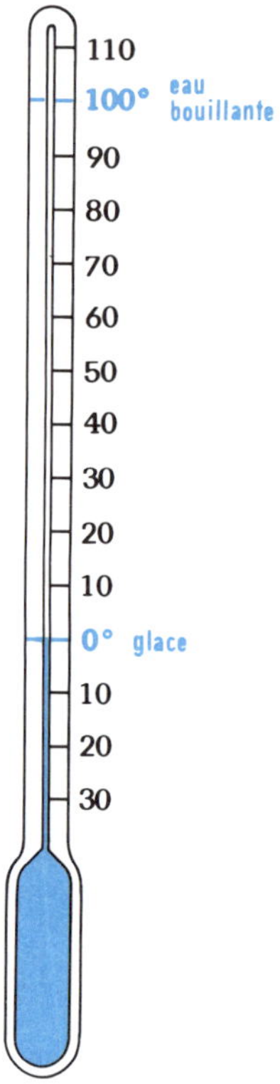

L'unité de température est le degré Celsius, noté °C.

L'appellation de degré centigrade est abandonnée, car elle prête à confusion avec le centigrade, centième partie du grade (voir p. 211).

La température de 0 °C correspond à la fusion de la glace, la température de 100 °C correspond à l'ébullition de l'eau pure sous la pression atmosphérique normale.

■ La température est exprimée par un nombre positif ou négatif. Une température négative signifie que l'eau au repos est gelée.

Température absolue

La température la plus basse que l'on puisse concevoir est − 273,15 °C ; elle est dite zéro absolu. Pour éviter les températures négatives, on prend en physique le zéro absolu pour origine. Le degré Celsius porte alors le nom de kelvin (anciennement degré Kelvin), et se note K. La température rapportée au zéro absolu est dite température absolue. Ainsi, la température absolue de congélation de l'eau est $T_0 = 273{,}15$ K.
La température Celsius t et la température absolue T sont donc liées par les relations :

$$t = T - T_0 \qquad T = t + T_0$$

(Pour obtenir la température absolue, on ajoute 273,15. Pour passer de la température absolue à la température Celsius, on retranche 273,15.)
Par exemple, la température absolue d'ébullition de l'eau est 373,15 K.

Températures de fusion et de vaporisation sous la pression atmosphérique de quelques éléments usuels, en degrés Celsius.

nom	fusion	vaporisation	nom	fusion	vaporisation
aluminium	660,4	2 467	manganèse	1 244	1 962
argent	961,9	2 212	mercure	− 38,9	356,6
azote	− 210,0	− 195,8	molybdène	2 617	4 612
carbone	inconnu	4 827	néon	− 248,7	− 246,0
chlore	− 101,0	− 34,6	or	1 064	2 807
chrome	1 857	2 672	oxygène	− 218,4	− 183,0
cuivre	1 084	2 567	phosphore	44,1	280
étain	232,0	2 270	platine	1 772	3 827
fer	1 535	2 750	plomb	327,5	1 740
fluor	− 219,6	− 188,1	soufre	112,8	444,7
hydrogène	− 259,1	− 252,9	tungstène	3 400	5 660
krypton	− 156,6	− 152,3	uranium	1 132	3 818
magnésium	648,8	1 090			

Echelle Fahrenheit

Dans les pays anglo-saxons, on emploie le degré Fahrenheit, noté °F. La glace fond à 32 °F, et l'eau bout à 212 °F.

Le choix de cette échelle repose sur des points fixes assez déroutants de nos jours :
— Le zéro correspond à la plus basse température atteinte du temps de D.G. Fahrenheit (en 1715) ;
— La température de 100 °F est sensiblement celle du corps humain.

Comme 100 °C correspondent à 212 − 32 = 180 °F, les différences de températures doivent être multipliées par $\frac{180}{100} = 1{,}8 = \frac{9}{5}$. Les températures Fahrenheit et Celsius, notées t_F et t_C, sont liées par les relations :

$$\boldsymbol{t_F = 32 + \frac{9}{5} t_C \qquad t_C = \frac{5}{9} t_F - 17{,}78}$$

On notera que -40 °F = -40 °C. D'où la règle pratique : pour passer de t_C à t_F, on ajoute 40, on multiplie par 1,8 et on retranche 40. Pour passer de t_F à t_C on ajoute 40, on divise par 1,8 et on retranche 40.

Exemples **1.** La température du corps humain en bonne santé est 37 °C. Pour passer aux degrés Fahrenheit, on ajoute 40 :

$$\mathbf{40 + 37 = 77}$$

On multiplie par 1,8 : $\mathbf{1{,}8 \times 77 = 138{,}6}$

On retranche 40 : $\mathbf{138{,}6 - 40 \approx 99\ °F}$

2. La température de 451 °F est celle de l'inflammation du papier.
L'équivalent Celsius est :

$$\mathbf{\frac{1}{1{,}8}(40 + 451) - 40 = 272{,}78 - 40 \approx 233\ °C}$$

Degrés Celsius	0	10	15	16	17	18	19	20	37	38	39	40
Degrés Fahrenheit	32	50	59	61	63	64	66	68	98,6	100,4	102,2	104

Thermomètre à alcool, à cadran et à flotteur.

Mesure des valeurs

Franc

L'unité monétaire française est le franc.

Le franc a été défini par rapport à l'or, à l'argent ou à ces deux métaux à la fois. Ainsi, de 1969 à 1977, le franc représentait la valeur de 0,160 g *d'or fin (à moins d'un dix-millionnième de gramme près). Depuis le 1/4/1978, le franc n'est plus rattaché à l'or. (Autrement dit, le franc n'a plus de définition.)*

Le franc est noté *F* (Il n'y a pas d'autre abréviation : ne pas écrire 10 f, 10 fr, 10 Frs, etc.). Cependant, le franc est aussi le nom des unités monétaires utilisées actuellement dans d'autres pays. C'est pourquoi, en service international, le franc français est noté *FRF.* (Voir le tableau des principales monnaies p. 330 .)

Les notations FF *pour le franc français,* FS *pour le franc suisse et* FB *pour le franc belge sont appelées à disparaître.*

Francs et centimes

Le franc est divisé en 100 centimes. (Il n'y a pas de notation pour les centimes.)
Dans le cas d'un nombre non entier de francs, on sépare les francs des centimes par une virgule ; on écrit alors obligatoirement deux chiffres après la virgule. La lettre *F* doit être écrite après le dernier chiffre (ou parfois en tête, comme dans le cas des chèques). On écrit ainsi 23 275,90 F, ou encore F 23 275,90. (Le décime n'existant pas, on se gardera d'écrire 23 275,9 F.)

■ Le centime ayant une valeur négligeable, les administrations demandent souvent d'arrondir les sommes au franc le plus proche. Le nombre ci-dessus est alors remplacé par 23 276 F.

■ Dans l'écriture d'une somme en toutes lettres (par exemple sur les chèques), les centimes sont inscrits en chiffres : vingt trois mille deux cent soixante quinze francs 90. (Il n'est pas nécessaire de préciser qu'il s'agit de 90 centimes.)

■ Le symbole MF (mégafranc) désigne le million de francs. On utilise aussi le kilofranc (noté kF).

Franc *CFA* et franc *CFP*

Le franc *CFA* (initialement franc Comptoirs français d'Afrique) vaut 0,02 F. Sous le nom de franc de la Communauté financière africaine, et codé alors *XOF,* il est employé dans les pays suivants : Bénin, Côte-d'Ivoire, Haute-Volta, Mali, Niger, Sénégal, Togo ; sous le nom de franc de la Coopération financière en Afrique, et codé alors *XAF,* il est employé dans les pays suivants : Cameroun, Centrafrique, Congo, Gabon, Guinée équatoriale, Tchad.
Le franc des Comores (*XMF*) vaut lui aussi 0,02 F.
Le franc *CFP* (initialement franc Comptoirs français du Pacifique) vaut 0,055 F ; le code est *XPF.* Le franc *CFP* est utilisé en Nouvelle-Calédonie, en Polynésie Française, aux îles Wallis et Futuna.

Pièces et billets

Pièces

Les pièces de monnaie en vigueur ont pour valeurs

100 F 10 F 5 F 2 F 1 F 0,50 F 0,20 F 0,10 F 0,05 F 0,01 F.

La pièce de 0,50 F, ou de 50 centimes, porte l'inscription 1/2 franc.

Billets

Les billets ayant cours légal ont pour valeurs

500 F 200 F 100 F 50 F 20 F 10 F.

A partir d'avril 1977, les billets de 50 F « Quentin de La Tour » se sont substitués progressivement aux « Racine » ; depuis juillet 1979, les « Delacroix » remplacent les « Corneille ». Les billets de 20 F et 200 F ont été émis respectivement en 1980 et en 1982.

Pouvoir libératoire

On ne peut payer un particulier avec des pièces de monnaie que jusqu'à une certaine somme, laquelle dépend de la valeur des pièces considérées ; c'est ce qu'on appelle le pouvoir libératoire.

Pièces	Pouvoir libératoire	Pièces	Pouvoir libératoire
10 francs	500 francs	50 centimes	10 francs
5 francs	250 francs	20 centimes	5 francs
2 francs	100 francs	10 centimes	5 francs
1 franc	50 francs	5 centimes	5 francs
		1 centime	1 franc

Ces règles ne s'appliquent pas aux règlements aux guichets du Trésor. Par exemple, il est légal de payer une « vignette auto » de 5 000 F au moyen de 25 000 pièces de 20 centimes (dont le poids total approche les 100 kilos).

Le pouvoir libératoire des billets est théoriquement illimité. Cependant, pour éviter des vols et la fraude fiscale, on ne peut payer en espèces les traitements et salaires dépassant 2 500 F (d'où l'obligation pour les salariés d'avoir un compte courant postal ou bancaire). De même, on ne peut régler en espèces des fournitures ou travaux dépassant 1 000 F, ou des objets d'art dépassant 5 000 F.

■ *Anciens et nouveaux francs.* L'augmentation du coût de la vie entre 1945 et 1960 a conduit à des prix comportant de nombreux zéros. Pour rétablir des étiquettes analogues à celles de l'époque 1930, il a été décidé de multiplier par 100 la valeur du franc à partir du 1er janvier 1960. Pendant trois ans, l'unité monétaire légale a porté le nom de « nouveau franc » (noté NF), l'unité précédente devenant l'ancien franc. Le nouveau franc s'appelle franc depuis le 1er janvier 1963.
La conversion des anciens francs en nouveaux francs, correspondant à la suppression de deux zéros (ou à la transformation des francs en centimes) demande un effort de réflexion. Depuis plus de deux décennies, de nombreuses personnes rencontrent des difficultés à passer en nouveaux francs. On aboutit alors à des virgules mal placées, le résultat n'ayant aucun sens (ni en anciens francs, ni en nouveaux francs).
Pour éviter des erreurs grossières, il est bon de connaître les ordres de grandeur des prix.

moins de 10 F	journal, magazine consommation courante (café, eau minérale, bière) croissant kilo de légumes
entre 10 et 100 F	kilo de viande repas place de spectacle (cinéma, concert, théâtre) plein d'essence sur cyclomoteur livre, disque appareil photo type « Instamatic » film photo ou cinéma
entre 100 et 1 000 F	plein d'essence sur automobile, pneumatique appareil photo non réflex vélo d'enfant raquette de tennis facture de réparation ou d'entretien
entre 1 000 et 10 000 F	vélo de course, cyclomoteur, moto planche à voile téléviseur, magnétoscope appareil photo réflex, caméra lave-linge, lave-vaisselle loyer trimestriel
entre 10 000 et 100 000 F	automobile, caravane dériveur pierre fine
entre 100 000 et 10 000 000 F	appartement, maison

Le budget de l'Etat est de l'ordre du million de MF. (Noter qu'il faut 10 MF pour faire un milliard de centimes.)

Conversion des monnaies

Les transactions comportent souvent des frais fixes, et systématiquement un pourcentage.

Exemple. Un voyageur achète à Paris 20 000 francs belges. Le cours de vente étant ce jour-là 0,139 FF pour 1 FB, il doit débourser

$$\mathbf{20\,000 \times 0{,}139 = 2\,780\ FF}$$

Revenant à Paris le même jour, le voyageur n'a dépensé que 8 500 FB ; il revend les 11 500 FB restant au cours d'achat, soit 0,128 FF pour 1 FB. Il lui revient donc :

$$\mathbf{11\,500 \times 0{,}128 = 1\,472\ F}$$

La perte sur l'excédent de devises est

$$11\,500 \times (0{,}139 - 0{,}128) = 126{,}50 \text{ F}$$

■ Pour éviter des erreurs grossières sur les changes, noter que le nombre de devises est inversement proportionnel à la valeur de l'unité. Par exemple, si le dollar vaut environ 7 F, on aura sept fois moins de dollars que de francs.

Vocabulaire commercial

Bénéfice et perte. Le *bénéfice* sur une transaction est la différence entre le prix de vente et le prix de revient (ou coût). Le bénéfice (en francs) s'exprime par un nombre réel positif. Cependant, si le coût est supérieur au prix de vente (cas de soldes, ou frais de gestion trop élevés), la différence entre le coût et le prix de vente est la *perte.*
On peut réunir les deux cas en un seul : le bénéfice est un nombre réel (positif ou négatif). Lorsque le bénéfice est négatif, la perte est égale à la valeur absolue du bénéfice.

Solde et à-valoir. L'expression *à-valoir* est synonyme d'*acompte* ou d'*avance* ; il s'agit d'une somme versée à la commande. La terminologie provient de la phrase : payement à valoir sur une somme due. Le *solde* est le complément d'un reste de compte ; dans le cas d'un à-valoir, le solde est la différence entre le prix total et l'à-valoir.
On doit distinguer la notion d'à-valoir de celle d'arrhes ; en effet, si le fournisseur ne respecte pas ses obligations, il doit rembourser les arrhes, augmentées d'une indemnité du même montant.

Crédit et débit. Toute somme versée sur un compte courant (bancaire ou postal) est portée au *crédit* du compte. Toute somme retirée du compte (retrait d'espèces, payement par chèque, prélèvement automatique des factures d'électricité, de la prime d'assurance, etc.) est porté au *débit* du compte.
Le solde du compte est la différence entre le total du crédit et le total du débit. Le solde est *créditeur* lorsque cette différence est positive, *débiteur* lorsque cette différence est négative, c'est-à-dire lorsque le total des débits est supérieur au total des crédits. Un compte présentant un solde débiteur est dit *à découvert.* Le découvert est toléré par les banques et désormais par les comptes courants postaux, sous forme de *facilité de caisse* : en cas de découvert, la banque et les comptes courants postaux prélèvent un intérêt (voir p. 133) ; mais le découvert est interdit pour les comptes courants des caisses d'épargne.

Pour arrêter un relevé de compte, on inscrit le solde du côté le plus faible. On commence le relevé suivant en inscrivant le solde du côté opposé, avec le libellé *solde à nouveau.*
Toutes les opérations sur un compte se ramènent à l'addition, à condition de représenter un débit par un nombre négatif. Le solde est alors la somme de tous les montants (positifs ou négatifs). Le cas du solde positif est celui du compte créditeur ; le solde est porté dans la colonne CRÉDIT. Le cas du solde négatif est celui du compte débiteur ; la valeur absolue du solde est portée dans la colonne DÉBIT.

Naguère, les soldes débiteurs étaient marqués en rouge. L'expression « avoir un compte en rouge » signifie donc « avoir un solde débiteur ».

Date de valeur. Un chèque déposé dans une banque pour encaissement est porté au crédit du compte deux jours plus tard s'il provient de la même ville (chèque sur place, ou sur rayon), une semaine plus tard dans le cas contraire (chèque hors place). La date de valeur est celle du jour où la somme est portée au crédit du compte (et non la date de remise du chèque). Pendant la durée de l'encaissement, le montant du chèque est débité du compte du tireur sans pour autant être porté au crédit du destinataire. Le décalage dû à la date de valeur peut être une source de découvert, sur lequel la banque prélève bien entendu des intérêts. Cela explique la survivance de la date de valeur. (L'emploi des ordinateurs permet en fait le traitement de l'information le jour même de la remise des chèques.)

EXERCICES

1 **En 1979, l'établissement monétaire de Pessac a frappé plus de 700 millions de pièces, dont en monnaie nationale :**

	Millions de pièces
50 F	**12**
10 F	**110**
5 F	**2,22**
2 F	**130**
1 F	**1,69**
1/2 F	**0,95**
20 c	**70**
10 c	**140**
5 c	**180**
1 c	**3,39**

Calculer la valeur totale de ces pièces.

2 **Un contribuable a le choix entre deux formules pour payer ses impôts :**

***a*) Verser le 15 février et le 15 mai des acomptes provisionnels égaux au tiers de l'imposition de l'année précédente. Le solde est réglé le 15 septembre (ou le 15 octobre).**

***b*) Verser dix mensualités de janvier à octobre, égales au dixième de l'imposition de l'année précédente. Le solde est prélevé en novembre.**

L'imposition pour 1981 étant de 26 100 F et pour 1982, de 31 500 F, calculer les montants des divers versements pour 1982, suivant l'une et l'autre option.

3 **Au 1/11/82, le billet de R.E.R. Saint-Germain-en-Laye-Paris coûte 9,20 F. La carte à la semaine vaut 45 F. Le coupon jaune (hebdomadaire) et le coupon orange (mensuel) valent respectivement 59 F et 205 F (zones 1 à 4).**

***a*) Déterminer au bout de combien de voyages aller-retour quotidiens il est rentable d'acheter une carte à la semaine.**

***b*) Une personne effectue chaque jour ouvrable un aller-retour, et utilise en plus quatre tickets d'autobus (à 2,20 F). Déterminer au bout de combien de jours ouvrables dans la semaine il y a intérêt à acheter un coupon jaune ; au bout de combien de jours ouvrables dans le mois il y a intérêt à acheter un coupon orange.**

***c*) Reprendre les questions précédentes pour un salarié se faisant rembourser 40 % des coupons par son employeur.**

Grandeurs proportionnelles

On dit que des grandeurs sont proportionnelles si leur rapport est constant (autrement dit, ce rapport ne prend qu'une seule valeur).

Exemples A vitesse donnée, la consommation d'essence d'une automobile est proportionnelle au nombre de kilomètres parcourus (en supposant que la route est droite et de pente constante).
Le montant d'une facture est proportionnel au nombre d'exemplaires pour un article donné (sauf en cas de réduction pour quantité).
Le prix d'un appartement est proportionnel à la surface (dans un quartier donné, pour un confort donné).
Les impôts indirects suivent une loi de proportionnalité ; il n'en est pas de même pour l'impôt sur le revenu (si le revenu double, les impôts peuvent être multipliés par dix).

On dit que des grandeurs sont *inversement proportionnelles* si l'une est proportionnelle à l'inverse de l'autre.

Exemple Le nombre de litres d'essence que l'on obtient pour 100 F est inversement proportionnel au prix du litre.

Pourcentages

On exprime souvent le quotient (constant) de deux grandeurs proportionnelles sous la forme d'une fraction de dénominateur 100. Afin d'éviter une écriture fractionnaire, on indique le rapport en « tant pour cent », et on utilise la notation %.
Le symbole ‰ (pour mille) ne doit pas être utilisé ; il convient d'utiliser 10^{-3}.
Le service dans les restaurants est généralement de 15 % (quinze pour cent).
Les taux d'intérêt (voir p. 133) sont exprimés en tant pour cent ; il en est de même pour la T.V.A. (voir p. 118). On remarquera dans ces divers cas que le pourcentage n'est pas forcément un entier : un taux d'intérêt peut être de 8,5 % ou de 17,1 %.
Le calcul des pourcentages se ramène immédiatement au calcul sur les fractions (voir p. 81). Ainsi, pour calculer un service de 15 %, il suffit de savoir multiplier par 0,15.

Exemple. Une « addition » d'une table s'élève à 244 F, service non compris. On divise d'abord par 10, ce qui donne 24,40 F ; on divise par 2, et l'on trouve 12,20 F. Il ne reste plus qu'à ajouter ces deux nombres pour obtenir le service :

24,40 + 12,20 = 36,60 F

Le total service compris est non 244 F, mais

$$\mathbf{244 + 36{,}60 = 280{,}60\ F}$$

L'effet psychologique étant désastreux, on comprend pourquoi les restaurateurs et les hôteliers sont de plus en plus nombreux à indiquer les prix « service compris ».

Le bénéfice s'exprime soit en pourcentage du prix de revient ou prix d'achat A (point de vue du commerçant), soit en pourcentage du prix de vente V (point de vue du client) ; dans ce dernier cas, le bénéfice s'appelle taux de marque et se note t.

$$\frac{V}{A} = \frac{100}{100 - t}$$

Consommation d'une automobile

La consommation est toujours exprimée en volume dépensé pour 100 kilomètres. On reconnaît un problème de pourcentage.

Exercices **1.** Un automobiliste a remis le compteur journalier à zéro au moment d'un plein. Lors du plein suivant, il doit mettre 38,5 l. Le compteur partiel marque alors 437,1 km. Trouver la consommation en litres aux 100 kilomètres.
On trouve immédiatement :

$$100 \times \frac{38{,}5}{437{,}1} \approx 8{,}8\ \mathrm{l}$$

Il ne servirait à rien de donner le résultat sous la forme 8,81 l, *car la précision de* 10^{-2} *est illusoire. (Il suffit d'une légère pente de la station-service pour trouver* 8,80 *ou* 8,85 l.*)*

Supposons que l'on ait introduit par erreur dans la calculatrice d'abord 437,1 puis 38,5. Il n'est pas nécessaire de tout recommencer : on effectue la division, et l'on cherche l'inverse du quotient ainsi trouvé grâce à la touche $1/x$. Dans le cas présent :

$$\frac{437{,}1}{38{,}5} \approx 11{,}35 \quad \text{et} \quad 100 \times \frac{1}{11{,}35} \approx 100 \times 0{,}088 = 8{,}8$$

2. L'automobiliste ne remet pas le compteur à zéro lors du deuxième plein. La troisième fois, il doit ajouter 36,1 l ; le compteur marque 853,2 km. Trouver la consommation entre les deux derniers pleins.
La consommation de 36,1 l correspond à

$$853{,}2 - 437{,}1 = 416{,}1 \text{ km.}$$

En litres aux 100 kilomètres :

$$100 \times \frac{36{,}1}{416{,}1} \approx 8{,}7$$

Lorsque les pourcentages sont de l'ordre de quelques unités, on préfère le tant pour mille, noté ‰. Par exemple, un taux de natalité peut être de trente pour mille.

Représentation circulaire des pourcentages

La notion de pourcentage est très commode pour étudier des phénomènes économiques : importance relative des diverses ethnies d'une population, des divers postes d'un budget, etc. Dans chaque cas, les pourcentages désignent une fraction inférieure à 1. La somme de tous les pourcentages doit redonner 100 %.

On n'obtient pas forcément 100 %, *par suite d'erreurs d'arrondissage. Dans les sondages d'opinion, on rétablit la situation grâce aux catégories « sans opinion » et « divers ».*

En pratique, on représente les pourcentages à l'aide d'un diagramme à secteurs circulaires (voir p. 218), surnommé « camembert ». Les aires des divers secteurs sont proportionnelles aux pourcentages. Ainsi, 50 % seront représentés par un demi-disque, 25 % par un quart de disque, etc.

Exemple. La production de voitures particulières en France durant l'année 1981 a été, pour les quatre principales firmes :

CITROËN	**533 922**
PEUGEOT	**569 287**
RENAULT	**1 294 452**
TALBOT	**199 941**

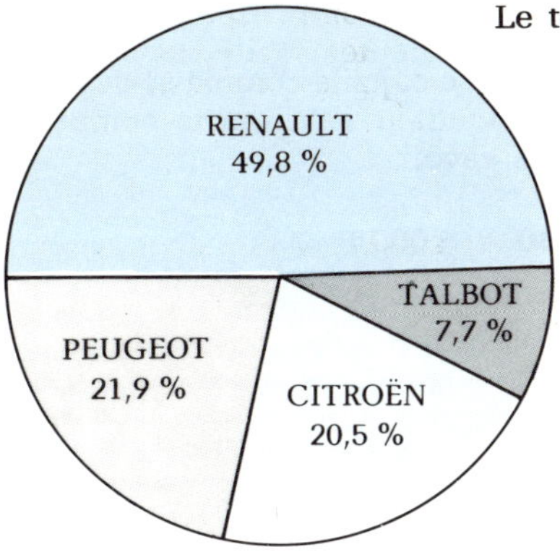

Le total est 2 597 602. Les pourcentages s'en déduisent :

CITROËN $\frac{533\,922}{2\,599\,602} \approx 20{,}5\ \%$

PEUGEOT $\frac{569\,287}{2\,599\,602} \approx 21{,}9\ \%$

RENAULT $\frac{1\,294\,452}{2\,599\,602} \approx 49{,}8\ \%$

TALBOT $\frac{199\,941}{2\,599\,602} \approx 7{,}7\ \%$

■ La somme ne fait pas 100 %, ce qui s'explique par les arrondissages.

Dans les calculs de pourcentages, il convient de distinguer deux cas, suivant que le taux est constant ou variable suivant la tranche.

Sécurité sociale

Au 1er janvier 1984, les cotisations pour l'assurance maladie sont proportionnelles au salaire : 18,10 % dont 5,50 % pour la part ouvrière. Il convient d'ajouter 0,10 % à la part ouvrière correspondant à l'assurance veuvage.
En revanche, les autres cotisations tiennent compte du plafond de la sécurité sociale, égal à 8 110 F au 1/1/1984. Dans la limite de ce plafond, le salarié verse 5,70 % pour l'assurance vieillesse, tandis que l'employeur doit verser 9 % d'allocations familiales, 8,20 % d'assurance vieillesse, 0,10 % d'aide au logement et, dans certaines conditions, 2 % pour les transports, ce qui conduit au total de 19,30 %.

Exemples **1.** Considérons le cas d'un employé ayant travaillé 543 heures dans le trimestre, à 38 F de l'heure. Le salaire brut est

$$543 \times 38 = 20\,634 \text{ F}$$

Le salaire mensuel étant inférieur au plafond, toutes les retenues sont proportionnelles à ce salaire. La part ouvrière se monte à

$$0{,}113 \times 20\,634 \approx 2\,332 \text{ F}$$

L'employeur doit verser, part patronale comprise,

$$0{,}432 \times 20\,634 \approx 8\,914 \text{ F}$$

2. Considérons maintenant le cas d'un salaire trimestriel de 29 330 F. Le plafond pour le trimestre est

$$3 \times 8\,110 = 24\,330 \text{ F}$$

Le salaire dépassant le plafond, les calculs sont légèrement plus compliqués.
— La partie correspondant au plafond se calcule comme ci-dessus.
— Il faut ajouter le montant correspondant à la partie comprise entre le plafond et le salaire brut, à savoir

$$29\,330 - 24\,330 = 5\,000 \text{ F}$$

La cotisation globale est

$$0{,}432 \times 24\,330 + 0{,}182 \times 5\,000 \approx 11\,421 \text{ F}$$

La part ouvrière est

$$0{,}113 \times 24\,330 + 0{,}056 \times 5\,000 \approx 3\,029 \text{ F}$$

Retraite complémentaire et assurance chômage

Le taux de cotisation pour la retraite complémentaire est 4,6 % dont 1,84 % pour la part ouvrière, avec un plafond égal à trois fois celui de la sécurité sociale, soit 24 330 F par mois. Le taux de cotisation pour le chômage est 5,8 % dont 1,72 % pour la part ouvrière, avec un plafond égal dans ce cas à quatre fois celui de la sécurité sociale, soit 32 440 F par mois.

Dans le premier exemple ci-dessus, le montant des retenues effectuées par l'employeur en plus de la sécurité sociale est

$$0{,}035\,6 \times 20\,634 \approx 735 \text{ F}$$

Le versement effectué par l'employeur comporte en outre la part patronale ; il s'élève à

$$0{,}104 \times 20\,634 \approx 2\,146 \text{ F}$$

Si l'on tient compte en même temps de la sécurité sociale, on voit que le salarié perçoit

$$20\,634 - 735 - 2\,332 = 17\,567 \text{ F}$$

alors que l'employeur aura déboursé en tout

$$17\,567 + 2\,146 + 8\,914 = 28\,672 \text{ F}$$

Le pourcentage du salaire net par rapport au coût global est

$$\frac{17\,567}{28\,672} \approx 0{,}614$$

soit 61 % (avant impôts).

Les acquéreurs paieront, par lot et par tranche, en sus de l'adjudication :

16 % jusqu'à 6 000 F

11,50 % de 6 001 F à 20 000 F

10 % au-dessus de 20 001 F

Ainsi, pour un objet de 5 000 F, les charges s'élèvent à

$$\mathbf{0{,}16 \times 5\,000 = 800\ F}$$

Pour un objet adjugé 10 000 F, on doit payer en sus

$$\mathbf{0{,}16 \times 6\,000 + 0{,}115 \times (10\,000 - 6\,000) = 960 + 460 = 1\,420\ F}$$

Pour un objet de 30 000 F, les charges deviennent

$$\mathbf{0{,}16 \times 6\,000 + 0{,}115 \times 14\,000 + 0{,}10 \times 10\,000 = 960 + 1\,610 + 1\,000 = 3\,570\ F}$$

(Les nombres 14 000 et 10 000 sont les différences 20 000 − 6 000 et 30 000 − 20 000.)

Le pourcentage réel est $\mathbf{\dfrac{3\,570}{30\,000} = 0{,}119 = 11{,}9\ \%}$.

Si les trois lots précédents reviennent à un même acquéreur, il faut ajouter les charges dues pour chaque lot (et donc payer trois fois le taux le plus élevé de 16 %).

En pratique, on préfère n'effectuer qu'une seule multiplication dans chaque cas. On opère alors de la manière suivante :

— Pour un lot entre 6 001 et 20 000 F, on calcule les charges comme si le taux était de 11,50 % sur la totalité. On ajoute au résultat (0,16 − 0,115) × 6 000 = 270 F.

— Pour un lot d'au moins 20 001 F, on multiplie par 0,1 (ce qui revient à 1 F près à supprimer le dernier chiffre). On ajoute au résultat

$$\mathbf{(0{,}16 - 0{,}1) \times 6\,000 + (0{,}115 - 0{,}1) \times 14\,000 = 360 + 210 = 570\ F.}$$

Ainsi, les charges sur les lots numéro 2 et numéro 3 sont respectivement

$$0{,}115 \times 10\,000 + 270 = 1\,150 + 270 = 1\,420 \text{ F}$$

$$0{,}1 \times 30\,000 + 570 = 3\,000 + 570 = 3\,570 \text{ F}$$

Nous allons retrouver ce mode de calcul dans le cas des impôts et dans celui des droits de succession.

Impôts sur le revenu

En France, les pourcentages varient par tranches du quotient familial (noté *QF*), c'est-à-dire le quotient du revenu imposable *R* par le nombre *N* de parts.
Pour les revenus de 1983 :

QF ⩽ 13 770	0 %	52 750 < QF ⩽ 60 870	35 %
13 770 < QF ⩽ 14 390	5 %	60 870 < QF ⩽ 101 430	40 %
14 390 < QF ⩽ 17 070	10 %	101 430 < QF ⩽ 139 500	45 %
17 070 < QF ⩽ 26 990	15 %	139 500 < QF ⩽ 165 010	50 %
26 990 < QF ⩽ 34 700	20 %	165 010 < QF ⩽ 187 700	55 %
34 700 < QF ⩽ 43 610	25 %	187 700 < QF ⩽ 212 750	60 %
43 610 < QF ⩽ 52 760	30 %	QF > 212 750	65 %

Considérons le cas d'un couple ayant un revenu imposable de 75 000 F. Alors

$$\text{QF} = \frac{\text{R}}{\text{N}} = \frac{75\,000 \text{ F}}{2} = 37\,500 \text{ F}$$

Ce nombre étant compris entre 34 700 et 43 610, la tranche des 25 % est atteinte. (Mais seule la partie comprise entre 34 700 et 37 500 est soumise à ce taux.) Détaillons le calcul pour une part :

$$0{,}05 \times (14\,390 - 13\,770) = 0{,}05 \times 620 = 31$$

$$0{,}10 \times (17\,070 - 14\,390) = 0{,}10 \times 2\,680 = 268$$

$$0{,}15 \times (26\,990 - 17\,070) = 0{,}15 \times 9\,920 = 1\,488$$

$$0{,}20 \times (34\,700 - 26\,990) = 0{,}20 \times 7\,710 = 1\,542$$

$$0{,}25 \times (37\,500 - 34\,700) = 0{,}25 \times 2\,800 = 700$$

Au total : 4 029. On doit multiplier ce nombre par le nombre de parts. On trouve ainsi 2 × 4 029 = 8 058 F.
Le pourcentage des impôts sur la totalité des revenus imposables est non pas 0,25 mais $\frac{8\,058}{75\,000} \approx 0{,}107$ c'est-à-dire moins de 11 % du revenu imposable.

Pour ne pas recommencer les calculs dans chaque cas, on multiplie le revenu imposable par le taux correspondant à la dernière tranche, et l'on soustrait le produit par N d'une constante ne dépendant que de la tranche considérée.

Reprenons l'exemple ci-dessus. Pour chaque part, l'impôt est $0,25 \times 37\,500$ diminué de

$$0,05 \times 7\,710 + 0,10 \times 9\,920 + 0,15 \times 2\,680 + 0,20 \times 620 + 0,25 \times 13\,770$$

c'est-à-dire de 5 346 F. (Les nombres 7 710, 9 920, 2 680 et 620 sont les différences calculées plus haut ; le nombre 13 770 correspond à la tranche non imposable.)
Ainsi, pour un couple atteignant la tranche des 25 %, le montant des impôts est $0,25\,R - 2 \times 5\,346$. En remplaçant R par 75 000, on retrouve 8 058.

En procédant de même pour les autres tranches, on reconstitue le barême donné dans la notice accompagnant la déclaration des revenus de 1983 :

QF ⩽ 13 770	0
13 770 < QF ⩽ 14 390	0,05 R − N × 668,5
14 390 < QF ⩽ 17 070	0,10 R − N × 1 408
17 070 < QF ⩽ 26 990	0,15 R − N × 2 261,5
26 990 < QF ⩽ 34 700	0,20 R − N × 3 611
34 700 < QF ⩽ 43 610	0,25 R − N × 5 346
43 610 < QF ⩽ 52 760	0,30 R − N × 7 526,5
52 760 < QF ⩽ 60 870	0,35 R − N × 10 164,5
60 870 < QF ⩽ 101 430	0,40 R − N × 13 208
101 430 < QF ⩽ 139 500	0,45 R − N × 18 279,5
139 500 < QF ⩽ 165 010	0,50 R − N × 25 254,5
165 010 < QF ⩽ 187 700	0,55 R − N × 33 505
187 500 < QF ⩽ 212 750	0,60 R − N × 42 890
QF > 212 750	0,65 R − N × 53 527,5

Droits de succession

Considérons d'abord le cas de la ligne directe de parents à enfants.

Jusqu'à 50 000 F :	**5 %**
De 50 001 à 75 000 F :	**10 %**
De 75 001 à 100 000 F :	**15 %**
Au-delà de 100 000 F :	**20 %**

Il y a un abattement de 275 000 F pour la part de chacun des ascendants et de chacun des enfants. Si l'un des héritiers a au moins trois enfants vivants, on déduit des droits 4 000 F par enfant en plus du deuxième.

Exemples **1.** Soit par exemple un héritage de 525 000 F attribué à un père de quatre enfants. Le montant des droits est

$$0,05 \times 50\,000 + 0,10 \times 25\,000 + 0,15 \times 25\,000 + 0,20 \times 150\,000 = 38\,750 \text{ F}$$

(L'héritage de 525 000 F doit être diminué de l'abattement de 275 000 F. La partie frappée de 20 % est limitée à 250 000 − 100 000 = 150 000 F.)

On en déduit enfin deux fois 4 000 F pour les deux derniers enfants. Le montant des droits est ramené à 38 750 − 8 000 = 30 750 F. Le pourcentage effectif est non pas 20 % mais

$$\frac{30\,750}{525\,000} = 0,0586 = 5,86\ \%$$

2. Passons maintenant à un héritage entre oncle et neveu. Les droits sont de 55 %, avec un abattement de 10 000 F. (Cette fois, il n'y a plus d'abattement pour les enfants.)

Pour un montant toujours de 525 000 F, on obtient cette fois 0,55 × (525 000 − 10 000) = 283 250 F.

Le pourcentage effectif est $\frac{283\,250}{525\,000} \approx 54\ \%$.

T.V.A.

La taxe sur la valeur ajoutée, ou T.V.A., est un impôt indirect frappant tous les produits (alimentation, électricité, etc.) et tous les services (main-d'œuvre artisanale, auto-école, etc.).

Taux

Depuis le 1er juillet 1982, il y a quatre taux ; le prix de vente hors taxe d'un produit doit être augmenté de 5,5 % ou de 7 % (taux réduits), de 18,6 % (taux normal) ou de 33 1/3 % (taux majoré).

Les taux réduits s'appliquent à l'alimentation, aux transports, aux médicaments, aux livres. Le taux majoré s'applique aux articles de luxe (bijouterie, parfumerie), et aussi aux appareils de photo et de cinéma, aux disques, aux bandes magnétiques et aux automobiles. Il existe en outre des taux spéciaux (journaux, terrains à bâtir).

Le consommateur paye la facture hors taxe, augmentée de la T.V.A. Mais chaque intermédiaire ne verse au fisc que la différence entre la taxe qu'il a perçue et toutes celles qu'il a versées en réglant ses fournisseurs : on dit que l'intermédiaire a récupéré la T.V.A.

Le nom de la taxe provient donc tout simplement du fait que celle-ci porte sur la valeur ajoutée par l'intermédiaire (façonnage, frais de distribution, bénéfice).

Calculs sur la T.V.A.

Soit t le taux de la taxe, exprimé en pourcentage. Notons v le prix de vente hors taxe et V le prix taxe comprise. Alors

$$\frac{V}{v} = \frac{100 + t}{100}$$

On obtient donc le prix de vente V en multipliant v par la fraction $\frac{100 + t}{100}$; ainsi :

$$V = \frac{100 + t}{100} v.$$

Un industriel s'adressant généralement à des entreprises récupérant la T.V.A. indique uniquement les prix hors taxe. Un particulier commandant à un tel industriel ne devra pas oublier de multiplier le prix catalogue par la fraction $\frac{100 + t}{100}$. *Il faut donc se méfier des prix de gros !*

Exemple Une machine à écrire est proposée au prix de 2 000 F hors taxe. Combien sera-t-elle facturée à un particulier ?
Le prix de vente taxe comprise est

$$V = \frac{118{,}6}{100} \times 2\,000 = 2\,372 \text{ F}$$

Inversement, le prix de vente v hors taxe se déduit du prix de vente V taxe comprise par la formule

$$v = \frac{100}{100 + t} V$$

La T.V.A. est la différence $V - v$. Par conséquent, la taxe est égale à

$$V - v = \left(1 - \frac{100}{100 + t}\right) V = \frac{t}{100 + t} V$$

La T.V.A. est la fraction $\frac{t}{100 + t}$ du prix de vente taxe comprise. On dit souvent que $\frac{100\,t}{100 + t}$ est le taux apparent (exprimé en pourcentage), par opposition au taux réel t.

Par exemple, dans le cas du taux majoré, $t = 33\ 1/3 = \frac{100}{3}$, tandis que

$$\frac{t}{100 + t} = \frac{\frac{100}{3}}{100 + \frac{100}{3}} = \frac{100}{400} = \frac{1}{4}$$

(La taxe réelle est un tiers du prix, mais elle n'apparaît que pour un quart du prix taxe comprise.)

Exemple. Une automobile est marquée au catalogue 36 000 F. Une administration (non soumise à la T.V.A., ou récupérant celle-ci) ne paiera que

$$\frac{3}{4} \times 36\,000 \text{ F} = 27\,000 \text{ F}$$

Tableau des taux de la T.V.A.

T.V.A.	taux hors taxe t ou taux réel	taux taxe incluse $\frac{100\,t}{100 + t}$ ou taux apparent	rapport $\frac{v}{V} = \frac{100}{100 + t}$ des prix hors taxe et taxe comprise
taux réduits	5,5 7	5,213 6,542	0,948 0,934 6
taux normal	18,6	15,683	0,843
taux majoré	33 1/3	25	0,75

Exemples **1.** Un livre vendu en gros porte le prix de cession de 18,19 F. La T.V.A. intervenant pour 6,542 %, le prix unitaire hors taxe est

$$\frac{\mathbf{93,458}}{\mathbf{100}} \times \mathbf{18,19} \approx \mathbf{17\ F}$$

(On vérifiera que le produit 1,07 × 17 redonne 18,19 F.) Un libraire revend ce livre 26 F. La T.V.A. payée par le client est

$$\frac{\mathbf{6,542}}{\mathbf{100}} \times \mathbf{26} \approx \mathbf{1,70\ F}$$

Mais le libraire, ayant déjà payé la taxe sur le prix de cession, ne versera au fisc que la taxe sur la valeur ajoutée, c'est-à-dire le bénéfice sur le prix hors taxe. Le prix de vente hors taxe est

$$\mathbf{26 - 1,70 = 24,30\ F}$$

La valeur ajoutée est donc

$$\mathbf{24,30 - 17 = 7,30\ F}$$

Finalement, la T.V.A. que doit verser le libraire est

$$\mathbf{0,07 \times 7,30 \approx 0,51\ F}$$

(La taxe totale de 1,70 F payée par le client est versée au fisc en deux fois : 1,19 F versé par l'éditeur et 0,51 F versé par le libraire.)

2. Un épicier achète à un grossiste :

1 139,62 F d'alimentation (au taux réduit)

266,36 F de produits d'entretien (au taux normal)

La T.V.A. est

$$\mathbf{0,055 \times 1\,139,62 + 0,186 \times 266,36 \approx 62,68 + 49,54 = 112,22\ F}$$

Le total versé au grossiste est

$$\mathbf{1\,139,62 + 266,36 + 112,22 = 1\,518,20\ F}$$

On contrôlera la facture en effectuant les additions par lignes (total hors taxe, total des taxes, total toutes taxes comprises), puis par colonnes (calcul du produit T.T.C. pour chaque type de produit). La somme des deux nombres obtenus doit être la même dans chaque cas (1 405,98 + 112,22 = = 1 202,30 + 315,90).

	5,5	18,60	
Montants H.T.	1 139,62	266,36 →	1 405,98
Montants T.V.A.	62,68	49,54 →	112,22
Montants T.T.C.	1 202,30	315,90 →	1 518,20

A payer 1 518,20 F

Règle de trois

La règle de trois est un procédé de calcul permettant d'étudier la variation de deux grandeurs proportionnelles.

L'intérêt essentiel de la règle de trois est de pouvoir éviter la notation fractionnaire, grâce à la réduction à l'unité (parfois dénuée d'interprétation).

La règle de trois est *directe* quand on cherche le numérateur connaissant le dénominateur ; elle est *inverse* quand on cherche le dénominateur connaissant le numérateur.

Exercices **1.** Sachant que 18 m de tissu ont été payés 720 F, trouver le prix de 23 m.
Le prix étant proportionnel à la longueur, le prix cherché est

$$\mathbf{\frac{23}{18} \times 720 = 920\ F}$$

Au lieu d'utiliser les fractions, on peut employer la méthode de réduction à l'unité. Le prix d'un mètre de tissu est $\frac{720}{18} = 40$ F. Le prix de 23 m est $23 \times 40 = 920$ F.

2. Un gâteau pour quatre personnes nécessite six œufs. Combien faut-il d'œufs pour six personnes ?

Il faut $\frac{6}{4} \times 6 = 1{,}5 \times 6 = 9$ œufs.

La réduction à l'unité serait ici inutilement compliquée.

3. Un entrepreneur fait construire d'habitude une maison préfabriquée en 30 jours avec 15 ouvriers. Six ouvriers étant malades, déterminer la durée des travaux.
Le produit du nombre d'ouvriers par le nombre de jours est constant. Il faudra donc :

$$\mathbf{\frac{30 \times 15}{9} = 50\ jours.}$$

Dans cet exemple, la réduction à l'unité serait ridicule : un travail d'équipe se ramène difficilement à celui d'une seule personne.

EXERCICES

1 **Vous avez payé une boîte de compas 204 F. Sachant qu'on vous a fait une remise de 15 %, calculer le prix marqué (sans remise).**

2 **Une voiture automobile a perdu la première année $\frac{1}{4}$ de sa valeur d'achat. La deuxième année, elle perd encore $\frac{1}{5}$ de sa nouvelle valeur. Elle représente alors un capital de 25 800 F. Quelle est sa valeur d'achat ?**

3 **Deux frères doivent recevoir deux parts égales dans un héritage qui comprend une maison et une vigne. La maison est estimée à 250 000 F et la vigne à 80 % du prix de la maison. Si le premier reçoit la maison, combien devra-t-il donner au second pour rétablir l'égalité entre eux ?**

4 **Pour une dépense de 100 F, l'Etat consacre :**
26,80 F à la solidarité, 23,10 F à l'éducation et à la culture, 21,60 F aux services généraux, 16,10 F à la défense nationale et 12,40 F à l'action économique.
Sur 100 F d'impôt, l'Etat reçoit :
43,60 F de T.V.A., 8,80 F d'impôt sur les sociétés, 20,60 F d'impôt sur le revenu, 27,00 F d'autres impôts. (Document du ministère du Budget, 1982.)
Dans chacun des cas, effectuer une représentation circulaire des divers pourcentages.

5 **La charge de transport pour la région parisienne, tous titres de transports confondus, se répartit comme suit en 1981 :**

Voyageurs	**4 098 MF**
Etat	**2 496 MF**
Employeurs	**2 871 MF**
Collectivités locales	**1 061 MF**
Divers	**728 MF**

Calculer les divers pourcentages, et les représenter par un diagramme circulaire.

6 **Un tableau a été acheté et revendu successivement par quatre personnes.**
Les deux premières ont chacune réalisé un bénéfice de 10 % et chacune des deux dernières une perte de 10 % sur le prix qu'elles ont payé.
La dernière personne l'a revendu 2 450,25 F.
Combien la première l'avait-elle payé ?

7 **La tonte d'un mouton donne, en moyenne, 4 kg de laine brute. Le lavage de cette laine lui fait perdre 35 % de son poids.**

***a*) Quel est le poids de la laine lavée provenant de la tonte d'un mouton ?**

***b*) Quelle est la valeur de cette laine au cours de 86 F le kg de laine lavée ?**

c) On voudrait, pour confectionner un matelas, se procurer 15 kg de laine lavée. Quel poids de laine brute faudra-t-il se procurer ? Ce poids correspond à la tonte de combien de moutons ?

8 **Un supermarché accorde le mardi un bon de 10 F pour toute tranche d'achat de 200 F. Un client effectue des achats pour 580 F.**

a) Combien obtient-il de bons ?

b) Pour utiliser ces bons, le client effectue encore 60 F d'achats. Quelle est la remise effective sur le total des achats ? Quelle fraction de 5 % cela représente-t-il ?

c) Le mardi, la durée d'attente à la caisse est augmentée de 20 min. Le client, estimant l'heure d'attente à 30 F, a-t-il intérêt à venir le mardi ? Même question si son heure vaut 65 F.

9 **Les tarifs des communications téléphoniques indiquent la durée d'une unité suivant la distance et le moment de l'appel. (Le prix d'une communication est proportionnel au nombre d'unités, et inversement proportionnel à la durée d'une unité.)**
L'unité étant facturée 0,74 F, calculer le prix d'une communication de 3 min pour les durées suivantes de l'unité de taxation :

120 s 72 s 45 s 24 s 11 s 7 s 6 s 3 s 1,9 s 1,5 s

10 **Un chasseur qui possédait 760 g de plomb a pu fondre 25 balles pour son fusil. Sachant que la masse de l'ancienne livre est de 480 g et que le nombre représentant le calibre représente aussi le nombre de balles que l'on peut faire pour son arme avec une livre de plomb, quel est le calibre de son fusil ?**

D'après Marcel PAGNOL.

11 **Depuis le 22/7/1983, la clause de réduction-majoration sur les assurances des automobiles et des deux-roues de plus de 80 cm^3 repose sur les deux règles suivantes :**
La réduction sur le coefficient affectant la cotisation précédente est de 5 % pour chaque année sans sinistre, avec un maximum de 0,50.
La majoration est de 25 % du coefficient initial après chaque accident entraînant la responsabilité totale et 12,5 % si la responsabilité est partielle, avec un maximum de 2,50.
Les coefficients sont arrondis par défaut avec l'intervalle d'arrondissage 0,01.
Calculer le nouveau coefficient dans les cas suivants :

a) Coefficient initial 0,65 et une année sans sinistre.

b) Coefficient initial 0,65 et deux sinistres « responsabilité partielle ».

c) Coefficient initial 1,60 et deux sinistres « responsabilité totale ».

d) Coefficient initial 2,1 et deux sinistres « responsabilité totale ».

Racines carrées, racines cubiques

Racines carrées

Soit a un nombre réel positif. Il existe un nombre réel positif et un seul dont le carré est a ; ce nombre s'appelle racine carrée de a et se note $\sqrt{a}$.

Exemples La relation $11^2 = 121$ s'écrit encore $\sqrt{121} = 11$.

La racine carrée de 1 est 1, et la racine carrée de 0 est 0.

Noter que $\sqrt{100} = 10$ et $\sqrt{10\,000} = 100$.

Le symbole $\sqrt{\ }$ est une déformation de la lettre r (initiale de racine*).*

L'opposé de $\sqrt{a}$ a encore pour carré le nombre a. Ne pas oublier que la racine carrée de a est un nombre positif.

La règle des signes (voir p. 76) montre qu'un carré est toujours positif. Un nombre réel strictement négatif n'a donc pas de racine carrée.

Opérations sur les racines carrées

La racine carrée d'un produit est le produit des racines carrées des facteurs.

$$\sqrt{ab} = \sqrt{a}\sqrt{b}$$

Exemple La racine carrée de $12\,100 = 121 \times 100$ est

$$\sqrt{121} \times \sqrt{100} = 11 \times 10 = 110$$

La racine carrée d'un quotient est le quotient des racines carrées du numérateur et du dénominateur.

$$\sqrt{\frac{a}{b}} = \frac{\sqrt{a}}{\sqrt{b}}$$

Exemple Calculer la racine carrée de 0,64.

Nous pouvons écrire 0,64 sous la forme $\frac{64}{100} = \frac{8^2}{10^2}$. Par suite :

$$\sqrt{0{,}64} = \frac{8}{10} = 0{,}8$$

Calcul des racines carrées

On commence par chercher dans la table des carrés si le nombre a est le carré d'un entier ; lorsque a se trouve dans la colonne n^2, la racine carrée de a se lit sur la même ligne dans la colonne n. Voir p.332.

Exemple Le nombre 7 225 se trouve dans la colonne des carrés ; c'est le carré de 85.

Si a n'est pas le carré d'un entier, on essaie de se ramener à ce cas en formant 100 a ou 10 000 a.

Exemple Le nombre $a = 90{,}25$ n'est pas le carré d'un entier. Mais 9 025 figure dans la colonne des carrés ; plus précisément, $9\,025 = 95^2$. On en déduit que

$$\sqrt{90{,}25} = 9{,}5$$

Les racines carrées de 100 *et de* 10 000 *sont très simples ; il n'en est pas de même pour* $\sqrt{10} \approx 3{,}162\,3$. *Il ne servirait à rien de remarquer que a est le produit (ou le quotient) par* 10 *du carré d'un entier. Ainsi, pour calculer* $\sqrt{160}$, *on ne gagne pas de temps à écrire* 160 *sous la forme* $160 = 16 \times 10 = 4^2 \times 10$.

Dans le cas général, il n'y a pas de méthode donnant la valeur *exacte* de $\sqrt{a}$. On utilise alors une table des racines carrées (voir p.332), donnant les racines carrées des entiers de 1 à 100 à la précision 10^{-4}.
On peut encore utiliser la table lorsque a est un entier produit de facteurs inférieurs à 100.

Exemple Calculer la racine carrée de $a = 62\,468$.
On décompose a en produit de facteurs premiers (voir p. 47).

$$\mathbf{a = 2^2 \times 7 \times 23 \times 97}$$

La table fournit des valeurs approchées des racines carrées de 7, 23 et 97.

$$\sqrt{7} \approx 2{,}645\,8 \quad \sqrt{23} \approx 4{,}795\,8 \quad \sqrt{97} \approx 9{,}848\,9$$

Par conséquent :

$$\sqrt{a} \approx 2 \times 2{,}645\,8 \times 4{,}795\,8 \times 9{,}848\,9 \approx 249{,}94$$

■ On contrôle le résultat en formant le carré du nombre obtenu :

$$249{,}94^2 \approx 62\,470$$

On n'a donc pas commis d'erreur grossière ni dans la lecture de la table, ni dans les multiplications successives.

Emploi d'une calculatrice de poche

Presque toutes les calculatrices, même du type « quatre opérations », possèdent une touche $\sqrt{x}$.

■ Si par mégarde on introduit un nombre strictement négatif, la calculatrice affiche *Error*.

Exemple Grâce à la touche $\sqrt{x}$, on obtient instantanément :

$$\sqrt{62\,468} \approx 249{,}936$$

■ Méthode itérative

Faute de disposer d'une table de racines carrées ou d'une calculatrice de poche munie de la touche $\sqrt{x}$, on peut obtenir à la main une valeur approchée de la racine carrée (aussi précise que l'on veut), au prix de quelques divisions.

La méthode que nous allons exposer, souvent appelée méthode de Newton, a été en fait trouvée par Héron d'Alexandrie il y a près de deux mille ans.

Exemples **1.** Examinons le cas de $\sqrt{2}$. Nous voulons retrouver la valeur donnée par la table :

$$\sqrt{2} \approx 1{,}414\,2$$

Prenons la valeur approchée $u_0 = 1$. Ce nombre est trop petit ; en revanche, $\frac{2}{u_0} = \frac{2}{1} = 2$ est trop grand. La demi-somme :

$$u_1 = \frac{1}{2}\left(u_0 + \frac{2}{u_0}\right)$$

doit être meilleure. En effet :

$$u_1 = \frac{1}{2}(1 + 2) = \frac{3}{2} = 1{,}5$$

Recommençons avec

$$u_2 = \frac{1}{2}\left(u_1 + \frac{2}{u_1}\right) = \frac{1}{2}\left(\frac{3}{2} + \frac{4}{3}\right) = \frac{17}{12} \approx 1{,}416\,7$$

Un troisième calcul fournit :

$$u_3 = \frac{1}{2}\left(u_2 + \frac{2}{u_2}\right) = \frac{1}{2}\left(\frac{17}{12} + \frac{24}{17}\right) = \frac{17^2 + 12 \times 24}{2 \times 12 \times 17} = \frac{577}{408} \approx 1{,}414\,216$$

On a ainsi obtenu $\sqrt{2}$ à la précision 10^{-4}.

■ On aurait pu prendre n'importe quel nombre strictement positif pour la valeur initiale u_0. Mais si l'on choisit une valeur déjà très proche du résultat, on arrive beaucoup plus vite à la précision souhaitée. On prend de préférence pour u_0 la partie entière de la racine carrée de a (grâce à une table des carrés), en encadrant a entre deux carrés.
La méthode précédente sert bien entendu lorsqu'on ne connaît pas d'avance le résultat. Pour obtenir la précision 10^{-3} par exemple, on s'arrêtera dès que les trois premiers chiffes après la virgule ne changent plus.

2. Calculons la racine carrée du nombre $a = 7\,335$ à la précision 10^{-2}.

La table des carrés montre que $85^2 < a < 86^2$. Prenons $u_0 = 85$.

Alors :

$$u_1 = \frac{1}{2}\left(85 + \frac{7\,335}{85}\right) \approx 85{,}647$$

De même : $$u_2 = \frac{1}{2}\left(u_1 + \frac{7\,335}{u_1}\right) \approx 85{,}645$$

Les deux premiers chiffres après la virgule n'ayant pas changé, on peut affirmer que $\sqrt{7\,335} \approx 85{,}64$ à la précision 10^{-2}.

On contrôle le résultat en formant les carrés de 85,64 et de 85,65. Le premier carré est légèrement inférieur à 7 335, tandis que le second dépasse 7 335. La racine carrée de a est donc comprise entre 85,64 et 85,65.

De manière générale, on choisit une valeur initiale u_0 proche de $\sqrt{a}$ (en encadrant a entre deux carrés consécutifs). On calcule ensuite :

$$u_1 = \frac{1}{2}\left(u_0 + \frac{a}{u_0}\right) \qquad u_2 = \frac{1}{2}\left(u_1 + \frac{a}{u_1}\right) \qquad \text{etc.}$$

Pour obtenir la précision 10^{-2}, on s'arrête au moment où les deux premiers chiffres après la virgule ne changent plus. De même, pour obtenir 10^{-3} ou 10^{-4}, on examine les trois premiers chiffres, ou les quatre premiers chiffres.

Si $1 \leqslant a < 100$, autrement dit si la partie entière de a est un nombre à un ou deux chiffres, alors $1 \leqslant \sqrt{a} < 10$. La partie entière de $\sqrt{a}$ est donc un nombre à un chiffre.
De même, si la partie entière de a est un nombre à trois ou quatre chiffres, la partie entière de $\sqrt{a}$ est un nombre à deux chiffres.
On contrôle ainsi l'ordre de grandeur du résultat.

Racines cubiques

Soit a un nombre réel positif. Il existe un nombre réel positif et un seul dont le cube est a ; ce nombre s'appelle *racine cubique* de a et se note $\sqrt[3]{a}$.

$$\left(\sqrt[3]{a}\right)^3 = a$$

Exemples La relation $9^3 = 729$ s'écrit encore $\sqrt[3]{729} = 9$. Noter que $\sqrt[3]{1} = 1$ et $\sqrt[3]{0} = 0$.

Noter aussi que $\sqrt[3]{1\,000} = 10$ et $\sqrt[3]{1\,000\,000} = 100$.

Opérations sur les racines cubiques. Les règles sont les mêmes que dans le cas des racines carrées :

$$\sqrt[3]{ab} = \sqrt[3]{a}\,\sqrt[3]{b} \qquad \sqrt[3]{\frac{a}{b}} = \frac{\sqrt[3]{a}}{\sqrt[3]{b}}$$

Calcul des racines cubiques

On commence par chercher dans le tableau des cubes si a est le cube d'un entier. Lorsque a se trouve dans la colonne n^3, on lit la valeur de la racine cubique de a sur la même ligne, dans la colonne n.

Exemple Le nombre 912 673 apparaît en face de 97. Ainsi :

$$\sqrt[3]{912\,673} = 97$$

Si a n'est pas le cube d'un entier, on essaie de se ramener à ce cas en formant 1 000 a ou 1 000 000 a.
Comme dans le cas des racines carrées, il n'y a pas de méthode donnant la valeur exacte de $\sqrt[3]{a}$. On utilise donc une table des racines cubiques, donnant les valeurs approchées des racines cubiques des entiers de 1 à 100 à la précision 10^{-4} (voir p. 332).

Emploi d'une calculatrice de poche.

Il faut une calculatrice scientifique. Même dans ce cas, il n'y a pas de touche $\sqrt[3]{x}$. La calculatrice fournit $\sqrt[3]{a}$ comme la valeur de $a^{1/3}$ (voir p. 131). On affiche le nombre a, puis le nombre 3. La touche $1/x$ donne l'exposant 1/3. On appuie enfin sur la touche y^x pour obtenir le résultat demandé.

Méthodes itératives

Il existe des méthodes itératives pour le calcul à la main des racines cubiques, mais elles sont plus compliquées que dans le cas des racines carrés.

Voici une méthode itérative utilisable sur une calculatrice « quatre opérations - racine carrée ».
Cherchons par exemple à calculer $\sqrt[3]{7}$. *Puisque* $1^3 = 1$ *et* $2^3 = 8$, *le résultat est compris entre 1 et 2. Partons de la valeur initiale* $u_0 = 2$.
En utilisant deux fois de suite la touche $\sqrt{x}$, *nous obtenons*

$$u_1 = \sqrt{\sqrt{7u_0}} \approx 1{,}934\,34$$

De même :

$u_2 = \sqrt{\sqrt{7u_1}} \approx 1{,}918\,26$ $\quad u_3 = \sqrt{\sqrt{7u_2}} \approx 1{,}914\,26$ $\quad u_4 = \sqrt{\sqrt{7u_3}} \approx 1{,}913\,26$

$u_5 = \sqrt{\sqrt{7u_4}} \approx 1{,}913\,01$ $\quad u_6 = \sqrt{\sqrt{7u_5}} \approx 1{,}912\,95$ $\quad u_7 = \sqrt{\sqrt{7u_6}} \approx 1{,}912\,94$

$u_8 = \sqrt{\sqrt{7u_7}} \approx 1{,}912\,93$ $\quad u_9 = \sqrt{\sqrt{7u_8}} \approx 1{,}912\,93$

Une calculatrice scientifique aurait fournit aussitôt la valeur 1,912 93.

Puissances fractionnaires

Soit a un nombre réel strictement positif. La racine carrée de a se note encore $a^{1/2}$. De même, la racine cubique de a peut se noter $a^{1/3}$. Plus généralement, pour tout entier naturel q supérieur à 2, on note $a^{1/q}$ l'unique nombre réel positif b tel que $b^q = a$.

Soit r un nombre rationnel, écrit sous la forme $r = \frac{p}{q}$. On note a^r le nombre $(a^{1/q})^p$.

Cette notation est justifiée par le fait que si $r = \frac{p}{q} = \frac{p'}{q'}$, les nombres $(a^{1/q})^p$ et $(a^{1/q'})^{p'}$ sont égaux.

Règles de calcul

Les règles de calcul sur les exposants fractionnaires généralisent les résultats déjà donnés pour les exposants entiers (positifs ou négatifs), ainsi que pour les racines carrées et les racines cubiques.

$$\frac{a^r}{a^s} = a^{r-s} \qquad (a^r)^s = a^{rs} \qquad a^r b^r = (ab)^r$$

Les puissances fractionnaires interviennent dans les calculs d'intérêts composés (voir p. 150) et dans la détermination de la puissance administrative d'une automobile (voir p. 321).

Les calculatrices scientifiques fournissent les valeurs des puissances fractionnaires d'un nombre grâce à la touche y^x.

Exemple Pour calculer 2^7, on commence par introduire le nombre 2 ; on introduit ensuite le nombre 7. La touche y^x donne aussitôt la valeur 128.

(Ne pas confondre 2^7 et 7^2 ; faire très attention à l'ordre dans lequel on affiche les données.)

EXERCICES

1 **Ranger par ordre de grandeur croissante les nombres suivants :**

$$-3\,;\quad \frac{\sqrt{5}}{2}\,;\quad \frac{-21}{22}\,;\quad -\sqrt{2}\,;\quad (\sqrt{2}-4)^2\,;\quad |-2|.$$

2 **Décomposer en un produit de facteurs premiers le nombre**

$$N = 11\,025$$

puis, sans effectuer l'opération, en déduire la racine carrée de ce nombre.

3 ***a*) Effectuer les multiplications suivantes :**

$$(5-2\sqrt{5})\,(5+2\sqrt{5})\,;\quad (\sqrt{5}-2)\,(\sqrt{5}+2).$$

***b*) Remplacer les rapports suivants par des rapports égaux dont le dénominateur est entier :**

$$a = \frac{1}{\sqrt{5}}\,;\quad b = \frac{1}{\sqrt{5}-2}\,;\quad c = \frac{\sqrt{5}+2}{5-2\sqrt{5}}.$$

***c*) Calculer l'expression $d = c - b + a$ en remplaçant a, b, c par les rapports à dénominateurs entiers trouvés au *b*).**

Intérêts simples et intérêts composés

Intérêts simples

Une personne (physique ou morale) prête une somme d'argent à une autre personne. La première personne est dite *prêteur* et la seconde, *emprunteur.* La somme prêtée porte le nom de *capital.* Le loyer de l'argent s'appelle *intérêt.*
L'intérêt est proportionnel au capital. On dit que l'intérêt est *simple* lorsqu'il est proportionnel à la durée du prêt. Le *taux* est l'intérêt produit par un capital de 100 F placé pendant un an. Le taux est exprimé sous forme de pourcentage.

■ Ainsi, un taux de 16,90 % signifie que, pour un capital de 100 F placé pendant un an, l'intérêt est 16,90 F.

Le taux dépend de plusieurs considérations :
— La durée du prêt et la disponibilité de l'argent. (Dans les Caisses d'épargne, en 1982, le taux est de 8,5 % sur livrets, l'argent étant disponible à tout instant. Mais il est de 14 % pour les « bons » où l'argent est immobilisé cinq ans, avec des taux intermédiaires pour un, deux, trois ou quatre ans. Le taux des obligations atteint 17,5 % pour des durées allant jusqu'à douze ans. Mais quand il s'agit d'emprunter à une banque, la situation est très différente : le loyer de l'argent dit « au jour le jour » atteint selon les périodes des valeurs très variables, par exemple 30 %).
— Le degré de confiance que le prêteur accorde à son emprunteur (l'emprunteur est souvent obligé de souscrire une assurance sur la vie comme garantie).
— Le degré de confiance dans la monnaie. En période d'inflation galopante, l'intérêt est rapidement inférieur à la dépréciation de la monnaie ; l'épargne se fait donc souvent à perte. (Mais ne pas placer son argent conduirait à une perte plus grande encore.)

Calcul de l'intérêt simple

On note t le taux et i, ou encore r le rapport $\frac{t}{100}$ (de l'anglais *rate*). Soit C le capital. L'intérêt I produit en un an est :

$$I = Cr = C\frac{t}{100}$$

Pour m mois, $$I = C\frac{m}{12} \quad r = C\frac{tm}{1\,200}$$

Pour n jours, $$I = C\frac{n}{360} \quad r = C\frac{tn}{36\,000}$$

(Rappelons que, pour simplifier les calculs, on considère l'année commerciale de 360 jours.)

■ *Problème* 1 *Calcul de l'intérêt.*

Exemples. **1** Calculer le revenu annuel d'une somme de 7 300 F placée à 8,5 %.

L'intérêt annuel est par définition même de 8,5 F pour un capital de 100 F. Comme 7 300 = 73 × 100, l'intérêt est :

$$I = 73 \times 8{,}5 = 620{,}50 \text{ F}$$

(L'emploi de la règle de trois comporterait une étape supplémentaire : on commence par calculer l'intérêt produit par 1 F, soit 0,085 F. On multiplie alors ce résultat par 7 300.)
La somme remboursée par l'emprunteur au bout d'un an est égale à $C + I$, c'est-à-dire :

$$7\,300 + 620{,}50 = 7\,920{,}50 \text{ F}$$

On peut obtenir directement ce résultat (sans passer par l'intermédiaire de l'intérêt) en notant que :

$$C + I = C\left(1 + \frac{t}{100}\right)$$

En l'occurrence : $$C + I = 7\,300 \times 1{,}085 = 7\,920{,}50 \text{ F}$$

2. Calculer l'intérêt produit par 6 390 F à 14,5 % pendant 3 mois 15 jours.

Pendant 3 mois 15 jours représentent 3,5 mois ou encore la fraction $\frac{3{,}5}{12}$ d'une année, l'intérêt est :

$$I = 6\,390 \times \frac{3{,}5}{12} \times \frac{14{,}5}{100} = 270{,}24 \text{ F}$$

■ Problème 2 Calcul du capital.

Exemple. Trouver le capital qui, placé à 9 %, a produit en 72 jours un intérêt de 54 F.

Notons que 72 est exactement $\frac{360}{5}$. L'intérêt annuel serait de :

$$5 \times 54 = 270 \text{ F}$$

Enfin, comme 270 = 30 × 9, le capital est :

$$30 \times 100 = 3\,000 \text{ F}$$

De manière plus synthétique, la relation :

$$I = Ct\frac{n}{36\,000}$$

s'écrit encore : $$C = \frac{36\,000}{tn}I$$

Dans le cas présent : $$C = \frac{36\,000}{9 \times 72} \times 54 = \frac{36\,000}{12} = 3\,000 \text{ F}$$

■ Problème 3 Calcul du taux de placement

Exemple. Trouver à quel taux a été placé un capital de 5 000 F, sachant qu'en 7 mois l'intérêt produit est 350 F.

Remarquons que 350 = 50 × 7. L'intérêt annuel pour 5 000 F est :

$$\frac{12}{7} \times 350 = \frac{12}{7} \times 50 \times 7 = 600 \text{ F}$$

Comme 5 000 = 50 × 100, le taux est $\frac{600}{50} = 12$. Autrement dit, le capital a été placé à 12 %.

On retrouve le résultat en employant la relation fondamentale :

$$I = C\frac{tm}{1\,200}$$

Par conséquent : $$t = \frac{1\,200\,I}{Cm}$$

Avec les données du problème :

$$t = \frac{1\,200 \times 350}{5\,000 \times 7} = \frac{12}{50} \times \frac{350}{7} = \frac{12}{50} \times 50 = 12$$

■ Problème 4 Calcul de la durée de placement

Exemple Trouver combien de temps il faut placer 8 000 F à intérêt simple au taux de 9 % pour que l'intérêt produit soit 100 F.

L'intérêt annuel serait :

$$80 \times 9 = 720 \text{ F}$$

Le temps cherché est donc :

$$\frac{100}{720} \times 360 = \frac{100}{2} = 50 \text{ j}$$

On peut aussi utiliser la relation :

$$n = I \times \frac{36\,000}{Ct}$$

soit ici :

$$n = \frac{100 \times 36\,000}{8\,000 \times 9} = \frac{100}{2} = 50 \text{ j}$$

■ CONSEIL. Dans chaque cas, nous avons utilisé systématiquement deux méthodes :
— un calcul de proportionnalité ;
— la formule fondamentale $I = C\frac{t}{100}$
Il est indispensable de procéder ainsi pour contrôler les ordres de grandeur : l'intérêt en 3 m 15 j est environ le quart de l'intérêt annuel. Tandis que dans une écriture telle que $n = \frac{100 \times 36\,000}{8\,000 \times 9}$, il est fréquent d'oublier un zéro, et donc d'obtenir un résultat dix fois trop grand ou dix fois trop petit.

Les calculs directs des intérêts à la main peuvent être longs et compliqués. C'est pourquoi l'on employait naguère la méthode des nombres et des diviseurs, ou encore la méthode des parties aliquotes. Depuis l'apparition des calculatrices de poche, et en particulier des calculatrices financières, ces méthodes rapides sont obsolètes.

■ Crédit Bleu

Un possesseur de Carte Bleue peut étaler sur plusieurs mois le remboursement d'une partie des dépenses Carte Bleue. Les intérêts sont perçus mensuellement et d'avance sur le solde reporté au taux mensuel de 1,38 % au 1/2/82.

■ On obtient ce taux mensuel en ajoutant 2,55 au taux de base annuel et en divisant le résultat par 12. Le taux de base annuel au 1/2/82 étant 14 %, on vérifie que :

$$\frac{14 + 2{,}55}{12} = \frac{16{,}55}{12} = 1{,}379\,166... \approx 1{,}38$$

Exemple Calculer le coût d'un remboursement de 4 000 F en quatre mensualités de 1 000 F.

Le découvert est :

4 000 F	le premier mois
3 000 F	le deuxième mois
2 000 F	le troisième mois
1 000 F	le quatrième mois

Les agios sont donc : $1\,000 \times \frac{1{,}38}{100} \times (4 + 3 + 2 + 1)$

Comme $4 + 3 + 2 + 1 = 10$, le montant des agios est :

$$1\,000 \times \frac{1{,}38}{100} \times 10 = 138 \text{ F}$$

Le remboursement s'élèvera donc à 4 138 F.

Caisses d'épargne

Les caisses d'épargne (Caisse d'épargne et de prévoyance, Caisse nationale d'épargne) reposent sur les mêmes principes : l'argent placé est disponible à tout moment. L'intérêt est calculé par quinzaine ; il part du 1er ou du 16 (du mois) qui a suivi le versement, et cesse le 1er ou le 16 (du mois) qui a précédé le remboursement.

■ Ainsi, le retrait le 15 février ou le 15 mai d'une somme destinée à payer le tiers provisionnel fait perdre l'intérêt correspondant à la première quinzaine du mois considéré.

Jusqu'à un certain plafond, variable suivant les époques, les intérêts ne sont pas imposables (livret A). Au-dessus de ce plafond, on doit ouvrir un second livret (livret B) ; les intérêts sont soit ajoutés aux revenus du contribuable, soit soumis à un prélèvement forfaitaire.

Les caisses d'épargne des banques sont soumises aux mêmes règles, à ceci près que la totalité des intérêts est imposable. L'ouverture d'un compte d'épargne bancaire a donc pour seul objet d'obtenir la considération de son banquier.

Exemple d'un compte de caisse d'épargne

Le calcul est effectué avec un taux annuel de 8,5 %, ce qui fournit un taux proportionnel de 0,354 % par quinzaine (diviser 8,5 par 24).

date	versement	nombre de quinzaines	intérêt	date	retrait	nombre de quinzaines	intérêt
1/1 (report)	640	24	54,40	13/5	900	15	47,81
7/3	500	19	33,65	29/10	400	4	5,67
15/4	300	17	18,06				
12/7	400	11	15,58				
7/9	500	7	12,40				
	2 340		134,09		1 300		53,48

Avoir au 31/12 : **(2 340 + 134,09) − (1 300 + 53,48) = 1 120,61 F**

Pour chaque opération, on calcule les intérêts jusqu'à la fin de l'année ; ceux de la colonne 4 sont donc à ajouter, tandis que ceux de la colonne 8 sont à retrancher.

Ainsi, le dépôt d'une somme C au cours d'une quinzaine suivi du retrait de cette même somme avant la fin de la quinzaine se traduit par un intérêt négatif du capital C pendant une quinzaine (ceci afin de décourager les dépôts trop brefs et des écritures inconsidérées).

Escompte

Un chèque est encaissable dès son émission, et la loi interdit de postdater un chèque. Pour effectuer un payement à terme (c'est-à-dire un payement différé, par exemple 60 jours après la livraison d'une marchandise), le débiteur peut accepter une traite, ou lettre de change, émise par le créancier. Le débiteur s'engage ainsi à régler le montant de la traite à l'échéance fixée.
Le créancier peut récupérer immédiatement son argent en cédant la traite à sa banque, moyennant le payement d'une somme appelée *escompte*.

On doit ajouter à l'escompte les commissions, frais et taxes, pour trouver l'agio. Si l'on ne tient pas compte de ces frais accessoires, les problèmes d'escompte se ramènent à des calculs d'intérêt simple.

Le montant inscrit sur la traite, c'est-à-dire la somme à payer à échéance, s'appelle *valeur nominale.* L'escompte est l'intérêt sur la valeur nominale. La différence entre la valeur nominale et l'escompte, payée par la banque lors de la remise de la traite, est la *valeur actuelle.*

Le taux d'escompte peut dépendre de la confiance que la banque a dans le débiteur (la banque prend le risque de n'être pas remboursée à échéance).

L'escompte, calculé sur la valeur nominale, est dit commercial, ou en dehors. Il serait plus logique de calculer l'intérêt sur la valeur actuelle (sans faire payer l'intérêt sur l'intérêt) ; c'est ce qu'on appelle escompte rationnel, ou en dedans. Ce point de vue conduirait à des calculs légèrement plus compliqués.

Désignons par :

A la valeur nominale	n le nombre de jours avant l'échéance
a la valeur actuelle	t le taux.

L'escompte est :

$$e = \frac{Ant}{360 \times 100}$$

D'où la relation fondamentale :

$$a = A - e = A\left(1 - \frac{nt}{36\,000}\right)$$

Cette formule traditionnelle se simplifie considérablement si la durée est un multiple de 30. Dans ce cas très fréquent, il est préférable d'effectuer un calcul direct.

Exemple Pour effectuer un règlement de 4 500 F, un client verse un tiers à la commande, et accepte trois traites égales à 30, 60 et 90 jours après la livraison. Calculer le montant de l'escompte et la valeur actuelle des traites, au taux de 9,5 %.

Il reste à payer $\frac{2}{3} \times 4\,500 = 3\,000$ F. Les traites sont donc de 1 000 F chacune. L'escompte sur la première traite est :

$$\mathbf{1\,000 \times \frac{1}{12} \times \frac{9{,}5}{100}}$$

Les escomptes sur la deuxième et la troisième traite sont le double et le triple du précédent. Au total :

$$\boldsymbol{e = (1 + 2 + 3) \times 1\,000 \times \frac{1}{12} \times \frac{9{,}5}{100} = 47{,}50 \text{ F}}$$

La valeur actuelle des traites est :

$$\boldsymbol{a = A - e = 3\,000 - 47{,}50 = 2\,952{,}50 \text{ F}}$$

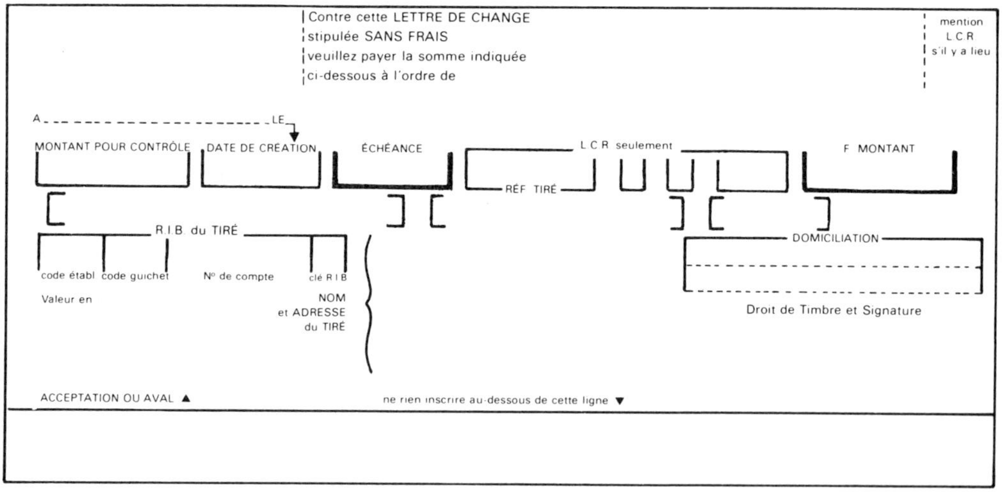
Contre cette LETTRE DE CHANGE
stipulée SANS FRAIS
veuillez payer la somme indiquée
ci-dessous à l'ordre de

mention
L.C.R
s'il y a lieu

A .... LE

MONTANT POUR CONTRÔLE | DATE DE CRÉATION | ÉCHÉANCE | L.C.R. seulement | F MONTANT

RÉF. TIRÉ

R.I.B. du TIRÉ

code établ | code guichet | N° de compte | clé R.I.B.

Valeur en

NOM
et ADRESSE
du TIRÉ

DOMICILIATION

Droit de Timbre et Signature

ACCEPTATION OU AVAL ▲

ne rien inscrire au-dessous de cette ligne ▼

Traite, lettre de change et billet à ordre.
L'expression lettre de change, *synonyme de* traite, *est seule employée sur les imprimés.*
Le billet à ordre *joue le même rôle que la lettre de change, à ceci près qu'il est émis par le débiteur (et non par le créancier) ; par conséquent, il ne comporte qu'une signature au lieu de deux.*

Intérêts composés

Un placement est dit à intérêts composés si, à la fin de chaque année, l'intérêt simple produit pendant cette année est ajouté au capital, produisant à son tour des intérêts. On dit aussi que l'intérêt est capitalisé.

■ C'est le cas par exemple des caisses d'épargne, lorsque le titulaire du livret ne retire pas les intérêts au début de chaque nouvelle année.

Au taux t, l'intérêt produit pendant un an par le capital C est :

$$I = C\frac{t}{100} = Cr$$

Le capital C est donc remplacé par :

$$C_1 = C + I = C(1 + r)$$

Au bout de deux ans, le capital est devenu :

$$C_2 = C_1(1 + r) = C(1 + r)^2$$

Rappelons que $(1 + r)^2 = 1 + 2r + r^2$. Cette expression est strictement supérieure au facteur $1 + 2r$ que l'on aurait obtenu au bout de deux ans dans le cas de l'intérêt simple.

Plus généralement, au bout de n années, le capital devient :

$$C_n = C(1 + r)^n$$

La croissance de $(1 + r)^n$ est beaucoup plus rapide que celle de $1 + nr$. Prenons par exemple un taux de 10 %.

n	$1 + nr$	$(1 + r)^n$
2	1,2	1,21
5	1,5	1,61
10	2	2,59
20	3	6,73

Il semble donc très avantageux de placer son argent à intérêts composés : au bout de 20 ans, on retrouve presque sept fois la mise initiale. Cependant, le taux d'intérêt proposé par les caisses d'épargne, les obligations, etc. est bien entendu strictement inférieur au taux de l'inflation. Prenons un taux d'inflation moyen de 14 % par an, avec toujours un taux d'intérêt de 10 %. Au bout d'un an, le capital C est multiplié par 1,1 ; mais il faut diviser le résultat par 1,14 pour obtenir des francs constants. Ainsi, au bout de 20 ans, le capital n'est pas multiplié par 6,73, mais par

$$\left(\frac{1{,}10}{1{,}14}\right)^{20} = 0{,}49$$

Autrement dit, l'argent a perdu plus de la moitié de sa valeur.

Problème 1 ***Calcul de l'intérêt.***

Exemple Calculer le revenu au bout de 5 ans d'une somme de 7 300 F placée à 8,5 %.

Le capital devient $7\,300 \times 1{,}085^5$. L'intérêt est donc :

$$\mathbf{7\,300 \times (1{,}085^5 - 1) = 7\,300 \times 0{,}503\,66 = 3\,676{,}70\ F}$$

Remarque. Dans le cas de l'intérêt simple, on aurait obtenu seulement :

$$\mathbf{5 \times 7\,300 \times 0{,}085 = 5 \times 620{,}50 = 3\,102{,}50\ F}$$

Problème 2 ***Calcul du capital.***

Exemple Trouver le capital qui, placé à 16,9 %, a produit en 10 ans un intérêt de 75 318 F.

Soit C le capital initial. Par hypothèse :

$$C_{10} = 1{,}169^{10}\, C = C + 75\,318\ \text{F}$$

Par conséquent :

$$C = \frac{75\,318}{1{,}169^{10} - 1} = \frac{75\,318}{3{,}765\,9} = 20\,000\ \text{F}$$

■ Le capital C qu'il faut placer pour obtenir au bout de n années un capital C' s'appelle valeur actuelle du capital C' disponible à la date n.

Problème 3 Calcul du taux de placement.

Exemple Trouver à quel taux a été placé un capital de 5 000 F, sachant qu'en 8 ans l'intérêt produit est 8 292 F.

La relation $5\,000 \times [(1 + r)^8 - 1] = 8\,292$ équivaut à :

$$(1 + r)^8 = 1 + \frac{8\,292}{5\,000} = 2{,}658\,4$$

Finalement :

$$1 + r = 2{,}658\,4^{1/8} \approx 1{,}13$$

Le taux est donc $r = 13$. Autrement dit, le capital a été placé à 13 %.

Problème 4 Calcul de la durée de placement.

Exemple Trouver combien de temps il faut placer 8 000 F au taux de 12 % pour que l'intérêt produit soit au moins 5 000 F.

On cherche la plus petite valeur de n pour que :

$$8\,000 \times (1{,}12^n - 1) \geq 5\,000$$

Ainsi : $$1{,}12^n \geqslant 1 + \frac{5}{8} = 1{,}625$$

La plus petite valeur de n répondant à la question est $n = 5$.

On cherche les puissances successives de 1,12 (de préférence à l'aide d'une calculatrice de poche) :

$$1{,}12^2 \approx 1{,}254 \qquad 1{,}12^3 \approx 1{,}405$$

$$1{,}12^4 \approx 1{,}574 \qquad 1{,}12^5 \approx 1{,}762$$

Ce problème contient comme cas particulier le *temps de doublement* d'un capital ; c'est la plus petite valeur de n telle que $C_n \geqslant 2\,C$, c'est-à-dire :

$$(1 + r)^n \geqslant 2$$

Exemple Au taux de 10 %, le temps de doublement est 8 ans. En effet, un calcul analogue au précédent conduit à :

$$1{,}1^6 \approx 1{,}772 \qquad 1{,}1^7 \approx 1{,}949 \qquad 1{,}1^8 \approx 2{,}144$$

Notons que dans le cas de l'intérêt simple, le temps de doublement aurait été de 10 ans.

Constitution d'un capital par annuités constantes

Le versement d'une annuité a à la fin de chaque année, placée à intérêts composés au taux r, constitue au bout de n années le capital :

$$A = a[(1+r)^{n-1} + (1+r)^{n-2} + \cdots + (1+r) + 1] = a\frac{(1+r)^n - 1}{r}$$

■ La première annuité produit des intérêts pendant $n-1$ années, la deuxième, pendant $n-2$ années, ..., et la dernière annuité ne produit pas d'intérêt du tout.

Il est illogique d'effectuer des versements en fin d'année, le dernier versement coïncidant avec le retrait des fonds. En fait, comme on va le voir, le cas des versements en début d'année se ramène au précédent, avec un résultat plus compliqué.

Si les versements sont effectués en début d'année, le capital constitué est :

$$A' = a[(1+r)^n + (1+r)^{n-1} + \cdots + (1+r)]$$

Nous pouvons mettre $1 + r$ en facteur :

$$A' = a(1+r)\,[(1+r)^{n-1} + (1+r)^{n-2} + \cdots + 1] = (1+r)A$$

Ainsi :

$$A' = a\frac{(1+r)^n - 1}{r}(1+r)$$

Remboursement d'une dette par annuités constantes

Pour rembourser une dette B par annuités constantes versées en fin d'année, on montre de même que l'annuité est :

$$a = B\frac{r(1+r)^n}{(1+r)^n - 1}$$

■ On retient ce résultat en notant que B est la valeur actuelle du capital constitué par n annuités égales à a au taux r, versées en fin d'année.

Les valeurs de $(1+r)^n$ (valeur finale d'un capital égal à 1 placé en intérêts composés), de $(1+r)^{-n}$ (valeur actuelle d'un capital final égal à 1), de $\frac{(1+r)^n-1}{r}$ (capital constitué par annuités égales à 1 à la fin de chaque année) et de $\frac{(1+r)^n-1}{r(1+r)^n}$ (valeur actuelle d'un capital constitué par annuités égales à 1) ont fait l'objet de tables financières. Ces tables ont disparu depuis l'apparition des calculatrices de poche.

■ Il faut bien noter que, dans le cas de versements effectués en fin de mois, de trimestre ou de semestre, l'intérêt produit par chaque versement est *simple* jusqu'à la fin de l'année de ce versement, et n'est capitalisé qu'à ce moment. Le nombre n désigne toujours le nombre de versements. Dans le cas de versements trimestriels, on remplace r par $r/4$; dans le cas de versements mensuels, on remplace r par $r/12$.

Plan d'épargne logement

Le plan d'épargne logement repose sur un versement initial et des versements périodiques pendant 5 ans. Le taux d'intérêt est 10 %, mais la rémunération est plafonnée : en effet, 6 % sont versés par la banque et 4 % par le Trésor ; mais la part versée par le Trésor (appelée la prime) est limitée à 10 000 F. Enfin, lorsque la prime atteint le plafond, l'intérêt versé par la banque est porté à 6,3 %.
Le versement initial est d'au moins 1 500 F. Dans le cas de versements mensuels, le minimum est 300 F (au début de chaque mois). Le total des versements ne peut dépasser 300 000 F.

Malgré la faible rémunération, le plan d'épargne logement est très souvent adopté, car il donne droit à un prêt dans des conditions exceptionnellement favorables.

Exemples **1.** Plan minimal

Considérons le cas où le capital initial est de 1 500 F et où les versements mensuels sont de 300 F (au début de chaque mois).

Le capital initial devient au bout de 5 ans :

$$\mathbf{1\,500 \times 1{,}10^5 \approx 2\,415{,}77\ F}$$

Les intérêts correspondants sont donc :

$$\mathbf{2\,415{,}77 - 1\,500 = 915{,}77\ F}$$

Le taux annuel de 10 % correspond au taux mensuel de $\frac{1}{12} \times \frac{10}{100} = \frac{1}{120}$. Les versements de 300 F au début de chaque mois rapportent au bout de l'année un intérêt de

$$\mathbf{300 \times (12 + 11 + \cdots + 2 + 1) \times \frac{1}{120}}$$

or, $12 + 11 + \cdots + 2 + 1 = 78$. L'intérêt est donc :

$$\mathbf{300 \times 78 \times \frac{1}{120} = 195\ F}$$

Tout se passe donc comme si l'on versait 3 600 + 195 = 3 795 F à la fin de chacune des 5 années. Les versements mensuels constituent le capital final :

$$\mathbf{3\,795 \times \frac{1{,}1^5 - 1}{0{,}1} = 3\,795 \times 6{,}105\,1 \approx 23\,168{,}85\ F}$$

(voir page 144).
Le montant des intérêts correspondants est :

$$\mathbf{23\,168{,}85 - 60 \times 300 = 23\,168{,}85 - 18\,000 = 5\,168{,}85\ F}$$

La rémunération totale s'en déduit :

$$\mathbf{915{,}77 + 5\,168{,}85 = 6\,084{,}62\ F}$$

La prime, constituant les $\frac{4}{10}$ de cette somme, est :

$$\mathbf{\frac{4}{10} \times 6\,084{,}62 = 2\,433{,}85\ F}$$

Cette prime, étant inférieure à 10 000 F, est versée intégralement.

2. Plan classique

Le versement initial est 10 000 F et les mensualités sont de 500 F. Il est inutile de recommencer les calculs : en effet, le montant des intérêts relatifs au capital initial est à multiplier par $\frac{10\,000}{1\,500}$, soit $\frac{20}{3}$, tandis que le montant des intérêts relatifs aux mensualités est à multiplier par $\frac{500}{300}$, c'est-à-dire par $\frac{5}{3}$.
On obtient donc :

$$\mathbf{\frac{20}{3} \times 915{,}77 + \frac{5}{3} \times 5\,168{,}85 \approx 14\,719{,}86\ F}$$

La prime est $0{,}4 \times 14\,719{,}86 \approx 5\,887{,}94$ F ; ici aussi, elle est versée intégralement.

3. Plan maximal

On conserve les mensualités de 300 F, mais le capital initial est choisi de telle sorte que le total des versements soit le maximum, c'est-à-dire 300 000 F. Les mensualités atteignant $60 \times 300 = 18\,000$ F, le capital initial est :

$$\mathbf{300\,000 - 18\,000 = 282\,000\ F}$$

La rémunération devrait être

$$\frac{2\,820}{15} \times 915{,}77 + 5\,168{,}85 = 177\,333{,}61\ \mathrm{F}$$

Les quatre dixièmes représentent cette fois :

$$0{,}4 \times 177\,333{,}61 \approx 70\,933{,}44\ \mathrm{F}$$

La prime étant limitée à 10 000 F, le taux d'intérêt passe de 10 % à 6,3 % une fois le plafond de 10 000 F atteint. Ce phénomène se produit avant la fin de la première année : en effet, le capital initial de 282 000 F placé à 4 % pendant un an rapporterait 11 280 F. En prenant l'année commerciale de 360 jours, nous voyons que le plafond est atteint au plus tard au bout de

$$360 \times \frac{10\,000}{11\,280} \approx 319\ \mathrm{j}$$

Nous avons négligé jusqu'ici les intérêts provenant des premiers versements mensuels, lesquels sont très faibles. Un calcul les prenant en compte montre que le plafond est atteint en fait au bout de 318 jours. A cette date, l'intérêt sur le capital est

$$282\,000 \times \frac{318}{360} \times \frac{10}{100} = 24\,910\ \mathrm{F}$$

L'intérêt sur les onze versements mensuels est

$$195 - 3\,300 \times \frac{42}{360} \times \frac{10}{100} - 300 \times \frac{1}{100} = 154\ \mathrm{F}$$

Les intérêts de cette date à la fin de la première année, soit pendant 42 jours, se décomposent en :

— intérêts sur le capital initial

$$282\,000 \times \frac{42}{360} \times \frac{6{,}3}{100} = 2\,072{,}70\ \mathrm{F}$$

— intérêts sur les onze premiers versements mensuels

$$3\,300 \times \frac{42}{360} \times \frac{6{,}3}{100} \approx 24{,}26\ \mathrm{F}$$

— intérêts sur le douzième versement mensuel

$$300 \times \frac{1}{12} \times \frac{6{,}3}{100} \approx 1{,}58\ \mathrm{F}$$

A la fin de la première année, le capital est constitué des versements

$$\mathbf{282\,000 + 3\,600 = 285\,600\ F}$$

augmenté des intérêts

$$\mathbf{25\,064 + 2\,072{,}70 + 24{,}26 + 1{,}58 = 27\,162{,}54\ F}$$

et diminué de la prime d'Etat, soit au total

$$\mathbf{285\,600 + 27\,162{,}54 - 10\,000 = 302\,762{,}54\ F}$$

A partir de ce moment, les calculs s'effectuent comme dans le cas du plan minimal, avec un taux de 6,3 % et une durée de quatre années. La valeur acquise par la somme précédente est

$$\mathbf{302\,762{,}54 \times 1{,}063^4 \approx 386\,576{,}28\ F}$$

Le capital constitué par les versements mensuels au bout d'un an est :

$$\mathbf{300 \times \frac{78}{12} \times \frac{6{,}3}{100} = 122{,}85\ F}$$

Au bout de quatre ans, le capital constitué par les 48 derniers versements mensuels est :

$$\mathbf{3\,722{,}85 \times \frac{1{,}063^4 - 1}{0{,}063} \approx 16\,358{,}67\ F}$$

La rémunération correspondante est :

$$\mathbf{16\,358{,}67 - 48 \times 300 = 1\,958{,}67\ F}$$

Le montant total (y compris la prime) est :

$$\mathbf{10\,000 + 27\,162{,}54 + 83\,813{,}74 + 1\,958{,}67 = 122\,934{,}95\ F}$$

(Le plafonnement de la prime fait perdre plus de 50 000 F. C'est pourquoi l'on dit que plusieurs petits plans valent mieux qu'un gros.)

4. Prime maximale

L'exemple 3 montre qu'il ne faut pas placer inconsidérément son capital. Conservons les mensualités de 300 F, et cherchons le capital initial permettant d'obtenir une prime la plus proche possible de 10 000 F sans être atteint par le plafonnement.
La rémunération totale doit être :

$$\mathbf{\frac{10}{4} \times 10\,000\ F = 25\,000\ F}$$

La part due aux mensualités est encore 5 168,85 F. Il reste donc à obtenir :

$$\mathbf{25\,000 - 5\,168{,}85 = 19\,831{,}15\ F}$$

à partir du capital initial. Or, pour un capital initial de 1 500 F, la rémunération est 915,77 F. Une règle de trois montre que l'on doit prendre pour capital initial :

$$\mathbf{1\,500 \times \frac{19\,831{,}15}{915{,}77} \approx 32\,482{,}75\ F}$$

Dispositions relatives aux prêts

Le montant maximal du prêt est 400 000 F. La durée de remboursement est de 2 à 15 ans. Cependant, le montant et la durée sont limités de la manière suivante : les intérêts proprements dits payés par l'emprunteur ne dépassent pas deux fois et demie le montant total des intérêts payés par l'établissement bancaire (à l'exclusion de la prime).
Le taux d'intérêt est 6,3 %. Il convient d'ajouter les frais de gestion, soit 1,7 %, sans oublier la prime d'assurance, de 0,273 %. On aboutit donc au total de 8,273 %.

Exemple de prêt

Avec un plan minimal, le total des intérêts proprement dits sur le prêt ne peut dépasser

$$\mathbf{2{,}5 \times 0{,}6 \times 6\,085 = 9\,127{,}50\ F}$$

Examinons le cas d'un prêt de 50 000 F remboursable mensuellement sur 5 ans. Le taux mensuel est $\frac{0{,}063}{12} = 0{,}005\,25$. Le montant de chaque mensualité apparaît ainsi égal à

$$\mathbf{50\,000 \times 0{,}005\,25 \times \frac{1{,}005\,25^{60}}{1{,}005\,25^{60} - 1} \approx 973{,}60\ F}$$

Le total des versements est

$$\mathbf{60 \times 973{,}60 \approx 58\,418\ F}$$

Les intérêts proprement dits se montent à

$$\mathbf{58\,418 - 50\,000 = 8\,418\ F}$$

Le prêt sera accordé, vu que ce nombre est inférieur à 9 127,50.
Les mensualités réelles doivent tenir compte des frais de gestion et de la prime d'assurance. Il convient donc de remplacer $\frac{0{,}063}{12}$ par $\frac{0{,}082\,73}{12}$, soit environ 0,006 894. Les mensualités s'élèvent donc à

$$\mathbf{50\,000 \times 0{,}006\,894 \times \frac{1{,}006\,894^{60}}{1{,}006\,894^{60} - 1} \approx 1\,020\ F}$$

EXERCICES

1 Un artisan présente à sa banque une traite de valeur nominale de 6 000 F payable à 90 jours. Le taux d'escompte étant 13,5 %, quelle est la valeur actuelle de la traite ?

2 L'intérêt annuel pour une obligation de 2 000 F est 342 F. Trouver le taux.

3 Le montant net des dividendes pour 90 actions Natio-Valeurs est 2 072,70 F.

a) Calculer le dividende pour une action.

b) Le cours de l'action étant de 362 F, déterminer le taux de rendement.

4 Reprendre le calcul du remboursement annuel d'un prêt de 200 000 F au taux de 7 % (voir p. 149) :

a) Dans le cas d'un prêt sur 10 ans ;

b) Dans le cas d'un prêt sur 15 ans .

5 Jusqu'en 1980, le plan d'épargne-logement promettait un taux d'intérêt annuel de 8 % pour un placement d'une durée de quatre ans, les intérêts étant capitalisés à la fin de chaque année. En réalité, le calcul des intérêts s'effectuait de la façon suivante : la banque accorde un taux de 4 % pour les intérêts capitalisés, et le Trésor verse une prime égale au montant total des intérêts, à l'expiration du contrat.

a) Calculer le capital final produit le 1er janvier 1983 par une somme de 10 000 F déposée le 1er janvier 1979. (On ne tient pas compte des versements mensuels.)

b) Le taux d'intérêt est-il effectivement de 8 % ? Sinon, calculer ce taux.

6 Une personne emprunte une certaine somme ; elle s'engage à s'acquitter de sa dette au bout de cinq ans, à intérêts composés au taux de 16 %.

a) Déterminer la somme à verser à l'échéance, sachant que si la personne s'était acquittée de sa dette au bout de trois ans, elle aurait versé 28 096 F.

b) Déterminer le capital emprunté.

SECONDE PARTIE

GÉOMÉTRIE ET MESURES

1
2
3
4
5
6

Mesure des longueurs

L'unité de longueur est le mètre.

Suivant la loi du 7 avril 1795, le mètre est la longueur de la dix-millionnième partie de l'arc de méridien terrestre compris entre le pôle boréal et l'équateur (voir p. 295). Le mètre a été matérialisé à l'aide d'un mètre-étalon.

Depuis 1960, la définition du mètre a été remplacée par une définition beaucoup plus précise, liée à un phénomène atomique. Le mètre est la longueur égale à 1 650 763, 73 longueurs d'onde dans le vide de la radiation correspondant à la transition entre les niveaux 2 p_{10} et 5 d_5 de l'atome de krypton 86. Depuis octobre 1983, cette définition a été remplacée par une définition encore plus précise : le mètre est la longueur du trajet parcouru dans le vide par la lumière pendant une durée de 1/299 792 458 seconde. Cependant, pour les besoins courants, on utilise encore le mètre-étalon en platine iridié.

Multiples

Les multiples du mètre sont le kilomètre (noté km), et aussi le décamètre (noté dam) et l'hectomètre (noté hm).

1 km = 1 000 m = 10^3 m

1 hm = 100 m = 10^2 m

1 dam = 10 m

■ Le décamètre se rencontre à propos des chaînes d'arpenteur. L'hectomètre intervient dans le bornage des routes. (Deux bornes kilométriques, distantes d'un kilomètre, sont séparées par 9 bornes hectométriques, distantes d'un hectomètre.)

Pour la navigation maritime, on utilise le mille marin (voir p. 297).

■ *Mile* Les pays anglo-saxons utilisent le *mile* :

1 mile = 1 609,344 m

On trouve souvent dans les livres traduits de l'anglais ou de l'américain des distances de 16 km, 800 m ou 400 m. Ces distances sont tout simplement les équivalents de 10 miles, d'un demi-mile, d'un quart de mile.

Pour les distances astronomiques, on emploie l'unité astronomique (symbole UA) :

$$1\ \mathbf{UA} = 1{,}495\,978\,70 \times 10^{11}\ \mathbf{m}$$

C'est la distance moyenne de la Terre au Soleil. Dans le cas des distances intersidérales, on fait appel à l'année de lumière (voir p. 182).

Exemples **1.** La distance moyenne de la Lune à la Terre est 384 400 km, soit encore, en unités astronomiques,

$$\frac{3{,}844 \times 10^{8}}{1{,}496 \times 10^{11}} \approx 2{,}57 \times 10^{-3}\ \mathbf{UA}$$

C'est environ quatre cents fois moins que la distance de la Terre au Soleil.

2. La distance moyenne de Saturne au Soleil est 1 425 millions de kilomètres, soit encore :

$$\frac{1\,425}{149{,}6} \approx 9{,}53\ \mathbf{UA}$$

Sous-multiples

Les sous-multiples du mètre sont le millimètre (noté mm) et le micromètre (noté µm, anciennement µ). On emploie aussi traditionnellement le centimètre (cm) et le décimètre (dm).

$$1\ \mathbf{dm} = 10^{-1}\ \mathbf{m} = 0{,}1\ \mathbf{m}$$

$$1\ \mathbf{cm} = 10^{-2}\ \mathbf{m} = 0{,}01\ \mathbf{m}$$

$$1\ \mathbf{mm} = 10^{-3}\ \mathbf{m} = 0{,}001\ \mathbf{m}$$

$$1\ \mu\mathbf{m} = 10^{-6}\ \mathbf{m} = 0{,}000\,001\ \mathbf{m}$$

■ Le micromètre (anciennement micron) est donc le millième de millimètre. Le décimètre ne se rencontre plus que dans la désignation de la règle dite « double-décimètre ».

L'angström, noté Å, employé naguère, est interdit depuis le 1*er janvier* 1980. *Rappelons que* 1 Å = 10^{-10} m. *Or, suivant le Système International d'unités, les multiples et sous-multiples des unités principales doivent être formés à l'aide de puissances (positives ou négatives) de* 10. *Mais dans le cas de grands ou petits nombres, on préfère des puissances de* 1 000 = 10^3. *On utilise donc le nanomètre* (nm) *et le picomètre* (pm).

$$1\ \mathbf{nm} = 10^{-9}\ \mathbf{m} \qquad 1\ \mathbf{pm} = 10^{-12}\ \mathbf{m}$$

Pied

Le *pied,* noté ft (de l'anglais *foot,* au pluriel *feet*) est encore très employé, par exemple dans les altimètres des avions.

$$1 \text{ ft} = 3{,}048 \times 10^{-1} \text{ m}$$

Le pied correspond donc à environ 30 cm. Le pied est subdivisé en 12 *pouces,* ou *inches* (notation in).

$$1 \text{ in} = \frac{1}{12} \times 30{,}48 = 2{,}54 \text{ cm}$$

Signalons que :

$$1 \text{ mile} = 5\,280 \text{ ft}$$

Le *yard,* égal à 3 ft, ne s'emploie guère.

Etalon des mesures anglaises (yard, foot, inch) placé sur le mur de l'observatoire de Greenwich.

Exemples **1.** L'envergure du Boeing 737 est 93 ft, c'est-à-dire :

$$93 \times 3{,}048 \times 10^{-1} = 28{,}346\,4 \approx 28{,}3 \text{ m}$$

2. La longueur de l'Airbus A 300 est 53,62 m. L'équivalent en pieds est :

$$\frac{53,62}{0,304} = 175,918 \text{ ft}$$

La partie entière est 175. Il reste 0,918 ft, c'est-à-dire :

$$12 \times 0,918 \approx 11 \text{ in}$$

La longueur s'exprime donc par :

175 ft 11 in

3. Le pied est employé pour désigner la longueur des bateaux de plaisance, même de construction française. Le « Dufour 35 » a une longueur de 35 pieds, soit environ 10,70 m.

Pointure

Pointure des chemises

La pointure d'une chemise est le tour de col, exprimé en centimètres, ou en pouces. La correspondance entre pointures française et anglo-saxonne est donc très simple : il suffit de convertir les inches en centimètres et réciproquement.
Pointure des chemises. Conversion des centimètres en inches

cm	30	31	32	33	34	35	36	37	38	39	40	41	42	43	44	45	46
in	12	12	12,5	13	13,5	14	14	14,5	15	15,5	16	16	16,5	17	17	17,5	18

Pointure des chaussures

Le point français est $\frac{2}{3}$ de centimètre. La longueur d'un pied est donc en centimètres le quotient de la pointure par 1,5.
La contre-marque dite américaine est la différence entre la pointure française et 33. Ainsi, la pointure 42 est représentée par 9 ; inversement, le 4 désigne la pointure 37.

Le point anglais est le tiers de pouce, soit :

$$\frac{1}{3} \times 2{,}54 \approx 8{,}467 \text{ mm}$$

Tableau de concordance des pointures

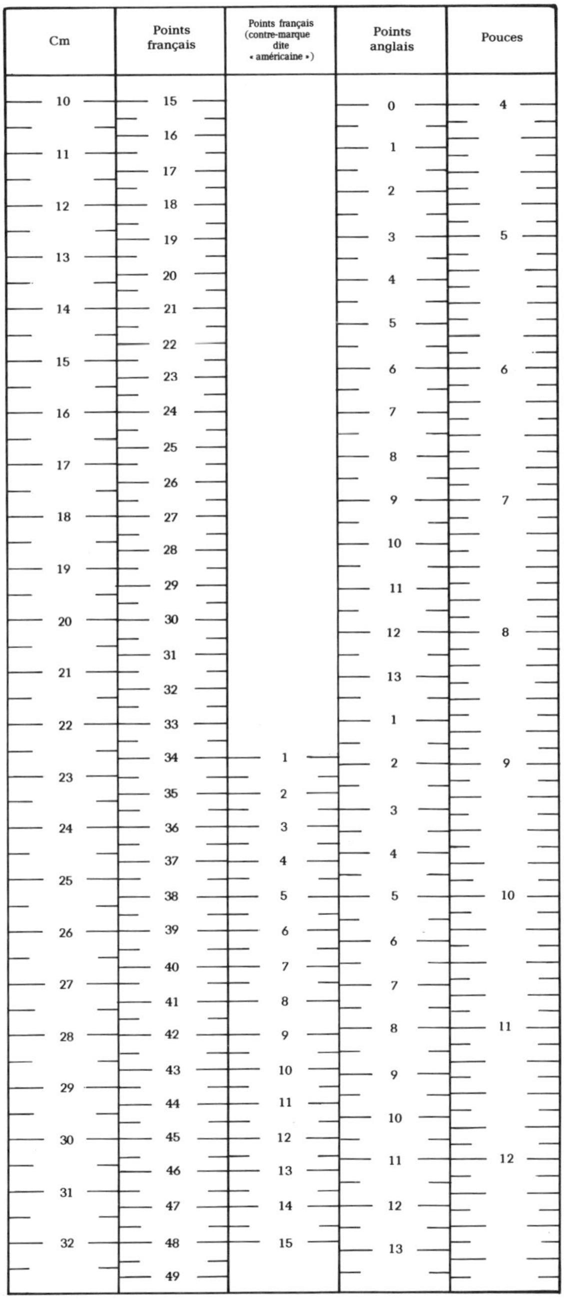

Extrait du Dictionnaire technique de l'Industrie de la chaussure *par Louis Rama. Centre technique du cuir, Lyon.*

Cependant, le zéro de l'échelle commence à 4 pouces, et l'échelle est double : une première numérotation de 0 à 13 est suivie d'une seconde numérotation repartant à 1. Une même pointure peut donc désigner à la fois une chaussure d'enfant et une chaussure d'homme.

Exemple La pointure 5 peut signifier 4 in + $\frac{5}{3}$ in, c'est-à-dire 5 pouces $\frac{2}{3}$, ou encore $4 + \frac{18}{3} = 10$ pouces. Les pointures françaises équivalentes sont respectivement :

$$\frac{3}{2} \times 5{,}67 \times 2{,}54 \approx 22$$

$$\frac{3}{2} \times 10 \times 2{,}54 \approx 38$$

Noter que le pied, unité de mesure anglaise, correspond à la pointure 46.

Le marquage des chaussures est loin d'être précis. Par exemple, les chaussures de femme en provenance d'Italie sont décalées d'une pointure, voire d'une pointure et demie, pour des raisons psychologiques.

Podomètre

Le podomètre est un appareil destiné à mesurer la distance parcourue par un marcheur ou un jogger. Il s'agit essentiellement d'un compte-pas : à chaque pas, un pendule reçoit une impulsion.
L'utilisateur doit déterminer au préalable la longueur moyenne d'un pas (lors d'un essai sur un ou deux kilomètres). On ajuste l'instrument à cette longueur grâce à un curseur ou une vis. L'appareil indique alors le produit du nombre de pas par cette longueur moyenne. (Ne pas oublier de remettre l'appareil à zéro avant usage.)
Bien entendu, dans le cas d'un podomètre électronique, le réglage s'effectue à l'aide de touches, et le résultat apparaît sur un écran à l'aide de cristaux liquides. La calculatrice incorporée permet de déterminer des vitesses moyennes, des conversions de mètres en miles, tout en offrant les possibilités d'une calculatrice quatre opérations.

podomètre mécanique

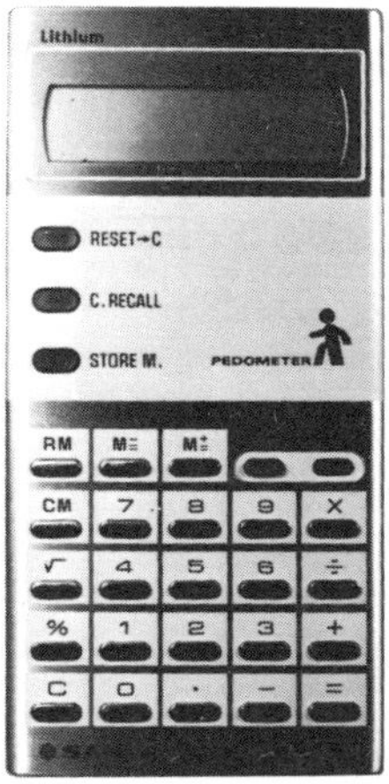

podomètre électronique

Exemples **1.** Pour étalonner son podomètre, un marcheur parcourt exactement 2 km. Il a affiché une longueur de pas de 0,75 m : l'aiguille indique une distance de 2,083 km. Déterminer le nombre d'impulsions reçues par l'appareil et la longueur réelle du pas.

Le nombre d'impulsions est : $\mathbf{\dfrac{2\,083}{0{,}75} \approx 2\,777}$

La longueur effective du pas est : $\mathbf{\dfrac{2\,000}{2\,777} \approx 0{,}72\ m}$

2. Un marcheur fait des pas de 0,72 m. Le podomètre ayant reçu 11 803 impulsions, déterminer la distance parcourue.
Cette distance est : $\mathbf{11\,803 \times 0{,}72\ m = 8\,498\ m}$
soit environ 8,5 km.

▲ *Odomètre Burmat*

Jeu de cales d'épaisseur ▶

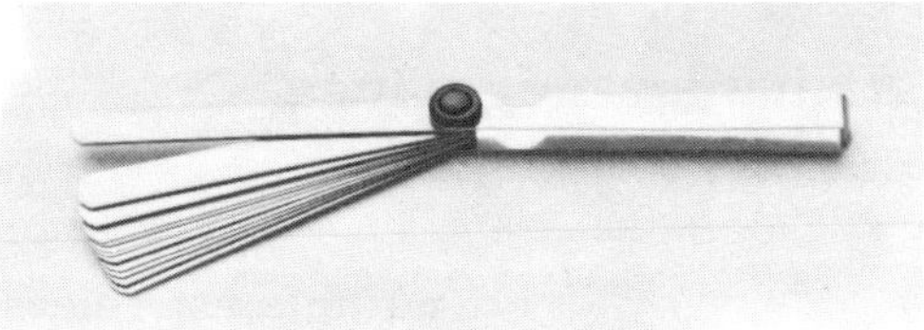

Distancemètre Wild permettant de mesurer jusqu'à 3 km, à 5 mm près ▶

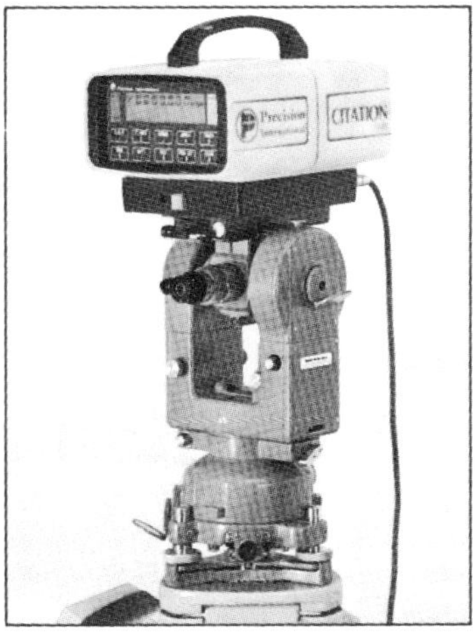

▼ *Ruban Stanley de 50 m*

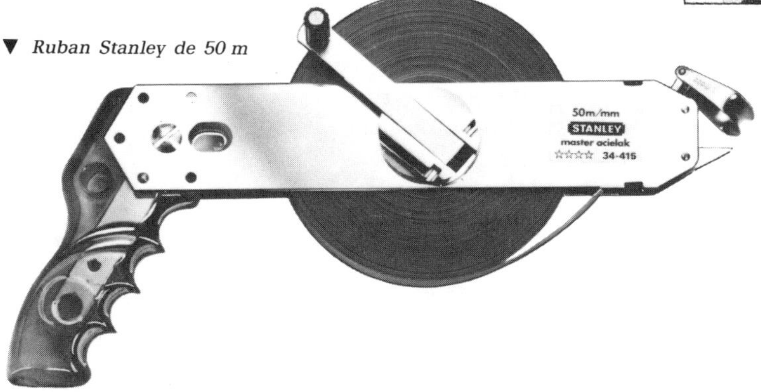

▼ *Sonar*

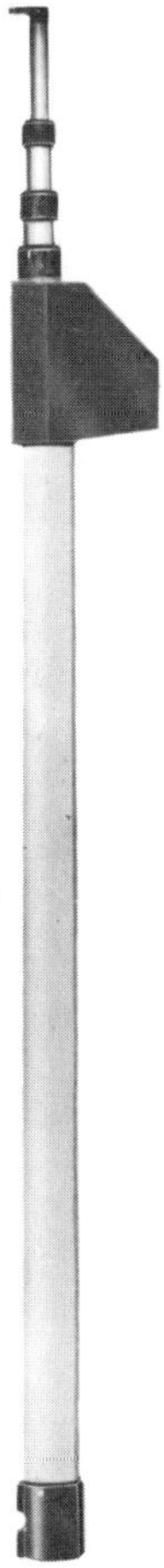

▶ *Instrument de mesure télescopique à lecture directe*

Altitudes négatives

L'*altitude* est l'élévation verticale au-dessus du niveau de la mer. Par exemple, l'altitude du mont Blanc est 4 807 m.
Lorsqu'il s'agit d'un point en dessous du niveau de la mer, l'altitude est représentée par un nombre négatif. Ainsi, la surface du lac de Tibériade est à − 200 m, celle de la mer Morte à − 394 m. Les altitudes négatives sont utilisées systématiquement en spéléologie et en océanographie. Ainsi, les grands fonds marins vont de − 3 000 à − 6 000 m ; les fosses descendent à − 11 000 m.

Piquets et intervalles

Dans le cas d'une clôture fermée, le nombre de piquets est égal au nombre d'intervalles entre les piquets. Dans le cas d'une barrière rectiligne ou d'une clôture ouverte (par exemple limitée par une porte), le nombre de piquets dépasse d'une unité le nombre d'intervalles.

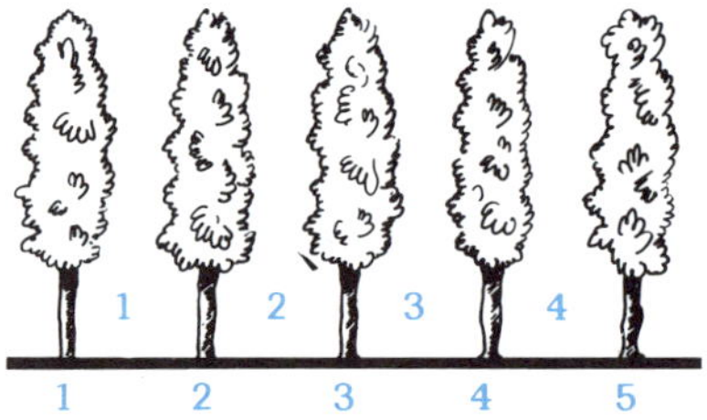

4 intervalles — 5 arbres (4 + 1)

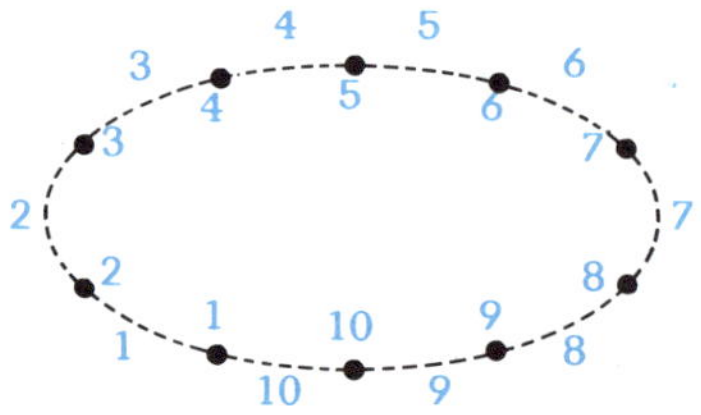

Plantation suivant une ligne fermée
10 intervalles — 10 plants

■ Particulièrement dans ce type de problèmes, il est indispensable de faire une figure.
■ Les problèmes de piquets interviennent dans les plantations, la fabrication d'une échelle, le percement d'une série de trous, etc. Ils sont à rapprocher du décompte de jours entre deux dates, du nombre de pages d'un livre entre deux pages données (voir p. 32).

Exercices **1.** Une route est munie de bornes kilométriques et de bornes hectométriques. Sur un tronçon de 1 km commençant à une borne kilométrique, on trouve 11 bornes (et non 10 ; il y a en effet une borne kilométrique à chaque bout, en plus des 9 bornes hectométriques).

De la borne kilométrique 8 à la borne kilométrique 104, il y a $104 - 8 = 96$ km ; mais on rencontre 97 bornes kilométriques (car il y en a une à chaque bout).

2. Du premier au quarante-huitième poteau d'une ligne téléphonique, il y a 2 068 m. Calculer la distance entre deux poteaux. Il y a 47 intervalles ; leur longueur commune est

$$\mathbf{\frac{2\,068}{47} = 44\ m}$$

3. Sur les bords d'une route de 5 km de long, on plante des peupliers tous les 25 m, sans en planter aux extrémités. Combien faut-il d'arbres ?

Le nombre d'intervalles est $\frac{5\,000}{25} = 200$. Le nombre d'arbres est 199.

(Si l'on plantait des arbres aux deux extrémités, il en faudrait en tout $200 + 1 = 201$. Comme on n'en plante pas aux extrémités, le nombre cherché est $201 - 2$.)

EXERCICES

1 L'altitude de croisière de l'Airbus A 300 est 40 000 ft. Convertir cette altitude en mètres.

2 L'altitude de croisière du Boeing 737 est 12 000 m. Convertir cette altitude en pieds.

3 Convertir en centièmes de pouces les calibres suivants, exprimés en millimètres : 5,5 6,35 7,65 9 11 12.

4 Convertir en millimètres les calibres suivants, exprimés en centièmes de pouce : 22 38 45.

5 Le *point* est l'unité de mesure typographique.

1 cm $= 26$ points $\frac{6}{10}$.

Le nombre de points donnant la hauteur d'un caractère d'imprimerie s'appelle *corps* de ce caractère.

Le *cicéro,* ou *douzaine,* correspond à 12 points.

a) Exprimer le point en millimètres.

b) Trouver la hauteur en millimètres d'un caractère de corps 10 ; de corps 7 ; de corps 24.

c) Exprimer en millimètres 2 cicéros, 11 cicéros.

d) Exprimer en cicéros et en points une hauteur de 11 mm, de 180 mm.

6 Les machines à écrire récentes offrent le choix entre les pas de 10 (pica) et de 12 (élite). Le pas désigne en l'occurrence le nombre de caractères par pouce. Déterminer la distance entre les centres de deux caractères consécutifs, dans chacun des deux cas.

▲▼ *Pendules squelettes XVIIIe s.*

▼ *Horloge de Greenwich*

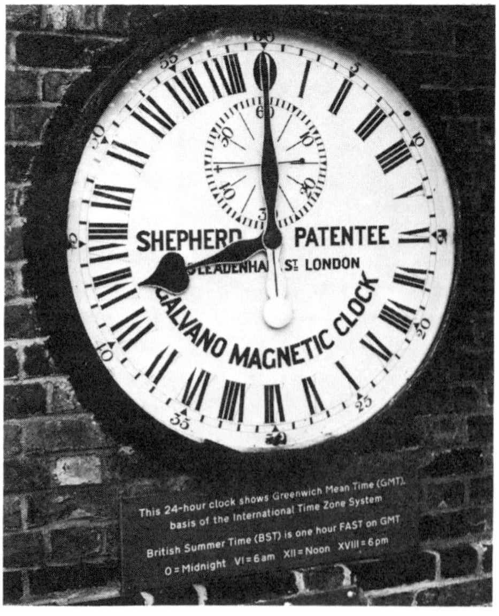

Mesure du temps

L'unité de temps est la seconde. Les multiples sont :
— La minute, égale à 60 secondes,
— L'heure, égale à 60 minutes, et donc à 3 600 secondes,
— Le jour, égal à 24 heures, soit 1 440 minutes ou 86 400 secondes.

Les symboles sont :

s	**pour la seconde**	
min	**pour la minute (encore notée mn)**	**1 min = 60 s**
h	**pour l'heure**	**1 h = 60 min = 3 600 s**
d	**pour le jour (encore noté j)**	**1 d = 24 h = 1 440 min = 86 400 s.**

■ La lettre d provient du mot anglais *day* (jour). Ne jamais utiliser les symboles ′ et ″ pour les minutes et les secondes (ces symboles sont réservés aux minutes et secondes d'angle).
■ La division de l'heure et de la minute en soixante parties (au lieu de la division habituelle en 10 ou en 100) est un héritage de la numération sexagésimale (c'est-à-dire de base soixante) utilisée par les astronomes babyloniens il y a environ trois mille ans.
Le temps et les angles fournissent les seuls exemples où le système décimal n'a pas été pris en compte (malgré une tentative lors de la Révolution française).

La seconde a d'abord été définie comme la fraction $\frac{1}{86\,400}$ *du jour solaire moyen. La durée moyenne du jour variant légèrement d'une année à l'autre, on a été amené à définir la seconde comme la fraction* 1/31 556 925, 974 7 *de l'année* 1900. *Cette définition, liée à un phénomène non reproductible, est évidemment malcommode. Depuis* 1967, *la seconde est définie à partir de phénomènes atomiques : c'est la durée de* 9 192 631 770 *périodes de la radiation correspondant à la transition entre les deux niveaux hyperfins de l'état fondamental de l'atome de césium* 133.

L'heure est le temps mis par la Terre pour effectuer un vingt-quatrième de tour, c'est-à-dire $\frac{1}{24} \times 360 = 15°$. *La minute est le temps mis par la Terre pour tourner d'un soixantième de* 15° *; elle correspond donc à un angle de* 15′ *(quinze minutes d'angle). De même, la seconde est le temps correspondant à un angle de* 15″ *(quinze secondes d'angle). On voit ainsi à quel point sont liées les divisions sexagésimales (en 60 parties) de l'heure et du degré.*

Pour établir des prix de revient dans l'industrie, on se réfère à un tarif horaire. L'heure est alors subdivisée en centièmes d'heure.

Exemple Supposons que l'heure de garagiste est facturée 92 F. Sur une facture le garagiste indique :

3,50 h à 92 F = 322 F

Dans ces conditions 3,50 h signifie 3 heures et demie, et non 3 heures 50 minutes.

Les principaux sous-multiples de la seconde sont la milliseconde (ms), la microseconde (µs) et la nanoseconde (ns).

$$\mathbf{1\ ms = 10^{-3}\ s}$$

$$\mathbf{1\ \mu s = 10^{-3}\ ms = 10^{-6}\ s}$$

$$\mathbf{1\ ns = 10^{-3}\ \mu s = 10^{-6}\ ms = 10^{-9}\ s.}$$

■ Pour mesurer les exploits sportifs, on fait appel au dixième, voire au centième de seconde. La milliseconde, la microseconde et maintenant la nanoseconde interviennent constamment en informatique : le temps d'accès à la mémoire d'un ordinateur varie de 1 µs à quelques dizaines de nanosecondes.

■ Vers 1955, les ordinateurs ne disposaient que d'une mémoire à tambour. Le tambour tournant à 3 000 tr/min, la durée d'une révolution est :

$$\frac{60}{3\,000} = 0{,}02\ \text{s} = 20\ \text{ms}.$$

Le temps d'accès moyen à la mémoire est 10 ms. La durée d'une opération, égale sensiblement à deux fois ce temps moyen, est donc 20 ms.
Sur l'ordinateur Cyber 170 modèle 865 (Control Data), la durée d'une addition en virgule flottante est 100 ns. Passons au cas des calculatrices de poche. Sur la HP 41 C (Hewlett-Packard), l'addition prend 30 ms, la multiplication, 37 ms. Ajouter le nombre 1 cent fois de suite demande 9,2 s. Sur un modèle plus récent, la HP 15 C, cette opération demande 19,9 s. On retombe sur les temps de calcul des premiers ordinateurs.

Calculs

Conversions

Exercices **1.** Exprimer 7 583 s en heures, minutes et secondes.

La partie entière de $\frac{7\,583}{3\,600}$ est 2. Le nombre d'heures est donc 2.
La différence

$$7\,583 - 2 \times 3\,600 = 7\,583 - 7\,200$$

est égale à 383. La partie entière de $\frac{383}{60}$ est 6.
Enfin,

$$383 - 6 \times 60 = 383 - 360 = 23$$

En résumé :

$$7\,583 \text{ s} = 2 \text{ h } 6 \text{ min } 23 \text{ s}$$

2. Convertir 3 h 33 min 19 s en secondes.

$$3 \text{ h} = 3 \times 3\,600 = 10\,800 \text{ s}$$
$$33 \text{ min} = 33 \times 60 = 1\,980 \text{ s.}$$

Il ne reste plus qu'à faire une addition :

$$\begin{array}{rr} & 10\,800 \\ + & 1\,980 \\ + & 19 \\ \hline & 12\,799 \end{array}$$

Ainsi : **3 h 33 min 19 s = 12 799 s.**

Addition

On ajoute les secondes. Si le total dépasse 60, on fait une retenue sur les minutes. De même, on ajoute les minutes et si le total dépasse 60, on fait une retenue sur les heures. On ajoute enfin les heures ; si le total dépasse 24, on peut exprimer le résultat avec des jours.

Exemples **1.**

$$\begin{array}{r} \textbf{2 d 17 h 22 min 17 s} \\ + \textbf{3 d 18 h 13 min 56 s} \\ \hline \textbf{6 d 11 h 36 min 13 s} \end{array}$$

Détaillons les opérations. Notons que 17 + 56 = 73 = 60 + 13. On doit donc retenir une minute. Comme 22 + 13 + 1 = 36, il n'y a pas de retenue sur les heures. En revanche, 17 + 18 = 35 = 24 + 11 ; on doit donc retenir un jour.

2.

$$\begin{array}{r} \textbf{27 min 34 s} \\ + \textbf{28 min 2 s} \\ + \textbf{29 min 56 s} \\ \hline \textbf{1 h 25 min 32 s} \end{array}$$

Le détail des opérations est :

34 + 2 + 56 = 92 = 60 + 32

27 + 28 + 29 + 1 = 85 = 60 + 25.

Soustraction

Les calculs s'effectuent comme dans le cas de l'addition.

Exemple

$$\begin{array}{r} \textbf{4 d 17 h 22 min 16 s} \\ - \textbf{2 d 18 h 13 min 54 s} \\ \hline \textbf{1 d 23 h 8 min 22 s} \end{array}$$

Comme 54 > 16, on ajoute 60 à 16, et l'on fait une retenue sur les minutes. De même, comme 18 > 17, on ajoute 24 à 17, et l'on fait une retenue sur les jours.

Multiplication par un nombre entier

Ici encore, on calcule successivement les nombres de secondes, de minutes, d'heures et de jours, en faisant attention aux retenues.

Exemple

$$\begin{array}{lr} & 3\text{ d }45\text{ min }39\text{ s} \\ \times & 3 \\ \hline & 9\text{ d }2\text{ h }16\text{ min }57\text{ s} \end{array}$$

Les calculs intermédiaires (à faire de tête) sont les suivants :

3 × 39 = 117 s = 60 + 57 = 1 min 57 s

3 × 45 + 1 = 136 min = 2 × 60 + 16 = 2 h 16 min.

Division par un nombre entier

Exemple Diviser 11 d 10 h 43 min 30 s par 4.

11 = 2 × 4 + 3

3 × 24 + 10 = 82 = 20 × 4 + 2

2 × 60 + 43 = 163 = 40 × 4 + 3

3 × 60 + 30 = 210 = 52,5 × 4

Le quotient cherché est 2 d 20 h 40 min 52,5 s.

On adopte souvent la disposition suivante :

11 d	**10 h**	**43 min**	**30 s**	**4**
− 8				**2 d 20 h 40 min 52,5 s**
3				
× 24				
72 + 10	**= 82**			
	− 80			
	2			
	× 60			
	120	**+ 43 = 163**		
		− 160		
		3		
		× 60		
		180	**+ 30 = 210**	
			− 208	
			2	

Autre procédé. On peut convertir systématiquement les données en secondes, effectuer les opérations sur les secondes, et convertir le résultat en jours, heures, minutes et secondes. Ce point de vue s'impose particulièrement dans le cas des divisions.

Reprenons le dernier exemple.

$$11 \times 86\,400 = 950\,400$$
$$10 \times 3\,600 = 36\,000$$
$$43 \times 60 = 2\,580$$

On obtient le nombre total de secondes par addition :

$$\begin{array}{r} 950\,400 \\ +\ \ 36\,000 \\ +\ \ 2\,580 \\ +\ \ 30 \\ \hline 989\,010 \end{array}$$

Divisons ce nombre par 4 :

$$\begin{array}{l|l} 989\,010 & 4 \\ \cline{2-2} 18 & 247\,252{,}5 \\ \ \ 29 & \\ \ \ \ \ 1\,0 & \\ \ \ \ \ \ \ 21 & \\ \ \ \ \ \ \ \ \ 10 & \\ \ \ \ \ \ \ \ \ \ \ 20 & \\ \ \ \ \ \ \ \ \ \ \ \ \ 0 & \end{array}$$

Il reste à convertir le quotient 247 252,5 en jours, heures, minutes et secondes. La partie entière de $\frac{247\,252{,}5}{86\,400}$ est 2.
En outre,

$$247\,252{,}5 - 2 \times 86\,400 = 247\,252{,}5 - 172\,800 = 74\,452{,}5$$

Le nombre d'heures est la partie entière de $\frac{74\,452{,}5}{3\,600}$, soit 20.
De plus,

$$74\,452{,}5 - 20 \times 3\,600 = 74\,452{,}5 - 72\,000 = 2\,452{,}5$$

Le nombre de minutes est la partie entière de $\frac{2\,452{,}5}{60}$, c'est-à-dire 40.

Enfin, le nombre de secondes est

2 452,5 − 40 × 60 = 2 452,5 − 2 400 = 52,5.

Usage d'une calculatrice de poche

Bien entendu, tous les calculs précédents sont grandement facilités par l'emploi d'une calculatrice « quatre opérations ». On trouve sur certaines calculatrices scientifiques une touche → H (heures) et une touche → H.MS (heures, minutes, secondes).
La touche → H permet de convertir les heures sexagésimales (c'est-à-dire avec une division en 60 parties) en heures décimales (les fractions d'heures étant exprimées en dixièmes, en centièmes, etc.). On est ainsi ramené à effectuer des calculs sur des nombres décimaux, suivant la procédure habituelle. Tous calculs faits, il suffit d'appuyer sur la touche → H.MS pour convertir les heures décimales en heures sexagésimales.

Exemples **1.** Convertir 7 583 s en heures, minutes et secondes.

On commence par diviser 7 583 par 3 600, afin d'obtenir des heures et une fraction d'heure ; on obtient ainsi 2,106 4. Il reste à appuyer sur la touche → H.MS pour retrouver 2,0623 (c'est-à-dire 2 h 6 min 23 s). On comparera la rapidité de ce procédé avec celle du calcul de la page 165.

2. Multiplier 6 h 42 min 19 s par 8.

On introduit dans la calculatrice le nombre 6,4219 (la partie entière désignant le nombre d'heures, les tranches de 2 chiffres après la virgule désignant respectivement les nombres de minutes et de secondes). En appuyant sur la touche → H, on obtient 6,70528. On multiplie ce nombre par 8 :

8 × 6,705 28 = 53,6422

En appuyant enfin sur la touche → H.MS, nous obtenons 53,3832.

Ce nombre s'interprète : 53 h 38 min 32 s. (La calculatrice ne convertit pas les heures en jours ; on peut aussi remplacer 53 h par 2 d 5 h, ce qui se fait de tête.)

Hertz

Un phénomène périodique est constitué de cycles se répétant indéfiniment. La durée T d'un cycle s'appelle la période. L'inverse ν (lettre grecque « nu ») de la période est le nombre de cycles pendant l'unité de temps ; on l'appelle la fréquence :

$$\nu = \frac{1}{T}$$

L'unité de fréquence est le cycle par seconde, encore appelé hertz, et noté Hz. Les multiples les plus employés sont le kilohertz et le mégahertz.

$$\mathbf{1\ kHz = 10^3\ Hz}$$

$$\mathbf{1\ MHz = 10^6\ Hz = 10^3\ kHz}$$

Exemple. En modulation de fréquence, les fréquences des divers émetteurs sont exprimées en MHz. Ainsi, la fréquence à Paris de France Musique est 97,60 MHz. La période est donc :

$$T = \frac{1}{97{,}6 \times 10^6} = 1{,}025 \times 10^{-8}\ \mathrm{s}$$

soit environ 10 ns.

Début du jour

La journée est divisée en 24 heures, numérotées de 0 à 23. Le jour civil commence à minuit, ou zéro heure.

Pour obtenir l'heure d'arrivée d'un train ou d'un avion, on ajoute la durée à l'heure de départ. On commence par ajouter les minutes. On ajoute ensuite les heures (avec la retenue éventuelle ; voir p. 166). Si le nombre d'heures ainsi obtenu est compris entre 24 et 47, on retranche 24 à ce nombre. (Ne pas oublier que l'arrivée s'effectue alors le lendemain du départ.)

Les cadrans des montres et des horloges étant généralement numérotés de 1 à 12, l'on distinguait naguère les heures du matin et celles de l'après-midi. Ainsi, quatre heures de l'après-midi désignait 16 h. Cet usage s'est conservé dans les pays anglo-saxons, avec les abréviations A.M. et P.M. (du latin : *ante meridiem* et *post meridiem*), signifiant avant midi et après midi.

On trouve parfois les abréviations A.M. et P.M. sur les montres à quartz digitales. Ainsi, 7 : 20 P.M. signifie 19 h 20 min. Les juifs, les musulmans, les Chinois (et les Italiens jusqu'au siècle dernier) font commencer le jour au coucher du soleil. Chez les Grecs modernes, le jour civil commence au lever du soleil.

Fuseaux horaires, heure d'été, heure d'hiver

Il est midi en un lieu au moment où le méridien de ce lieu passe devant le soleil.
Ainsi, deux points de la Terre de longitudes différentes n'ont pas la même heure locale. Pour éviter une variation continue de l'heure, on a divisé la surface du globe en 24 parties, appelées fuseaux horaires.
Les limitations sont des méridiens distants de 15° de longitude. Le fuseau n° 0 est situé de part et d'autre du méridien de longitude 0°. (Rappelons que c'est le méridien de Greenwich ; voir p. 295). Les fuseaux de 1 à 23 sont situés de plus en plus à l'est du fuseau n° 0. Pour obtenir l'heure du fuseau n° 1, on ajoute 1 h à celle du fuseau n° 0 ; pour avoir l'heure du fuseau n° *k*, on ajoute *k* heures à l'heure du fuseau n° 0.

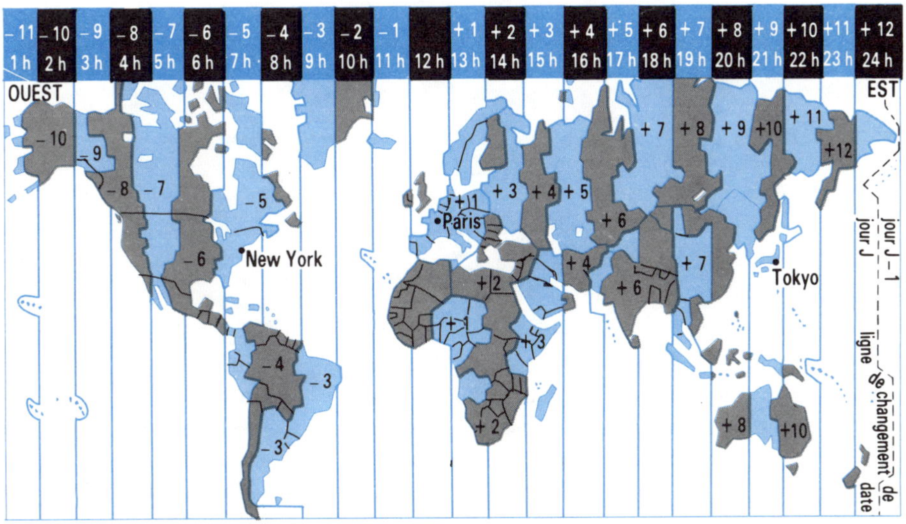

Quand il est 12 h à Paris, on voit sur le planisphère qu'il est au même moment 7 h à New York et 21 h à Tokyo. En partant de Paris, il faut donc avancer sa montre de 1 h à chaque fois que l'on franchit un fuseau horaire vers l'Est et retarder sa montre de 1 h à chaque fois que l'on franchit un fuseau horaire vers l'Ouest.

Jusqu'au XIXe siècle, l'heure variait en France d'une ville à l'autre.
A partir de 1911, la France est rattachée au fuseau n° 0 (et non plus au méridien de Paris). Cependant, pour des raisons d'économie, l'heure légale en France avance d'une heure sur l'heure solaire, ce qui revient à rattacher la France au fuseau n° 1. En outre, toujours pour des raisons d'économie, depuis 1976 l'heure légale avance d'une seconde heure d'avril à septembre (les changements d'heure ayant lieu un dimanche matin).

■ Pour téléphoner à l'étranger en été, tenir compte du fait que lorsqu'il est midi à Paris, il n'est encore que 2 h à Los Angeles, dans le fuseau n° 16. Mais il est seulement 19 h à Tokyo, dans le fuseau n° 9.

La semaine

Nous donnons les jours de la semaine, avec leur étymologie et leurs équivalents anglais (que l'on rencontre sur des montres, ou sur des machines comptables).

lundi	Lunae dies	jour de la Lune	Monday
mardi	Martis dies	jour de Mars	Tuesday
mercredi	Mercurii dies	jour de Mercure	Wednesday
jeudi	Jovis dies	jour de Jupiter	Thursday
vendredi	Veneris dies	jour de Vénus	Friday
samedi	Sabbati dies	jour du Sabbat	Saturday
dimanche	Dominicus dies	jour du Seigneur	Sunday

Noter que Saturday et Sunday signifient jour de Saturne et jour du Soleil.

Les mois

Voici les mois, avec leurs nombres de jours et leurs équivalents anglais :

janvier	31	January	juillet	31	July
février	28 ou 29	February	août	31	August
mars	31	March	septembre	30	September
avril	30	April	octobre	31	October
mai	31	May	novembre	30	November
juin	30	June	décembre	31	December

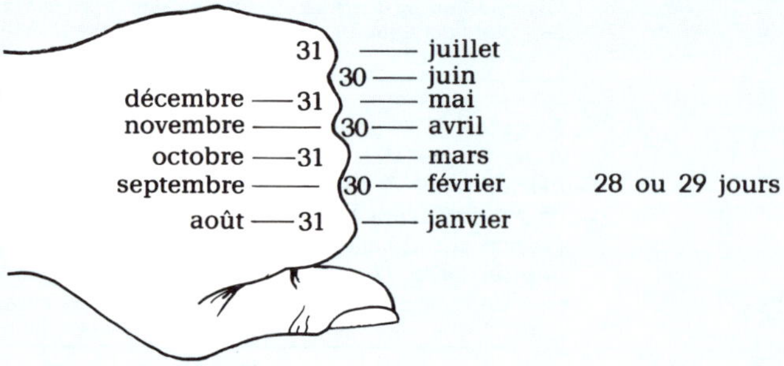

Pour retenir l'alternance des mois longs et courts (avec deux mois consécutifs de 31 jours), on part de l'index : les mois de 31 jours correspondent aux doigts, les mois de 30 jours et le mois de février correspondent aux intervalles entre les doigts. On passe ainsi de janvier à juillet, et on recommence : le mois d'août a 31 jours.

Les mois de janvier et de mars portent des noms de dieux : Janus et Mars ; les mois de juillet et d'août rendent hommage à Jules César et à l'empereur Auguste. Les noms des quatre derniers mois sont des numéros d'ordre (huitième, neuvième, dixième), provenant d'une époque où l'année commençait le premier mars.
Le début de l'année a été fixé au premier janvier par Jules César. L'année a commencé aussi à Noël, ou encore au 25 mars, date de l'Annonciation. Le premier janvier a été imposé de nouveau en France par Charles IX en 1567.

L'année est divisée en quatre trimestres, de trois mois chacun. Un bimestre est une durée de deux mois. Ne pas confondre une revue bimestrielle (paraissant un mois sur deux) avec une revue bimensuelle (paraissant tous les quinze jours).

Représentation numérique des dates

En Europe, il est d'usage de représenter les dates dans l'ordre suivant : quantième (numéro du jour dans le mois), mois, année.
Ainsi, 7/3/1935 désigne le 7 mars 1935.

■ Aux Etats-Unis, on note d'abord le mois, puis le quantième. Ainsi, 7/3/1935 sera interprété outre-Atlantique comme le 3 juillet 1935.

Pour un traitement informatique, on emploie depuis 1972 une tout autre codification : de gauche à droite, on écrit l'année, le mois et le quantième.
On emploie en principe quatre chiffres pour désigner l'année (exceptionnellement deux chiffres lorsque aucune confusion entre siècles n'est à craindre). On emploie deux chiffres pour représenter le mois, et deux chiffres pour représenter le quantième. Ainsi, les neuf premiers mois de l'année et les neuf premiers jours du mois sont désignés par 01, 02, 03, etc. (et non par 1, 2, 3, etc.). Par exemple, le 7 mars 1935 est codifié 19350307, ou 1935 03 07, ou enfin 1935-03-07.

■ Cette notation inhabituelle est commode pour les calculs arithmétiques sur ordinateurs ; elle permet en outre de compléter la représentation d'une date de celle des nombres d'heures, minutes et secondes.

Le calendrier

Calendrier julien

L'année solaire durant environ 365 jours un quart, Jules César a imposé il y a plus de deux mille ans que, sur quatre années consécutives, l'une dure 366 jours (année bissextile), les trois autres durant 365 jours (années communes). Dans la numérotation actuelle, les années bissextiles sont celles dont le millésime est divisible par 4. Ainsi, 1984 et 1988 sont bissextiles, tandis que 1983 ne l'est pas. Le jour supplémentaire est le 29 février.

L'année de 365 jours correspond sensiblement à 52 semaines.

En fait : $\mathbf{52 \times 7 = 364.}$

Il y a donc un décalage d'un jour de la semaine d'une année sur l'autre pour les années communes (et parfois de deux jours si l'une des années est bissextile). Ainsi, le 7 mars 1983 tombe un lundi ; le 7 mars 1984 tombe un mercredi (car 1984 est bissextile) et le 7 mars 1985, un jeudi. Le cycle est de 28 ans. (Le nombre 28 est le produit du nombre 7 de jours de la semaine par le nombre 4 séparant deux années bissextiles.)

La collection des calendriers de 28 années consécutives peut servir indéfiniment (du moins dans le calendrier julien).
On appelle ère un jour fixé pour rapporter les années. L'ère julienne (du nom de Jules César) est le jour de la fondation de Rome ; la réforme julienne date de l'année 708 de la fondation de Rome.

L'ère chrétienne est le jour fixé par la tradition pour la circoncision du Christ. L'an 1 de notre ère correspond à l'an 754 de la fondation de Rome. (En fait, la naissance du Christ remonte probablement au 25 décembre de l'une des années 7, 6 ou 5 avant notre ère.) L'ère chrétienne a été adoptée en 532.

■ *Avant l'ère chrétienne.* Pour les historiens, les années précédant l'an 1 sont notées av. J.-C. (abréviation de : avant Jésus-Christ). En particulier, l'année précédant l'ère chrétienne est l'an 1 av. J.-C. (Il n'y a pas d'année zéro.) Pour les astronomes, le millésime est un entier rationnel. L'année précédant l'ère chrétienne est l'année 0 ; les années d'avant sont les années − 1, − 2, − 3, etc. On voit ici encore un exemple simple d'emploi des nombres négatifs.

A.D. et B.C. *Il s'agit d'initiales utilisées dans les pays anglo-saxons. B.C. est l'abréviation de* before Christ, *c'est-à-dire avant Jésus-Christ. A.D. signifie littéralement* anno Domini *(an de grâce). Ainsi,* 1066 *A.D. veut dire* 1066 *ap. J.-C., soit encore* 1066.

Une décennie est une période de 10 ans (à ne pas confondre avec une décade, période de 10 jours). Un siècle est une période de 100 ans ; un millénaire est une période de 1 000 ans. Le premier siècle ayant commencé en l'an 1 et s'étant terminé avec l'année 100, le XXIe siècle et le troisième millénaire commenceront le premier janvier 2001 (et non le premier janvier 2000).

Calendrier grégorien

L'année vaut en fait 365,2422 jours, c'est-à-dire 1 min 14 s de moins que l'année julienne. Pour éviter un décalage de plus en plus grand entre le calendrier et les saisons, en 1582 le pape Grégoire XIII a imposé la réforme suivante :
Les années séculaires (c'est-à-dire dont le millésime se termine par deux zéros) cessent d'être bissextiles, sauf celles dont le nombre de siècles est divisible par 4. Par exemple, les années 1600 et 2000 restent bissextiles, mais l'année 1900 devient commune.

■ Pour ramener l'équinoxe de printemps au 21 mars, le pape a retranché 10 jours à l'an 1582.
Le calendrier grégorien est entré en vigueur à Rome, en Espagne, au Portugal, en France et aux Pays-Bas dès 1582. Le reste de l'Europe occidentale s'est aligné progressivement jusqu'au XVIIIe siècle. La Russie a conservé le calendrier julien jusqu'en 1918 et la Grèce, jusqu'en 1923, époque à laquelle le décalage atteignait 13 jours. Par exemple, la date 17/30 avril 1917 désigne le 17 avril vieux style (julien) et le 30 avril nouveau style (grégorien).
Les coptes utilisent toujours le calendrier julien pour les fêtes religieuses.

Date de Pâques.

La date de Pâques tombe suivant les années entre le 22 *mars et le* 25 *avril. La formule de Gauss permet de calculer le quantième jusqu'en* 2100.
On détermine successivement :

— *Les restes a, b et c de la division du millésime par* 19, 4 *et* 7 *;*
— *Le reste d de la division de $19a + 24$ par* 30 *;*
— *Le reste e de la division de $2b + 4c + 6d + 5$ par* 7.

Le quantième est $22 + d + e$ *pour le mois de mars, si ce nombre ne dépasse pas* 31, $d + e - 9$ *pour le mois d'avril dans le cas contraire. (Le nombre $d + e - 9$ est la différence entre $22 + d + e$ et* 31, *ce dernier nombre étant le nombre de jours du mois de mars.)* Lorsque $d + e - 9 = 26$, on remplace ce nombre par 19.

Par exemple, pour l'année 1984,

$$1984 = 19 \times 104 + 8 \qquad a = 8$$
$$1984 = 4 \times 496 \qquad b = 0$$
$$1984 = 7 \times 283 + 3 \qquad c = 3.$$

D'où $19a + 24 = 176$, *ce qui conduit à* $d = 26$. *Par suite,* $2b + 4c + 6d + 5 = 173$, *et enfin* $e = 5$. *La valeur de* $22 + d + e$ *est* 53. *Ce nombre ne représentant pas un quantième, il convient de lui retrancher* 31 *; le quantième cherché, donnant un jour du mois d'avril, est :*

$$53 - 31 = 22.$$

Signalons que la division par 4 *correspond aux années bissextiles, le nombre* 7, *aux jours de la semaine. Le nombre* 19 *est le plus petit nombre d'années coïncidant avec un nombre entier de lunaisons.*

Calendrier israélite

Sept.-Oct. 1985		TICHRI	תשרי תשמ״ו		
16	L	1er j. Roch-Hachana	א׳ דראש־השנה	1	א
17	M	2e j. Roch-Hachana	ב׳ דראש־השנה	2	ב
18	M	Jeûne de Guedalia, fin :20.45	צום גדלי׳	3	ג
19	J	...		4	ד
20	V	Allumage des bougies : 18 h 34		5	ה
21	S	Vayéle'h, Chabat Chouva	וילך, שבת שובה	6	ו
22	D	...		7	ז
23	L	...		8	ח
24	M	Veille de Kippour : 19 h 24	ערב יום־כיפור	9	ט
25	M	**Yom-Kippour,** fin : 20 h 30	יום־כיפור, יזכור	10	י
26	J	...		11	יא
27	V	Allumage des bougies : 19 h 18		12	יב
28	S	Haazinou	האזינו	13	יג
29	D	Veille de Soucoth : 19 h 14	ערב־סוכות	14	יד
30	L	1er j. Soucoth	א׳ דסוכות	15	טו
1	M	Oct. 2e j. Soucoth, fin : 19.10	ב׳ דסוכות	16	טז
2	M	1er j. 'Hol-Hamoed	א׳ דחול־המועד	17	יז
3	J	2e j. 'Hol-Hamoed	ב׳ דחול־המועד	18	יח
4	V	3e j. 'Hol-Hamoed, All. 18 04	ג׳ דחול־המועד	19	יט
5	S	Chabat 'Hol-Hamoed	שבת חול־המועד	20	כ
6	D	Hochana Raba, All. 18 h.	הושענא רבה	21	כא
7	L	Atséreth, Yzkor	שמיני עצרת, יזכור, גשם	22	כב
8	M	Sim'hat Tora, fin : 19.03	שמחת־תורה	23	כג
9	M	Isrou-'Hag	אסרו חג	24	כד
10	J	...		25	כה
11	V	Allumage des bougies : 17 h 50		26	כו
12	S	Béréchit, Bén. du Mois	בראשית, מבה״ח	27	כז
13	D	...		28	כח
14	L	Veille de Roch-'Hodech	ערב ראש־חדש	29	כט
15	M	1er j. Roch-'Hodech	א׳ דראש־חדש	30	ל

Fin du Chabat 21 septembre 1985 : 20 h 38
Fin du Chabat 28 septembre 1985 : 20 h 24
Fin du Chabat 5 octobre 1985 : 19 h 11
Fin du Chabat 12 octobre 1985 : 19 h 05

L'ère juive est le jour de la création du monde, situé selon la tradition le lundi 7 octobre de l'an 3761 av. J.-C. Le calendrier israélite est à la fois lunaire et solaire. L'année se compose de 12 ou 13 mois lunaires ; elle dure 353, 354 ou 355 jours dans le premier cas, 383, 384 ou 385 jours dans le second, suivant un cycle de 19 ans.

■ L'an 1983 du calendrier grégorien est à cheval sur les années 5743 et 5744 du calendrier israélite. L'année juive 5689 a commencé le 15 septembre 1928, et s'est terminée le 4 octobre 1929.
De manière générale, l'année juive commence en septembre ou début octobre.

Calendrier musulman

1985 juin/ramadan - shawwâl 1405

Samedi	1 Juin	13 Ramadan
Dimanche	2 Juin	14 Ramadan
Lundi	3 Juin	15 Ramadan
Mardi	4 Juin	16 Ramadan
Mercredi	5 Juin	17 Ramadan
Jeudi	6 Juin	18 Ramadan
Vendredi	7 Juin	19 Ramadan
Samedi	8 Juin	20 Ramadan
Dimanche	9 Juin	21 Ramadan
Lundi	10 Juin	22 Ramadan
Mardi	11 Juin	23 Ramadan
Mercredi	12 Juin	24 Ramadan
Jeudi	13 Juin	25 Ramadan
Vendredi	14 Juin	26 Ramadan
Samedi	15 Juin	27 Ramadan
Dimanche	16 Juin	28 Ramadan
Lundi	17 Juin	29 Ramadan
Mardi	18 Juin	30 Ramadan
Mercredi	19 Juin	1 Shawwâl
Jeudi	20 Juin	2 Shawwâl
Vendredi	21 Juin	3 Shawwâl
Samedi	22 Juin	4 Shawwâl
Dimanche	23 Juin	5 Shawwâl
Lundi	24 Juin	6 Shawwâl
Mardi	25 Juin	7 Shawwâl
Mercredi	26 Juin	8 Shawwâl
Jeudi	27 Juin	9 Shawwâl
Vendredi	28 Juin	10 Shawwâl
Samedi	29 Juin	11 Shawwâl
Dimanche	30 Juin	12 Shawwâl

L'ère musulmane est l'hégire (fuite), jour où Mahomet a quitté La Mecque pour se rendre à Yathrib (désormais Médine, « La Ville »). Ce jour est fixé, suivant la tradition, au vendredi 19 juillet 622 (dans le calendrier grégorien), soit environ 621,5 années après l'ère chrétienne. L'année musulmane est composée de 12 mois lunaires, de 29 ou 30 jours ; elle dure 354 ou 355 jours. Trente-quatre années musulmanes correspondent à trente-trois années chrétiennes.

■ Par exemple, l'an 1403 de l'hégire commence en 1983. En effet :

$$\frac{33}{34} \times 1403 + 621{,}5 \approx 1983{,}2$$

nombre dont la partie entière est 1983.
Inversement, l'année 1961 du calendrier grégorien est à cheval sur les années musulmanes 1380 et 1381, car

$$\frac{34}{33} \times (1961 - 621{,}5) \approx 1\,380{,}09.$$

De manière beaucoup plus précise, on peut obtenir à un jour près le commencement d'une année A de l'hégire, en calculant

$$0{,}970\,224(A - 1) + 622{,}547\,6$$

ou encore

$$0{,}970\,224\,A + 621{,}577\,4$$

Le facteur 0,970 224 *est le rapport exact des durées des années :*

$$\frac{354 + \frac{11}{30}}{365{,}2422}$$

(que nous avons remplacé plus haut par $\frac{33}{34} \approx 0{,}970\,59$). *Le nombre* 0,5476 *est le rapport* $\frac{200}{365{,}2422}$, *c'est-à-dire la fraction de l'an* 622 *correspondant à la période* 1/1-19/7 *(le* 19 *juillet étant le* 200ᵉ *jour de l'année). La partie entière est le millésime. On obtient le jour de l'année en multipliant la partie fractionnaire par* 365.

■ *Calendrier républicain.* Le calendrier républicain, adopté en France le 5 octobre 1793, prend pour ère le jour de l'établissement de la république, le 22 septembre 1792. Les idées essentielles proviennent du calendrier de l'Egypte ancienne (4 000 ans avant notre ère). L'année est divisée en 12 mois de 30 jours (divisés eux-mêmes en trois décades), et une période complémentaire de 5 ou 6 jours. Le jour est divisé en 10 heures, l'heure est divisée en 100 minutes, et la minute est divisée en 100 secondes. Ce calendrier a été utilisé jusqu'au 31 décembre 1805.
L'habitude de considérer 12 mois de 30 jours s'est perpétuée dans l'année commerciale, afin de simplifier les calculs d'escompte.

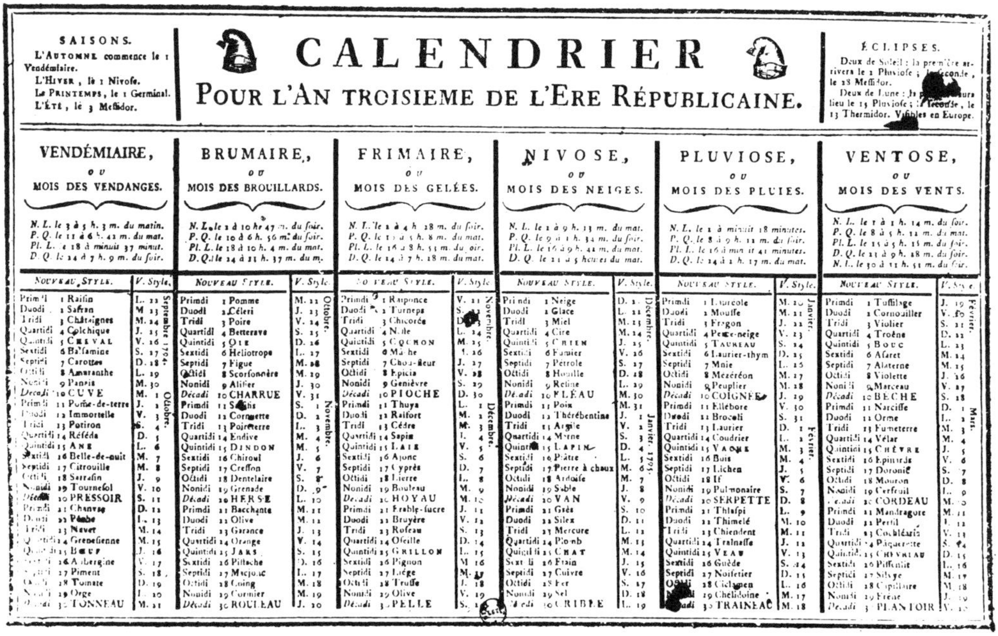

SAISONS.
L'AUTOMNE commence le 1 Vendémiaire.
L'HIVER, le 1 Nivose.
Le PRINTEMPS, le 1 Germinal.
L'ÉTÉ, le 3 Messidor.

CALENDRIER
POUR L'AN TROISIEME DE L'ERE RÉPUBLICAINE.

ÉCLIPSES.
Deux de Soleil : la première arrivera le 2 Pluviose ; [illegible] seconde, le 28 Messidor.
Deux de Lune : la [illegible] aura lieu le 15 Pluviose ; la seconde, le 13 Thermidor. Visibles en Europe.

VENDÉMIAIRE, OU MOIS DES VENDANGES.
N. L. le 3 à 5 h. 3 m. du matin.
P. Q. le 11 à 6 h. 42 m. du mat.
Pl. L. le 18 à minuit 37 minut.
D. Q. le 24 à 7 h. 9 m. du soir.

BRUMAIRE, OU MOIS DES BROUILLARDS.
N. L. le 2 à 10 h. 47 m. du soir.
P. Q. le 10 à 6 h. 56 m. du soir.
Pl. L. le 18 à 10 h. 4 m. du mat.
D. Q. le 24 à 11 h. 37 m. du m.

Nouveau Style.		V. Style.	Nouveau Style.		V. Style.
Primdi	1 Raisin	L. 22 Septembre 1794.	Primdi	1 Pomme	M. 22 Octobre.
Duodi	2 Safran	M. 23	Duodi	2 Céleri	J. 23
Tridi	3 Châtaignes	M. 24	Tridi	3 Poire	V. 24
Quartidi	4 Colchique	J. 25	Quartidi	4 Betterave	S. 25
Quintidi	5 CHEVAL	V. 26	Quintidi	5 OIE	D. 26
Sextidi	6 Balsamine	S. 27	Sextidi	6 Heliotrope	L. 27
Septidi	7 Carottes	D. 28	Septidi	7 Figue	M. 28
Octidi	8 Amaranthe	L. 29	Octidi	8 Scorsonnère	M. 29
Nonidi	9 Panais	M. 30	Nonidi	9 Alisier	J. 30
Décadi	10 CUVE	M. 1 Octobre.	Décadi	10 CHARRUE	V. 31
Primdi	11 Pome-de-terre	J. 2	Primdi	11 Salsifis	S. 1 Novembre.
Duodi	12 Immortelle	V. 3	Duodi	12 Cornuette	D. 2
Tridi	13 Potiron	S. 4	Tridi	13 Poireterre	L. 3
Quartidi	14 Réséda	D. 5	Quartidi	14 Endive	M. 4
Quintidi	15 ANE	L. 6	Quintidi	15 DINDON	M. 5
Sextidi	16 Belle-de-nuit	M. 7	Sextidi	16 Chiroui	J. 6
Septidi	17 Citrouille	M. 8	Septidi	17 Cresson	V. 7
Octidi	18 Sarrasin	J. 9	Octidi	18 Dentelaire	S. 8
Nonidi	19 Tournesol	V. 10	Nonidi	19 Grenade	D. 9
Décadi	20 PRESSOIR	S. 11	Décadi	20 HERSE	L. 10
Primdi	21 Chanvre	D. 12	Primdi	21 Bacchante	M. 11
Duodi	22 Pêche	L. 13	Duodi	22 Olive	M. 12
Tridi	23 Navet	M. 14	Tridi	23 Garance	J. 13
Quartidi	24 Grenesienne	M. 15	Quartidi	24 Orange	V. 14
Quintidi	25 BŒUF	J. 16	Quintidi	25 JARS	S. 15
Sextidi	26 Aubergine	V. 17	Sextidi	26 Pistache	D. 16
Septidi	27 Piment	S. 18	Septidi	27 Macjonc	L. 17
Octidi	28 Tomate	D. 19	Octidi	28 Coing	M. 18
Nonidi	29 Orge	L. 20	Nonidi	29 Cormier	M. 19
Décadi	30 TONNEAU	M. 21	Décadi	30 ROULEAU	J. 20

FRIMAIRE, OU MOIS DES GELÉES.
N. L. le 2 à 4 h. 28 m. du soir.
P. Q. le 1[illegible] à 5 h. 8 m. du mat.
Pl. L. le 16 à 8 h. 55 m. du soir.
D. Q. le 24 à 7 h. 28 m. du mat.

NIVOSE, OU MOIS DES NEIGES.
N. L. le 2 à 9 h. 13 m. du mat.
P. Q. le 9 à 1 h. 34 m. du soir.
Pl. L. le 16 à 9 h. 41 m. du mat.
D. Q. le 21 à 5 heures du mat.

Nouveau Style.		V. Style.	Nouveau Style.		V. Style.
Primdi	1 Raiponce	V. 21 Novembre.	Primdi	1 Neige	D. 2[illegible] Décembre.
Duodi	2 Turneps	S. [illegible]	Duodi	2 Glace	L. 22
Tridi	3 Chicorée	D. [illegible]	Tridi	3 Miel	M. 23
Quartidi	4 Nèfle	L. 24	Quartidi	4 Cire	M. 24
Quintidi	5 COCHON	M. 25	Quintidi	5 CHIEN	J. 25
Sextidi	6 Mâche	M. 26	Sextidi	6 Fumier	V. 26
Septidi	7 Chou-fleur	J. 27	Septidi	7 Pétrole	S. 27
Octidi	8 Epicia	V. 28	Octidi	8 Houille	D. 28
Nonidi	9 Genièvre	S. 29	Nonidi	9 Resine	L. 29
Décadi	10 PIOCHE	D. 30	Décadi	10 FLÉAU	M. 30
Primdi	11 Thuya	L. 1 Décembre.	Primdi	11 Poix	M. 31
Duodi	12 Raifort	M. 2	Duodi	12 Thérébentine	J. 1 Janvier. 1795.
Tridi	13 Cèdre	M. 3	Tridi	13 Argile	V. 2
Quartidi	14 Sapin	J. 4	Quartidi	14 Marne	S. 3
Quintidi	15 LAIE	V. 5	Quintidi	15 LAPIN	D. 4
Sextidi	16 Ajonc	S. 6	Sextidi	16 Plâtre	L. 5
Septidi	17 Cyprès	D. 7	Septidi	17 Pierre à chaux	M. 6
Octidi	18 Lierre	L. 8	Octidi	18 Ardoise	M. 7
Nonidi	19 Bouleau	M. 9	Nonidi	19 Sable	J. 8
Décadi	20 HOYAU	M. 10	Décadi	20 VAN	V. 9
Primdi	21 Erable-sucre	J. 11	Primdi	21 Grès	S. 10
Duodi	22 Bruyère	V. 12	Duodi	22 Silex	D. 11
Tridi	23 Roseau	S. 13	Tridi	23 Mercure	L. 12
Quartidi	24 Oseille	D. 14	Quartidi	24 Plomb	M. 13
Quintidi	25 GRILLON	L. 15	Quintidi	25 CHAT	M. 14
Sextidi	26 Pignon	M. 16	Sextidi	26 Etain	J. 15
Septidi	27 Liége	M. 17	Septidi	27 Cuivre	V. 16
Octidi	28 Truffe	J. 18	Octidi	28 Fer	S. 17
Nonidi	29 Olive	V. 19	Nonidi	29 Sel	D. 18
Décadi	30 PELLE	S. [illegible]	Décadi	30 CRIBLE	L. 19

PLUVIOSE, OU MOIS DES PLUIES.
N. L. le 2 à minuit 18 minutes.
P. Q. le 8 à 9 h. 12 m. du soir.
Pl. L. le 16 à minuit 41 minutes.
D. Q. le 24 à 2 h. 17 m. du mat.

VENTOSE, OU MOIS DES VENTS.
N. L. le 1 à 1 h. 14 m. du soir.
P. Q. le 8 à 5 h. 12 m. du mat.
Pl. L. le 15 à 5 h. 15 m. du soir.
D. Q. le 21 à 9 h. 18 m. du soir.
N. L. le 30 à 11 h. 51 m. du soir.

Nouveau Style.		V. Style.	Nouveau Style.		V. Style.
Primdi	1 Lauréole	M. 20 Janvier.	Primdi	1 Tussilage	J. 19 Février.
Duodi	2 Mousse	M. 21	Duodi	2 Cornouiller	V. 20
Tridi	3 Fragon	J. 22	Tridi	3 Violier	S. 21
Quartidi	4 Perce-neige	V. 23	Quartidi	4 Troêne	D. 22
Quintidi	5 TAUREAU	S. 24	Quintidi	5 BOUC	L. 23
Sextidi	6 Laurier-thym	D. 25	Sextidi	6 Asaret	M. 24
Septidi	7 Mnie	L. 26	Septidi	7 Alaterne	M. 25
Octidi	8 Mézéréon	M. 27	Octidi	8 Violette	J. 26
Nonidi	9 Peuplier	M. 28	Nonidi	9 Marceau	V. 27
Décadi	10 COIGNÉE	J. 29	Décadi	10 BÊCHE	S. 28
Primdi	11 Ellébore	V. 30	Primdi	11 Narcisse	D. 1 Mars.
Duodi	12 Brocoli	S. 31	Duodi	12 Orme	L. 2
Tridi	13 Laurier	D. 1 Février.	Tridi	13 Fumeterre	M. 3
Quartidi	14 Coudrier	L. 2	Quartidi	14 Vélar	M. 4
Quintidi	15 VACHE	M. 3	Quintidi	15 CHÈVRE	J. 5
Sextidi	16 Buis	M. 4	Sextidi	16 Epinards	V. 6
Septidi	17 Lichen	J. 5	Septidi	17 Doronic	S. 7
Octidi	18 If	V. 6	Octidi	18 Mouron	D. 8
Nonidi	19 Pulmonaire	S. 7	Nonidi	19 Cerfeuil	L. 9
Décadi	20 SERPETTE	D. 8	Décadi	20 CORDEAU	M. 10
Primdi	21 Thlaspi	L. 9	Primdi	21 Mandragore	M. 11
Duodi	22 Thimelé	M. 10	Duodi	22 Persil	J. 12
Tridi	23 Chiendent	M. 11	Tridi	23 Cochléaria	V. 13
Quartidi	24 Trainasse	J. 12	Quartidi	24 Pâquerette	S. 14
Quintidi	25 VEAU	V. 13	Quintidi	25 CHEVREAU	D. 15
Sextidi	26 Guède	S. 14	Sextidi	26 Pissenlit	L. 16
Septidi	27 Noisetier	D. 15	Septidi	27 Silvye	M. 17
Octidi	28 Ciclamen	L. 16	Octidi	28 Capillaire	M. 18
Nonidi	29 Chélidoine	M. 17	Nonidi	29 Frêne	J. 19
Décadi	30 TRAINEAU	M. 18	Décadi	30 PLANTOIR	V. 20

Signalons qu'il a existé des calendriers n'ayant pas l'année pour unité, mais une durée de quatre ans, en Grèce par exemple, ce qu'on appelait olympiade.

EXERCICES

1 **Calculer les périodes correspondant aux fréquences suivantes :**

87,8	MHz	(France Inter)	218	kHz	(Radio Monte-Carlo)
90,35	MHz	(F.I.P.)	236	kHz	(RTL)
93,35	MHz	(France Culture)	1 161	kHz	(Sud Radio)
99,7	MHz	(Radio 7)	9,9	GHz	(radars de la Gendarmerie française)
182	kHz	(Europe 1)			

2 **Le temps d'une éclusée est d'environ une demi-heure. Le plan incliné de Saint-Louis Arzviller remplace 17 écluses. Le temps de passage sur le plan incliné étant de 25 min, trouver le pourcentage de temps ainsi économisé.**

3 **Le 22 août 1962 tombait un mercredi. Quel jour de la semaine sera le 22 août 1984, le 22 août 1985 ? Trouver le jour de la semaine où tombait le 22 août 1862 (naissance de Claude Debussy).**

4 **Déterminer le jour de la semaine correspondant au 18 juin 1815 (bataille de Waterloo).**

5 **A l'aide de la formule de Gauss, déterminer la date de Pâques de 1980 à 2000.**

6 ***Cycle de Méton.* Le cycle de Méton correspond à la fois à 19 années de 365,25 jours et à 235 lunaisons.**

***a*) Le calendrier israélite comportant des années de 12 et de 13 mois, trouver le nombre d'années de 13 mois dans un cycle.**

***b*) Déterminer le nombre de cycles de Méton écoulés depuis l'ère juive jusqu'en 5743, et le numéro de l'année 5743 dans son cycle.**

***c*) Calculer la durée d'une lunaison à partir du cycle de Méton.**

***d*) Le mois lunaire valant en fait 29,530 6 jours, déterminer l'erreur commise par Méton sur 19 ans.**

7 **Déterminer les dates du premier jour de l'année musulmane pour les années 1400 à 1405.**

Mesure des vitesses

La vitesse est la distance parcourue pendant l'unité de temps. L'unité principale est le mètre par seconde, noté m/s.

Pour mesurer la vitesse des véhicules terrestres, des avions subsoniques, etc., on emploie le kilomètre par heure, noté km/h.

Rappelons qu'il est interdit de mélanger des noms et des symboles, comme km/heure, *par exemple. On écrit donc* km/h *ou kilomètre par heure. (Il est cependant toléré de dire « kilomètre à l'heure ».)*

Comme 1 km = 1 000 m et 1 h = 3 600 s

$$\mathbf{1\ km/h = \frac{1\,000}{3\,600} = \frac{1}{3{,}6} \approx 0{,}278\ m/s}$$

La vitesse moyenne de la Terre sur son orbite est

$$\mathbf{2{,}98 \times 10^4\ m/s = 29{,}8\ km/s.}$$

La distance parcourue par la Terre pendant une année est :

$$\mathbf{365{,}242 \times 86\,400 \times 29{,}8 = 9{,}40 \times 10^8\ km}$$

Cette distance est donc proche d'un milliard de kilomètres.

Dans les pays anglo-saxons, l'unité de vitesse est le mile par heure, noté m.p.h.
Par exemple, sur une autoroute américaine, un panneau marqué 65 signifie que la vitesse est limitée à 65 m.p.h. soit environ

$$\mathbf{1\,609 \times 65 \approx 105\ km/h.}$$

Le Royaume-Uni adoptant progressivement le Système International d'unités, les compteurs de vitesse des voitures portent la double graduation en km/h et en m.p.h.

■ Pour mesurer les vitesses des navires, on utilise le nœud (voir p. 297). Pour mesurer les vitesses angulaires, on utilise le tour par seconde, ou le tour par minute (voir p. 297).

Nombre de Mach

La vitesse v d'un avion ou d'une fusée dans l'atmosphère dépend de la vitesse du son c à l'endroit considéré. On appelle nombre de Mach le rapport $M = \frac{v}{c}$. Par définition, un avion est supersonique si son nombre de Mach peut dépasser 1.

Exemples. A basse altitude et à 20 °C, la vitesse du son est 343,1 m/s = 1 235 km/h. A 10 000 mètres par − 60 °C, cette vitesse n'est que 293,1 m/s = 1 055 km/h. La vitesse de croisière du Concorde étant de 2 200 km/h, le nombre de Mach correspondant est $\frac{2\,200}{1\,055} \approx 2{,}08$. Inversement, le nombre de Mach maximal atteint par cet avion est 2,2. La vitesse correspondante en altitude est 2,2 × 1 055 = 2 321 km/h. (Pour des questions de bruit, de sécurité et de consommation, il n'est pas question d'atteindre le nombre de Mach 2,2 à basse altitude, auquel cas la vitesse serait 2,2 × 1 235 = 2 717 km/h.)

Vitesse de la lumière

La vitesse de la lumière (ou, plus généralement, des ondes électromagnétiques) dans le vide est :

$$\mathbf{c = 2{,}997\,924\,58 \times 10^8\ m/s}$$

soit environ 300 000 km/s. (c est l'initiale de *célérité.*)

■ Depuis octobre 1883, la vitesse de la lumière est une unité fondamentale, servant à la définition du mètre (voir p. 153).

C'est la plus grande vitesse qu'il soit possible de réaliser. Les vitesses dépassant la vitesse de la lumière ne se rencontrent que dans les romans de science-fiction dépourvus de base scientifique.

Année de lumière

L'année de lumière n'est pas une unité de temps, mais de longueur : c'est la distance parcourue en une année par des ondes électro-magnétiques dans le vide ; on la note a.l. (On dit souvent, à tort, année-lumière.) Cette distance est :

$$\mathbf{365{,}242 \times 86\,400\ c = 9{,}460\,5 \times 10^{15}\ m}$$

L'unité astronomique étant environ $149\,600 \times 10^6$ m,

$$1\ \text{a.l.} = \frac{9{,}460\,5 \times 10^{15}}{1{,}496\,0 \times 10^{11}} = 63\,242\ \text{UA}.$$

L'année de lumière intervient dans le calcul des distances intersidérales.

Exemple L'étoile la plus proche de la Terre est la Proxima du Centaure, à 4,29 années de lumière. La distance à la Terre est donc :

$$\mathbf{4{,}29 \times 9{,}460 \times 10^{12} = 4{,}06 \times 10^{13}\ km}$$

soit environ 40 000 milliards de kilomètres.

Vitesse moyenne et moyenne des vitesses

Voici un piège classique :

Exercice Un cycliste gravit une côte de 3 km à la vitesse de 12 km/h ; il parcourt ensuite une descente de 3 km à la vitesse de 36 km/h. Quelle est sa vitesse moyenne ?

Il ne faut pas croire que la vitesse moyenne est la moyenne des vitesses, c'est-à-dire $\frac{1}{2}(12 + 36) = 24$ km/h, bien que les distances parcourues soient égales. La vitesse moyenne n'est la moyenne des vitesses que si les durées sont égales.

En fait, la première partie du trajet a duré 15 min et la seconde, 5 min. La durée totale est 20 min, soit un tiers d'heure. La distance totale étant 6 km, la vitesse moyenne est seulement 18 km/h.

Examinons un piège analogue :

Exercice. Par suite d'un bouchon sur l'autoroute A 13, un automobiliste a parcouru les 90 premiers kilomètres en une heure. Quelle distance doit-il parcourir à 130 km/h pour rétablir une moyenne de 110 km/h ?

Il ne s'agit pas de rouler pendant encore 90 km, mais pendant encore une heure. La distance cherchée est donc 130 km.

La durée d'un trajet étant inversement proportionnelle à la vitesse, les problèmes de vitesse moyenne sont des problèmes de moyenne sur l'inverse de la vitesse.

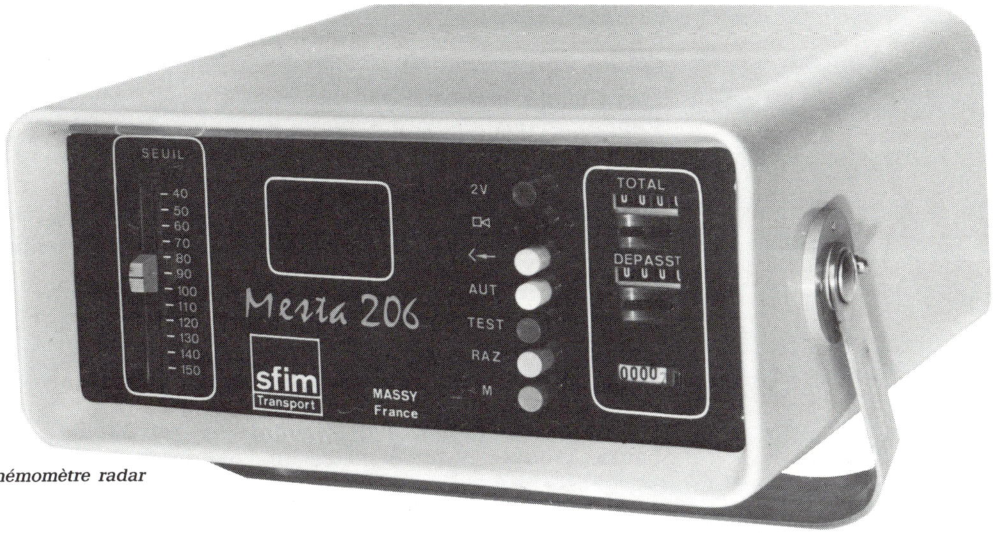

cinémomètre radar

Baud

En télécommunication, l'unité de vitesse est le baud (du nom de l'ingénieur Emile Baudot), correspondant à la transmission d'un bit en une seconde.

Exercice On transmet un message de 24 000 octets sur une ligne téléphonique à 1 200 bauds. Chaque octet est précédé d'un signal « START », d'un bit, et suivi d'un signal « STOP », de deux bits. Calculer la durée de la transmission.

Rappelons qu'un octet est l'équivalent de huit bits. La transmission de chaque octet nécessite donc $8 + 1 + 2 = 11$ bits. La longueur du message est $11 \times 24\,000$ bits et la durée de transmission est :

$$\frac{\mathbf{11 \times 24\,000}}{\mathbf{1\,200}} = \mathbf{11 \times 20 = 220\ s}$$

soit encore 3 min 40 s.

EXERCICES

1 *T.G.V.* La durée du trajet Paris-Lyon en chemin de fer est de 4 h par le rapide, pour 511 km. Cette durée se réduit en 1980 à 3 h 50 min toujours pour 511 km, et en 1983 à 2 h, cette fois pour 426 km.
Dans chacun des trois cas, trouver la vitesse moyenne.

2 Trouver la longueur d'un film cinématographique de 35 mm, la projection durant 1 h 40 min. La cadence est de 24 images par seconde, et le pas du film (distance entre les centres de deux images consécutives), 19 mm.

3 Dans une presse rotative, le papier avance à la vitesse de 500 m/min. Exprimer cette vitesse : *a*) en km/h ; *b*) en cm/s.

4 Les ascenseurs de la tour Maine-Montparnasse ont une vitesse de 6 m/s.

a) Exprimer cette vitesse en km/h.

b) Trouver le temps nécessaire pour accéder au 56e étage (210 m), en supposant la vitesse constante.

c) Le temps réel est 38 s. Calculer la vitesse moyenne.
Reprendre les deux premières questions pour le *World Trade Center* (8,60 m/s et 411 m de hauteur).

5 Devant un obstacle imprévu, un automobiliste met un dixième de seconde avant de commencer à freiner (durée du réflexe). Calculer la distance parcourue pendant ce temps :

a) à 60 km/h ; *b*) à 90 km/h ; *c*) à 130 km/h.

6 La vitesse de croisière de l'Airbus A 300 est 870 km/h. Convertir cette vitesse en miles par heure.
Même question pour le Boeing 747 (v = 1 030 km/h).

7 La vitesse de croisière du Boeing 727 est 538 miles par heure. Trouver l'équivalent en km/h, puis en m/s.

8 Trouver la durée du défilement de 1 100 m de bande magnétique à la vitesse de : *a*) 19 cm/s ; *b*) 9,5 cm/s.

9 Trouver la longueur de bande magnétique dans une cassette de 90 min (à la vitesse de défilement de 4,75 cm/s). Ne pas oublier que les cassettes sont réversibles.

10 Un cycliste doit parcourir 60 km en 3 heures. Arrivé à la moitié du chemin, il s'aperçoit que sa vitesse moyenne est inférieure de 2 km à ce qu'elle aurait dû être. Quelle doit être sa vitesse moyenne pendant le temps qui lui reste pour arriver à l'heure fixée ?

11 Dans un disque compact, les échantillons sont constitués de 16 bits pour chaque canal (gauche et droite). Chaque groupe de six échantillons est accompagné de 396 bits de contrôle et de synchronisation. La lecture s'effectue à la cadence de 44 100 échantillons par seconde.

a) Calculer la vitesse de transmission.

b) Calculer le nombre de bits sur un disque durant 71 minutes.
(Une seule face est utilisée pour l'enregistrement.)

Carré et rectangle - mesure des superficies

Carré

Le carré est un quadrilatère *ABCD* dont les quatre côtés sont égaux et dont les diagonales sont égales.

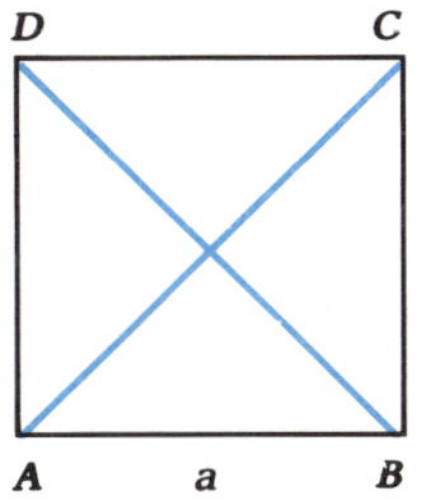

■ Cela revient à dire que les côtés sont égaux et que tous les angles sont droits (voir p. 209). Un carré est encore un quadrilatère dont les côtés sont égaux et deux à deux parallèles, et dont au moins un angle est droit.

Soit a le côté.

$$AB = BC = CD = DA = a$$

$$AC = BD = a\sqrt{2}$$

Le *périmètre* du carré (c'est-à-dire la somme des longueurs des côtés) est $4\,a$. L'*aire* du carré est a^2.

Exercices **1.** Trouver le côté d'un carré dont le périmètre est 28.

Le côté est $a = \frac{1}{4} \times 28 = 7$.

2. Trouver le côté d'un carré dont l'aire est 169.

Le côté est $a = \sqrt{169} = 13$.

Rectangle

Le rectangle est un quadrilatère *ABCD* dont les côtés non consécutifs sont deux à deux égaux et dont les diagonales sont égales.

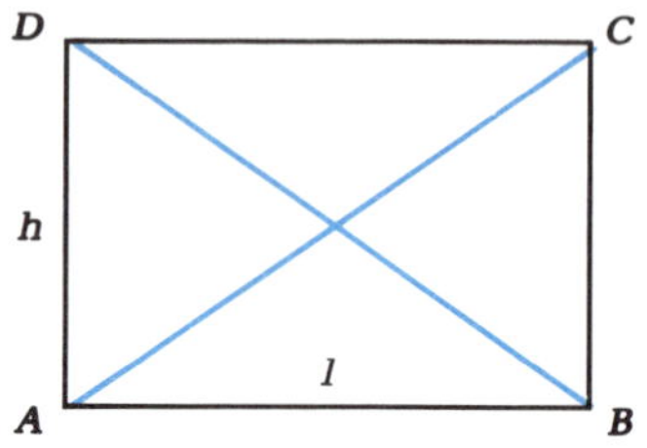

■ Cela revient à dire que les côtés sont deux à deux parallèles et que l'un au moins des angles est droit (voir p. 209).

La distance $l = AB = CD$ s'appelle *longueur* du rectangle. La distance $h = BC = AD$ s'appelle *largeur,* ou *hauteur,* du rectangle. Le périmètre est $2(l + h)$. L'aire est lh.

Le mot « longueur », désignant déjà l'un des côtés du rectangle, ne peut désigner en même temps la somme des longueurs de tous les côtés.

Un carré est un rectangle dont la longueur est égale à la largeur.

■ Dans le cas où le rectangle n'est pas un carré, il est d'usage de désigner par longueur le plus grand côté, par hauteur ou largeur le plus petit côté.

Rectangles d'aire maximale

On considère un rectangle de périmètre donné. Trouver à quelle condition l'aire de ce rectangle est la plus grande possible.

Soit p le périmètre. Notons l la longueur ; la hauteur est alors $h = \frac{p}{2} - l$.

L'aire est donc $$\mathcal{A} = \boldsymbol{lh} = \boldsymbol{l}\left(\frac{\boldsymbol{p}}{\boldsymbol{2}} - \boldsymbol{l}\right),$$

ce qu'on peut écrire :

$$\mathscr{A} = \left(\frac{p}{4}\right)^2 - \left(l - \frac{p}{4}\right)^2$$

■ On utilise l'égalité remarquable $a^2 - b^2 = (a - b)(a + b)$ (voir p. 26).

Le maximum est obtenu lorsque $\left(l - \frac{p}{4}\right)^2 = 0$, soit $l = \frac{p}{4}$, auquel cas $h = l$.

Parmi les rectangles de périmètre donné, le carré a l'aire maximale.

Rectangles de périmètre minimal

On considère un rectangle d'aire donnée. Trouver à quelle condition le périmètre est le plus petit possible.
Soit $\mathscr{A}$ l'aire. Notons l la longueur ; la hauteur est alors $h = \frac{\mathscr{A}}{l}$. D'où le périmètre :

$$p = 2(l + h) = 2\left(l + \frac{\mathscr{A}}{l}\right)$$

On peut considérer $l + \frac{\mathscr{A}}{l}$ comme la somme des termes extrêmes du carré de $\sqrt{l} - \sqrt{\frac{\mathscr{A}}{l}}$.

■ On utilise l'égalité remarquable $a^2 + b^2 = (a - b)^2 + 2ab$ (voir p. 26).

L'expression de p prend alors la forme suivante :

$$p = 2\left[\left(\sqrt{l} - \sqrt{\frac{\mathscr{A}}{l}}\right)^2 + 2\sqrt{\mathscr{A}}\right]$$

Le minimum est atteint lorsque $\sqrt{l} - \sqrt{\frac{\mathscr{A}}{l}} = 0$, c'est-à-dire $l = \sqrt{\mathscr{A}}$, auquel cas $h = l$.

Parmi les rectangles d'aire donnée, le carré a le périmètre minimal.

Mesure des superficies

L'unité d'aire est le mètre carré, noté m^2 ; c'est l'aire d'un carré dont le côté a pour mesure 1 mètre.
Les multiples et sous-multiples se définissent de même : km^2, hm^2, dam^2, dm^2, cm^2, mm^2.

$$\mathbf{1\ dam^2 = 100\ m^2}$$

$$\mathbf{1\ hm^2 = 100\ dam^2 = 10^4\ m^2}$$

$$\mathbf{1\ dm^2 = 10^{-2}\ m^2}$$

$$\mathbf{1\ cm^2 = 10^{-2}\ dm^2 = 10^{-4}\ m^2}$$

$$\mathbf{1\ mm^2 = 10^{-2}\ cm^2 = 10^{-4}\ dm^2 = 10^{-6}\ m^2}$$

■ Lorsqu'on multiplie l'unité de longueur par 10, l'unité d'aire est multipliée par $10^2 = 100$ (et non par 10). De même, lorsqu'on multiplie l'unité de longueur par 100, l'unité d'aire est multipliée par $100^2 = 10^4 = 10\,000$ (et non par 100). Nous retrouverons cette difficulté à propos des mesures agraires (voir p. 191), et une difficulté analogue au moment de la mesure des volumes (voir p. 259).

■ Dans toutes les formules donnant l'aire à partir du produit de deux longueurs, prendre garde au choix des unités. Par exemple, dans le cas de l'aire d'un rectangle, la longueur et la largeur doivent être exprimées à l'aide de la même unité ; l'aire est alors obtenue dans l'unité d'aire correspondante. Ainsi, lorsque la longueur et la largeur sont exprimées en centimètres, l'aire est exprimée en centimètres carrés. Si les données sont l'une en centimètres, l'autre en millimètres, il faut commencer par convertir les centimètres en millimètres (pour trouver des millimètres carrés), ou par convertir les millimètres en centimètres (pour trouver des centimètres carrés).

Exemple Une pièce rectangulaire a 5,20 m de long et 3,60 m de large. Trouver la surface de moquette nécessaire pour couvrir le sol.

L'aire du rectangle est le produit de la longueur par la largeur. Si les dimensions de la pièce sont données en mètres, on obtient le résultat en mètres carrés. Dans le cas présent :

$$\mathcal{A} = \mathbf{5{,}20 \times 3{,}60 = 18{,}72\ m^2}$$

Nombre d'or. *Depuis l'Antiquité, on considère qu'un rectangle a des proportions parfaites si, lorsqu'on enlève un carré, le rectangle restant a les mêmes proportions que le rectangle initial ; cela revient à dire que le rapport de la longueur a à la largeur b vérifie l'égalité :*

$$\frac{a}{b} = \frac{b}{a-b}$$

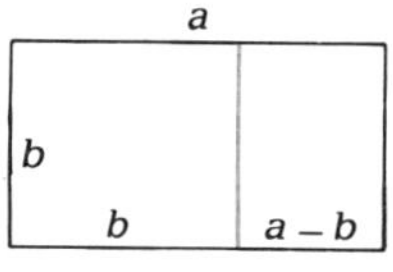

Le rapport $\frac{a}{b}$ *est alors le* nombre d'or $\frac{1+\sqrt{5}}{2} \approx 1{,}618$. *L'inverse du nombre d'or est* $\frac{2}{1+\sqrt{5}} = \frac{2(\sqrt{5}-1)}{5-1} = \frac{\sqrt{5}-1}{2} \approx 0{,}618$.
Pour la construction graphique du nombre d'or, *voir p. 238.*

Formats normalisés. Les formats de papiers d'écriture sont définis par les règles suivantes :

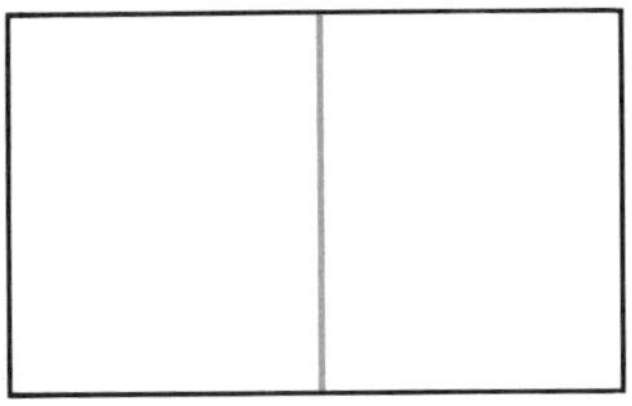

— Le rapport des côtés est $\sqrt{2}$.
— La série normale est constituée par une suite de formats tels que chacun d'eux soit obtenu par division en deux parties égales du format immédiatement supérieur parallèlement au petit côté.
— Le format de base A0 de la série principale A a une surface de 1 m^2.
— Le petit côté du format de base B0 de la série auxiliaire B est égal à 1 m.

Le rapport des côtés d'un format est $\sqrt{2}$. Si l'on divise le grand côté en deux, le petit côté devient le grand côté, et le rapport est $\frac{2}{\sqrt{2}}$, c'est-à-dire encore $\sqrt{2}$.

■ *Série principale* A. Soit a la longueur du format A0. La largeur est $b = \frac{a}{\sqrt{2}}$.

L'aire est $ab = \frac{a^2}{\sqrt{2}}$. Puisque l'aire est par convention égale à 1 m^2,

$$\boldsymbol{a = \sqrt{\sqrt{2}} \approx 1{,}189\ \mathrm{m}}$$

et

$$\boldsymbol{b = \frac{a}{\sqrt{2}} = \frac{1}{\sqrt{\sqrt{2}}} \approx 0{,}841\ \mathrm{m}}$$

En millimètres, le format A0 est donc 841 × 1 189.
En arrondissant chaque fois au millimètre inférieur, on obtient successivement

— pour A1 **594 × 841**
— pour A2 **420 × 594**
— pour A3 **297 × 420**
— pour A4 **210 × 297**

etc. L'aire est chaque fois divisée par 2.

Le format A4 est le format commercial. Le format A3, très utilisé en dessin industriel, correspond à une double feuille. Les indications A3 et A4 figurent sur les photocopieuses.

■ *Série auxiliaire* B. Prenons pour valeur approchée de $\sqrt{2}$ le nombre 1,414. La largeur du format B0 étant 1 000 mm, la longueur est 1 000 × 1,414 = 1 414 mm. D'où le format B0 : 1 000 × 1 414.
Divisons le grand côté en deux, en arrondissant au millimètre inférieur. Nous obtenons successivement

— pour B1 **707 × 1 000**

— pour B2 **500 × 707**

etc. Ici encore, l'aire est divisée par 2 à chaque étape.

FORMATS FINIS (1) (en millimètres)					
a) SÉRIE PRINCIPALE (dérivés réguliers)			b) SÉRIE AUXILIAIRE (ne comporte pas de formats oblongs)		
Désignation	Dimensions (1) mm	Surface	Désignation	Dimensions mm	Surface
A0 (base)	841 × 1 189	1	B0	1 000 × 1 414	$\sqrt{2}$
A1	594 × 841	1/2	B1	707 × 1 000	$\frac{\sqrt{2}}{2}$
A2	420 × 594	1/4	B2	500 × 707	$\frac{\sqrt{2}}{4}$
A3	297 × 420	1/8	B3	353 × 500	$\frac{\sqrt{2}}{8}$
A4	210 × 297	1/16	B4	250 × 353	$\frac{\sqrt{2}}{16}$
A5	148 × 210	1/32	B5	176 × 250	$\frac{\sqrt{2}}{32}$
A6	105 × 148	1/64	B6	125 × 176	$\frac{\sqrt{2}}{64}$
A7	74 × 105	1/128	B7	88 × 125	$\frac{\sqrt{2}}{128}$
A8	52 × 74	1/256	B8	62 × 88	$\frac{\sqrt{2}}{256}$
A9	37 × 52	1/512	B9	44 × 62	$\frac{\sqrt{2}}{512}$
A10	26 × 37	1/1 024	B10	31 × 44	$\frac{\sqrt{2}}{1\,024}$

(1) Dimensions arrondies au millimètre inférieur.

L'aire du format A4 *est théoriquement* 1/16 *de mètre carré, soit* 0,625 m². *Le produit* 0,21 × 0,297 *ne donne que* 0,623 7 m². *La différence tient aux arrondis à chaque division en deux.*

Mesures agraires

Pour la mesure des superficies agraires (aire d'un champ, d'un bois, etc.), on emploie traditionnellement comme unité l'are, égal à 100 m² :

$$\mathbf{1\ a = 100\ m^2 = 1\ dam^2}$$

Il y a un seul multiple, l'hectare, et un seul sous-multiple, le centiare :

$$1 \text{ ha} = 10\,000 \text{ m}^2$$

$$1 \text{ ca} = 1 \text{ m}^2$$

■ On passe au multiple et au sous-multiple par un facteur 100 (et non par un facteur 10). En effet, si l'on multiplie l'unité de longueur par 10, l'unité d'aire est multipliée par 100. (Un carré d'aire égale à 10 m^2 a pour longueur des côtés $\sqrt{10} \approx 3{,}162$ m.) On retiendra donc : les unités agraires sont les aires des carrés de côté 1 m, 10 m et 100 m.

Le centiare, n'étant autre que le mètre carré, n'est plus guère employé que dans les actes notariaux. L'hectare est utilisé pour la description des grands jardins, des parcs, des domaines. L'écriture en m^2 *comporterait trop de zéros, l'écriture en* km^2 *serait peu flatteuse : on parlera d'un terrain de sports de* 6 hectares, *et non de* 0,06 km^2.

VENTE

AUX ENCHÈRES PUBLIQUES

à la Mairie d'OMERVILLE (Val d'Oise)

le SAMEDI 27 MAI 1978, à 10 heures

COMMUNE d'OMERVILLE

LIBRE ***Mise à Prix : 9.000 f.***

PARCELLE de TERRE, lieudit "La Jouque à la Poule", section Z n° 99 pour 7 a

LIBRE ***Mise à Prix : 2000 f.***

PARCELLE de TERRE, lieudit, "Le Clos de la Motte", section Z n° 126 pour 11 a 60 ca

COMMUNE d'AMBLEVILLE

PARCELLE de TERRE, lieudit "Le Dessus du Baie des Fosses", section B n° 54 pour 11 a 30 ca

LIBRE ***Mise à Prix : 1500 f.***

PARCELLE de TERRE, lieudit "Les Plaines". section Z n° 28 pour 3 a 20 ca

LIBRE ***Mise à Prix : 500 f.***

Pour visiter et tous renseignements s'adresser au Notaire.

191. Carré et rectangle/mesure des superficies

Exemples **1.** La ville de Paris, avec les bois de Boulogne et de Vincennes, couvre 10 500 ha. Déterminer la superficie en km^2.
Il suffit de diviser ce nombre par 100 pour obtenir le résultat :

$$\frac{1}{100} \times 10\,500 \text{ ha} = 105 \text{ km}^2$$

2. La superficie de New York est 814 km^2. Convertir cette mesure en hectares.
Cette fois, on multiplie par 100 le nombre donné :

$$100 \times 814 \text{ km}^2 = 81\,400 \text{ ha}$$

(On passe des hectares aux kilomètres carrés en supprimant deux zéros ; on passe des kilomètres carrés aux hectares en ajoutant deux zéros.)

3. Ajouter les mesures suivantes, et convertir le résultat en m^2 :

$$\begin{array}{rrrr} & 2 \text{ ha} & 45 \text{ a} & 18 \text{ ca} \\ + & 1 \text{ ha} & 2 \text{ a} & 93 \text{ ca} \\ + & & 75 \text{ a} & 9 \text{ ca} \\ \hline & 4 \text{ ha} & 23 \text{ a} & 20 \text{ ca} \end{array}$$

soit encore 42 320 m^2.
On peut aussi commencer par convertir les trois nombres en mètres carrés, et faire l'addition suivant la manière habituelle :

$$\begin{array}{rr} & 24\,518 \\ + & 10\,293 \\ + & 7\,509 \\ \hline & 42\,320 \text{ m}^2 \end{array}$$

4. Calculer le prix d'un terrain de 2 ha, sachant que le mètre carré vaut 150 F.
Comme 1 ha = 10 000 m^2, l'aire est $2 \times 10\,000$ m^2, soit 20 000 m^2.
Le prix cherché est donc :

$$20\,000 \times 150 = 3\,000\,000 \text{ F} = 3 \text{ MF.}$$

EXERCICES

1 Une pelouse rectangulaire mesure 9 m de large sur 17 m de long. Une tondeuse à gazon a une largeur de coupe de 60 cm. Doit-on passer la tondeuse parallèlement au grand côté ou au petit côté ? (On néglige le temps mis pour effectuer les demi-tours.)
Même question avec une largeur de coupe de 50 cm.

2 Les dimensions minimales et maximales des enveloppes sont 14×9 et $23,5 \times 12$ (en cm).

a) Calculer les aires correspondantes.

b) Sachant que la tolérance est 2 mm en plus ou en moins, calculer les surfaces extrêmes admises par les P.T.T.

3 Les dimensions des images des films cinématographiques sont, en mm :

format	largeur × longueur
8 mm	$3,5 \times 4,8$
super 8	$4,0 \times 6,0$
9,5 mm	$6,5 \times 8,5$
16 mm	$7,4 \times 10$
35 mm muet	18×24
35 mm sonore	19×22

a) Calculer les aires des divers rectangles.

b) Dans chaque cas, exprimer le rapport de l'aire avec celle du format super 8.

4 Une collection de vulgarisation au format de poche 176×115 (en mm) a publié 56 millions d'exemplaires de 128 pages.

a) Trouver le nombre de pages imprimées.

b) Trouver la surface totale de papier, en hectares. (Ne pas oublier que le papier est imprimé recto-verso.) Quelle fraction de la superficie de Paris cela représente-t-il ?

5 Deux terrains carrés dont les surfaces diffèrent de 75 ares et dont la somme des périmètres est de mille mètres sont achetés par une même personne à raison de 60 francs le mètre carré.
Les frais d'enregistrement et de notariat s'élèvent à quatre pour cent de la valeur totale estimée de ces deux terres.
Trouver le prix de chaque terrain et la somme totale déboursée par l'acquéreur.

6 La palette européenne, utilisée dans les supermarchés, a un plateau de 120 cm de long sur 80 cm de large. Déterminer le nombre de paquets rectangulaires que l'on peut disposer sur le plateau, la largeur et la longueur étant en cm :

60×80 ; 40×60 ; 26×60 ; 20×60 ; 16×60 ;
40×40 ; 30×40 ; 26×40 ; 20×40 ; 17×40 ;
16×40 ; 15×40 ; 13×40 ; 12×40 ; 10×40.

Cartes d'une même région
à des échelles différentes

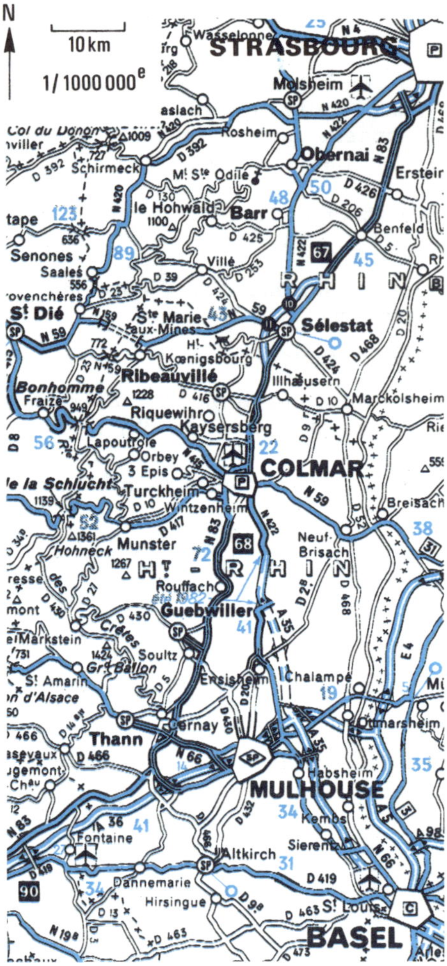

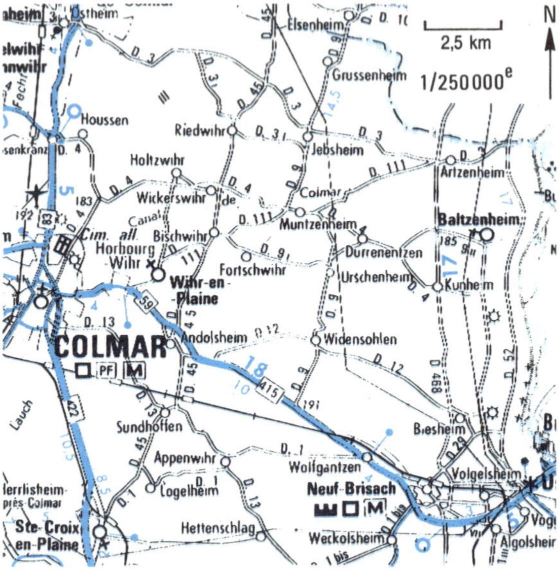

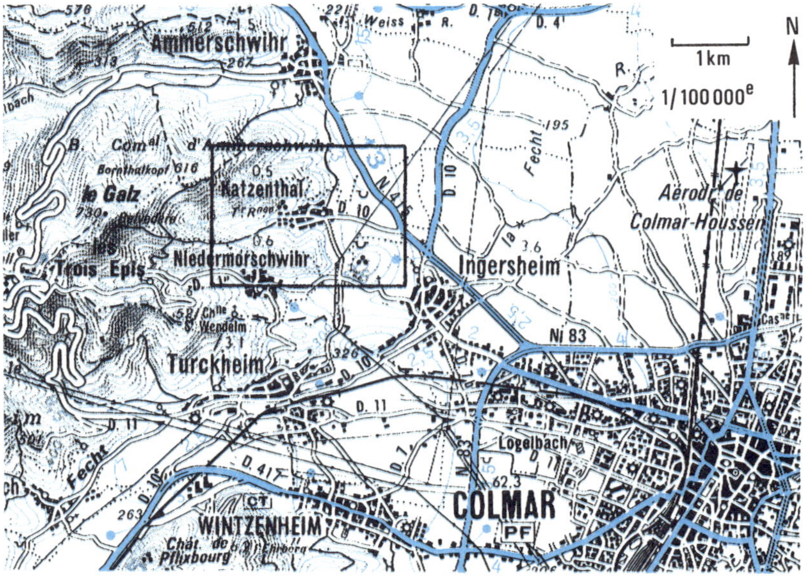

Echelles

La représentation d'un objet peut parfois s'effectuer en vraie grandeur : 1 cm sur le dessin correspond à 1 cm sur l'objet. Si l'objet est très petit, il y a évidemment intérêt à agrandir le dessin (pour assurer une meilleure lisibilité, et aussi pour pouvoir placer les cotes). Si l'objet est trop grand, il est impossible de le représenter en vraie grandeur. (C'est le cas pour le plan d'un appartement, et à plus forte raison pour le plan d'une ville.)

On appelle échelle d'un dessin le rapport entre la dimension linéaire de la représentation sur le dessin et la dimension linéaire de l'élément à représenter.

L'échelle « vraie grandeur » est le rapport 1 : 1. Les échelles d'agrandissement correspondent aux rapports plus grands que 1 : 1 ; les échelles de réduction correspondent aux rapports plus petits que 1 : 1.

■ La longueur de l'objet est proportionnelle à la longueur sur le dessin. Par exemple, considérons l'échelle d'agrandissement 20 : 1. Un centimètre sur le dessin correspond à 0,5 mm sur l'objet. Mais l'aire est proportionnelle au carré de l'échelle : 1 cm^2 sur le dessin correspond à 0,25 mm^2 sur l'objet.

Dans tous les domaines (mécanique, électricité, génie civil, architecture, etc.), on emploie de préférence les échelles suivantes :
Echelles d'agrandissement

50 : 1 20 : 1 10 : 1 5 : 1

Echelles de réduction

1 : 5 1 : 10 1 : 20 1 : 50 1 : 100 1 : 200
1 : 500 1 : 1 000 1 : 2 000 1 : 5 000 1 : 10 000

Les échelles 2 : 1 et 1 : 2 sont déconseillées, car elles peuvent donner lieu à des impressions trompeuses.
Dans les dessins d'architecture, de bâtiment et de génie civil, on préconise les échelles suivantes :

plan de masse 1 : 2 000

plan d'ensemble 1 : 1 000 - 1 : 500 - 1 : 200

dessin d'avant-projet détaillé, plan d'exécution des ouvrages, dossier des ouvrages exécutés 1 : 100 - 1 : 50

détails 1 : 20 - 1 : 10 - 1 : 5 et 1 : 1

Exemple On veut représenter le plan d'une maison de 14 m de long et de 9 m de large sur une feuille de papier au format A 3 (c'est-à-dire 420 × 297, en mm). Quelle échelle peut-on adopter ?

L'échelle, de la forme 1 : x, doit être inférieure à la fois à $\frac{420}{14\,000}$ et à $\frac{297}{9\,000}$.

Or, $\frac{420}{14\,000} = \frac{42}{1\,400} = \frac{3}{100}$ et $\frac{297}{9\,000} = \frac{33}{1\,000}$.

Ainsi, le nombre x doit être un entier supérieur à $\frac{100}{3} \approx 33{,}33$ et à $\frac{1\,000}{33} \approx 30{,}30$. La plus grande échelle possible est donc 1 : 50.

Cartes

Dans le cas des cartes, l'échelle est notée sous forme de fraction. Ainsi, la carte de référence en France est la carte d'état-major ; les cartes au 1/80 000 et au 1/20 000 (du Service géographique de l'Armée) ont été remplacées par la carte au 1/50 000 (de l'Institut Géographique National). Les cartes routières du commerce, qui en dérivent, sont au 1/200 000 et au 1/1 000 000 (cartes Michelin), au 1/100 000, au 1/250 000 et au 1/25 000 (cartes IGN). Par exemple, pour une carte au 1/200 000, un centimètre sur la carte représente deux kilomètres sur le terrain.
Les échelles des plans cadastraux sont 1/1 000 et 1/2 500.
De manière générale, la distance réelle entre deux points s'obtient en multipliant la distance mesurée sur la carte par le dénominateur de l'échelle. Ainsi, sur une carte au 1/50 000, la distance entre Plouharnel et Auray est 25 cm ; la distance réelle entre ces deux villes est 50 000 × 25 cm, c'est-à-dire 12,5 km.

Curvimètre

Le curvimètre est un appareil destiné à mesurer la distance entre deux points le long d'une route (et non à vol d'oiseau). Lorsqu'on déplace le curvimètre le long d'une route dessinée sur la carte, la roulette entraîne l'aiguille. La distance est alors donnée par l'échelle graduée correspondant à l'échelle de la carte (l'aiguille étant remise à zéro avant usage).

Le cadran comporte plusieurs graduations (éventuellement recto-verso), correspondant aux échelles courantes ou à l'ancienne échelle des cartes d'état-major. Lorsque l'échelle de la carte ne correspond à aucune échelle du curvimètre, on se sert de la division du cadran graduée en centimètres. On multiplie alors le nombre de centimètres indiqué par l'aiguille par l'inverse de l'échelle.

Cartes marines. *Il est impossible de représenter une partie importante de la Terre sans déformations notables. On est amené à choisir entre l'exactitude des angles et l'exactitude des rapports de distances. Or, la mesure des angles est fondamentale en navigation (maritime ou aérienne). On sacrifie donc la représentation correcte des distances. Dans le cas fréquent de la projection de Mercator, l'échelle est variable suivant la latitude. Les côtés est et ouest de la carte portent alors les échelles de latitude. Pour déterminer la distance entre deux points de la carte, on reporte (à l'aide d'un compas à pointes sèches) la distance de ces points sur la carte en face de la partie correspondante de l'échelle.*

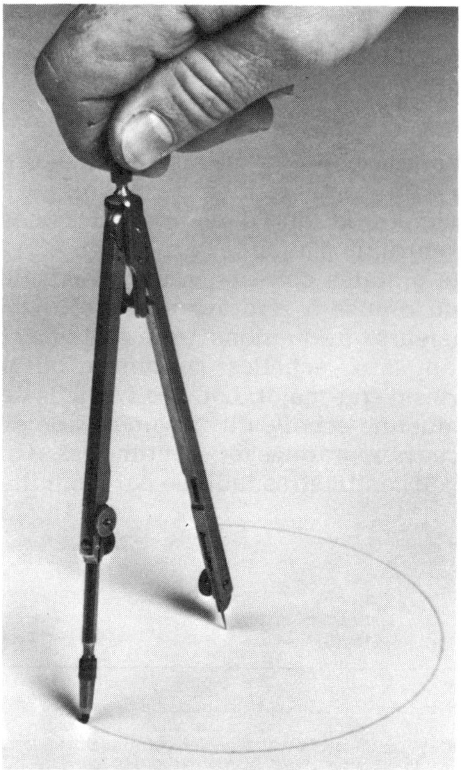

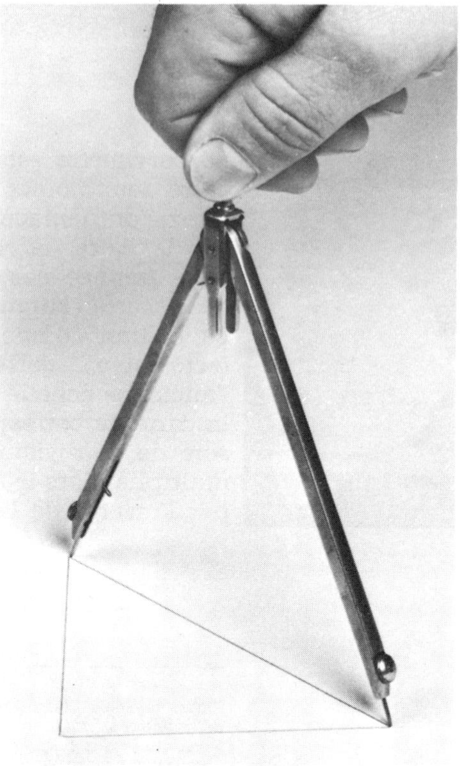

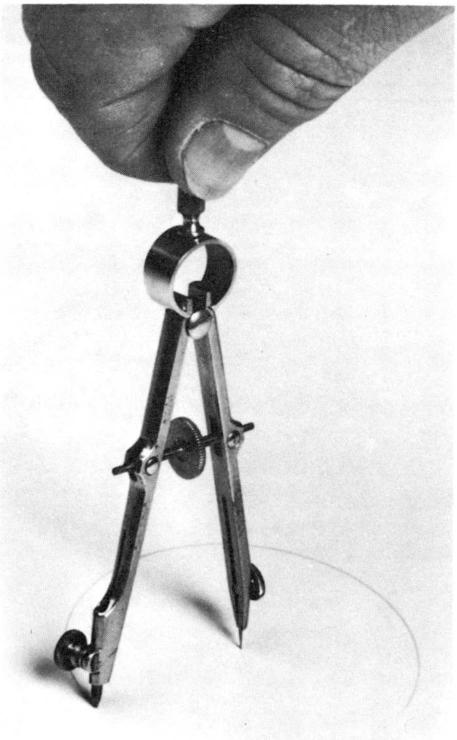

Compas ordinaire.
Quelle que soit l'ouverture, la poignée reste sur la bissectrice des branches.

Compas à pointes sèches.
Le compas à pointes sèches sert à reporter des distances avec précision.

Compas à balustre.
Le compas à balustre permet de tracer des cercles de petit rayon. On règle l'écartement des branches à l'aide d'une molette entraînant une tige filetée.

Cercle

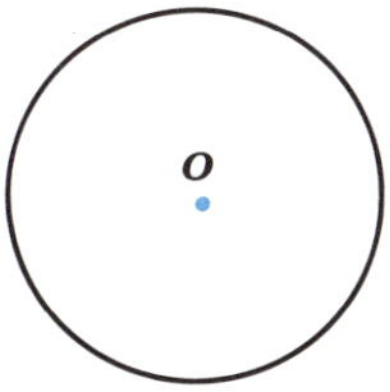

cercle

Le *cercle* est la figure géométrique constituée des points du plan à une même distance d'un point donné O. Le point O s'appelle *centre* ; la distance commune s'appelle *rayon*, et se note R (ou r).
L'ensemble des points du plan à une distance de O inférieure à R s'appelle *disque* de centre O et de rayon R.

La distinction entre disque et cercle remplace l'ancienne distinction entre cercle et circonférence.

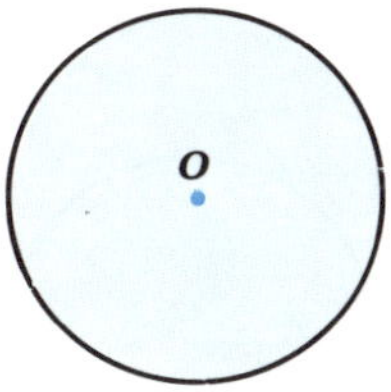

disque

Une *corde* est un segment joignant deux points distincts du cercle.
Un *diamètre* est une corde passant par le centre du cercle.
Tous les diamètres d'un même cercle ont la même longueur D, laquelle est le double du rayon. Cette longueur s'appelle *diamètre* du cercle.

$$D = 2R$$

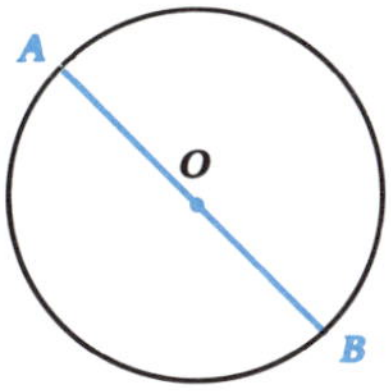

diamètre d'un cercle

■ Dans l'industrie, on emploie le symbole ∅ (représentant un cercle barré par un diamètre). Ainsi, ∅8 désigne un diamètre de 8 mm.

■ La longueur d'une corde autre qu'un diamètre est strictement inférieure à $2R$.

■ *Diamètre de braquage.* La facilité de manœuvrer un véhicule est caractérisée par le diamètre du plus petit cercle que l'on puisse décrire en tournant le volant à fond.
On distingue le diamètre de braquage entre trottoirs (ne faisant pas intervenir les parties en porte-à-faux) et le diamètre de braquage entre murs (dépendant de la longueur hors tout). Le premier intervient pour un demi-tour ; le second importe pour se ranger dans un créneau. Bien entendu, dans chaque cas, le rayon de braquage est la moitié du diamètre de braquage.
Par exemple, pour la Renault 20 TS, le diamètre de braquage entre trottoirs est 10,60 m ; mais le diamètre de braquage entre murs est 11,40 m.
Bien entendu, le rayon de braquage est la moitié du diamètre de braquage.
Par exemple, le rayon de braquage (entre trottoirs) de la R 20 TS est 5,30 m.
Pour comparer la maniabilité de deux voitures, on examinera soit leurs diamètres de braquage, soit leurs rayons de braquage. Mais il serait absurde de croire que la R 20 TS braque mieux que la Citroën LNA en comparant le rayon de braquage de la première (soit 5,20 m) au diamètre de braquage de la seconde (à savoir 8,40 m).

Rayon d'action. *Le rayon d'action d'un véhicule ou d'un avion est le rayon du cercle que l'on peut atteindre avant d'être obligé de retourner au point de départ. Le rayon d'action est donc la moitié de l'autonomie (c'est-à-dire de la distance franchissable sans refaire le plein de carburant).*

Intersection d'une droite et d'un cercle

Soit d la distance du centre O à la droite Δ, c'est-à-dire la distance OH.

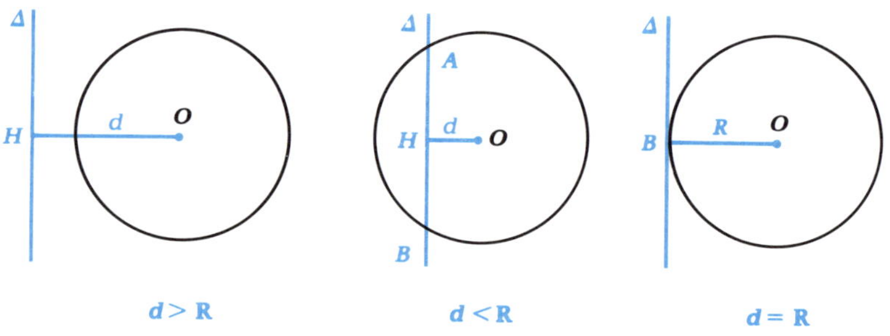

Si $d > R$, la droite ne rencontre pas le cercle.

Si $d < R$, la droite rencontre le cercle en deux points A et B, symétriques par rapport à la perpendiculaire OH à Δ abaissée de O.

Si $d = R$, la droite Δ rencontre le cercle en un point A et un seul. On dit que Δ est la *tangente* au cercle en A.

Le cas de la tangente peut être considéré comme le cas où les points A et B sont confondus.

Pour qu'une droite soit tangente à un cercle, il faut et il suffit qu'elle soit perpendiculaire à un rayon, en l'extrémité de celui-ci.

Intersection de deux cercles

Considérons deux cercles de centres O et O', de rayons R et R'. Plaçons-nous dans le cas où R est strictement supérieur à R'. Posons $d = OO'$. La position relative des deux cercles est donnée par le tableau suivant :

$\boldsymbol{d > R + R'}$	cercles extérieurs
$\boldsymbol{d = R + R'}$	cercles tangents extérieurement
$\boldsymbol{R - R' < d < R + R'}$	cercles sécants
$\boldsymbol{d = R - R'}$	cercles tangents intérieurement
$\boldsymbol{d < R - R'}$	cercles intérieurs

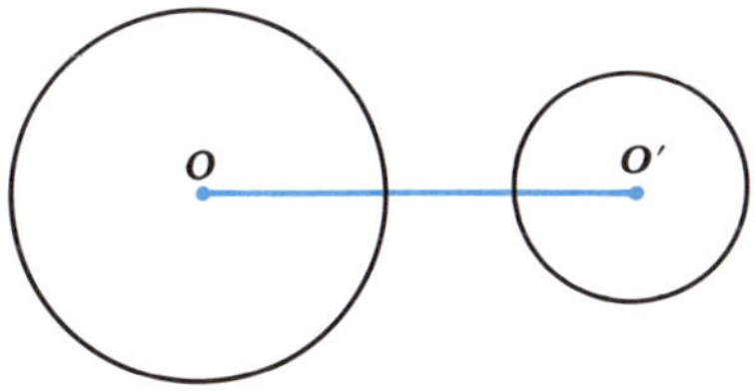

Cercles extérieurs.

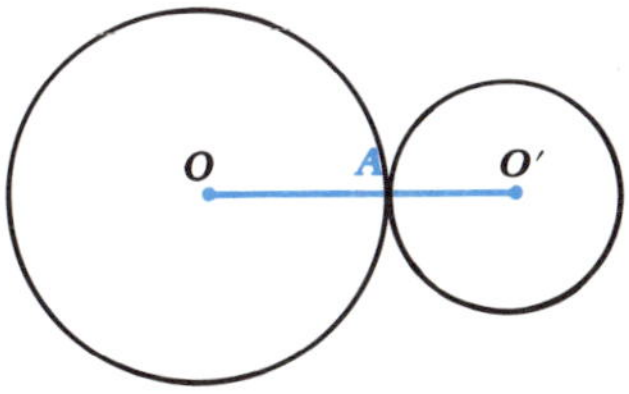

Cercles tangents extérieurement.

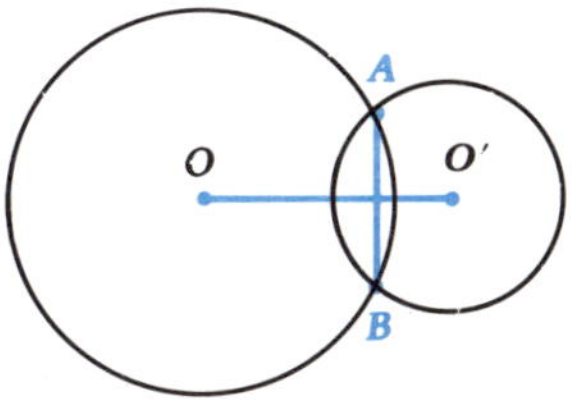

Cercles sécants.
Les points d'intersection A et B sont symétriques par rapport à la droite OO'.

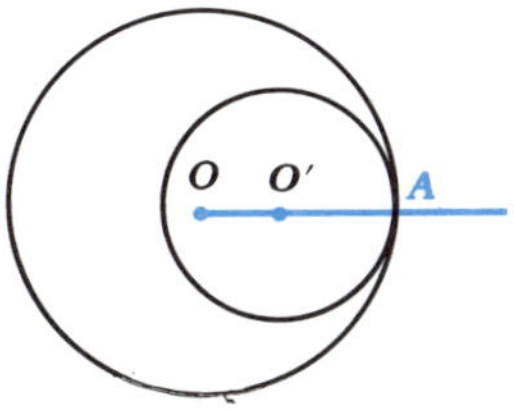

Cercles tangents intérieurement.

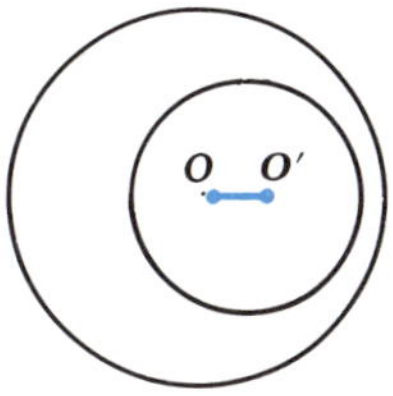

Cercles intérieurs.

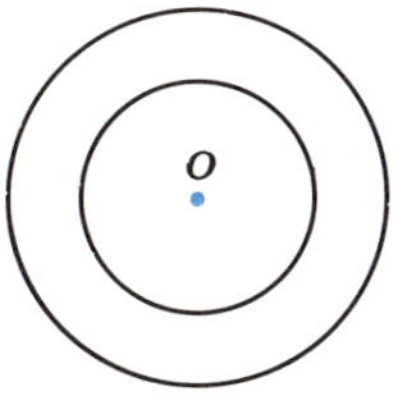

Cercles concentriques

Dans le cas particulier où $d = 0$ (c'est-à-dire où les points O et O' sont confondus), les cercles sont dits *concentriques.*

Pour que deux cercles se rencontrent en deux points, il faut et il suffit que la distance de leurs centres soit strictement comprise entre la somme et la différence des rayons.
Pour que deux cercles soient tangents, il faut et il suffit que la distance de leurs centres soit égale à la somme ou à la différence de leurs rayons.

Constructions géométriques

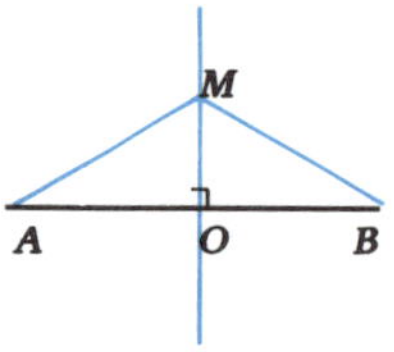

La médiatrice d'un segment AB est l'ensemble des points à la même distance de A et de B. C'est la perpendiculaire à AB issue du milieu O de AB.

Construction de la médiatrice

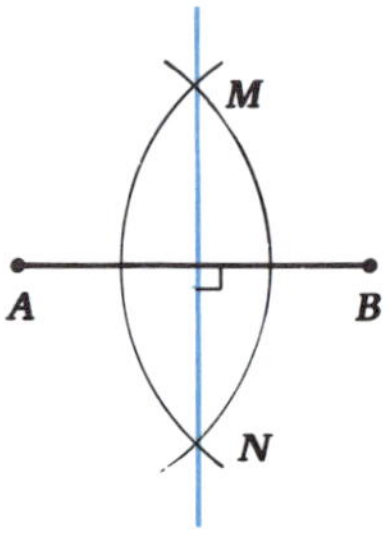

On trace deux cercles de centres A et B, de même rayon choisi de telle sorte que ces cercles se coupent en deux points M et N. La droite joignant M et N est la médiatrice cherchée.

A partir de cette construction, on peut résoudre les problèmes suivants.

Construction de la perpendiculaire à une droite issue d'un point

Pour mener la perpendiculaire à la droite D à partir d'un point O, on trace un cercle de centre O rencontrant la droite D en A et B. La perpendiculaire cherchée est la médiatrice de AB.

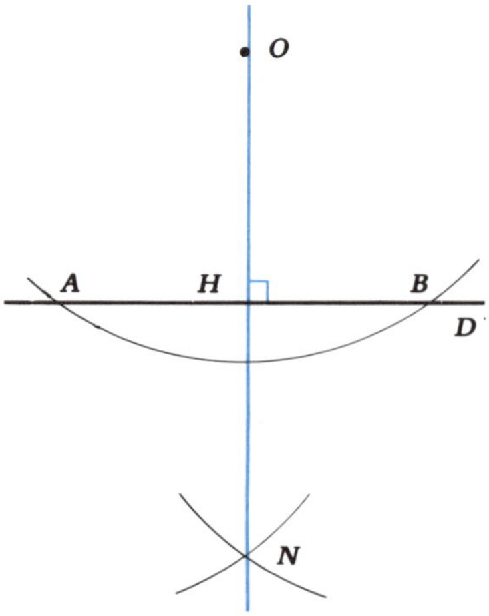

On connaît déjà un point de la médiatrice (à savoir O). Il suffit donc de déterminer un seul des points M et N.

Il n'est pas nécessaire de distinguer deux cas suivant que D passe ou non par O.

Construction de la tangente à un cercle en un point

Pour mener la tangente en un point *A*, on construit la perpendiculaire en *A* au segment *OA* comme il vient d'être dit.

Construction des tangentes issues d'un point

Soit *A* un point extérieur au cercle *C* (c'est-à-dire tel que $OA > R$). On construit le cercle de diamètre *OA* ; à cet effet, on commence par construire la médiatrice du segment *OA*.
Le cercle de diamètre *OA* rencontre le cercle donné *C* en deux points *M* et *M′*. Les droites *AM* et *AM′* sont les tangentes issues de *A* au cercle *C*.

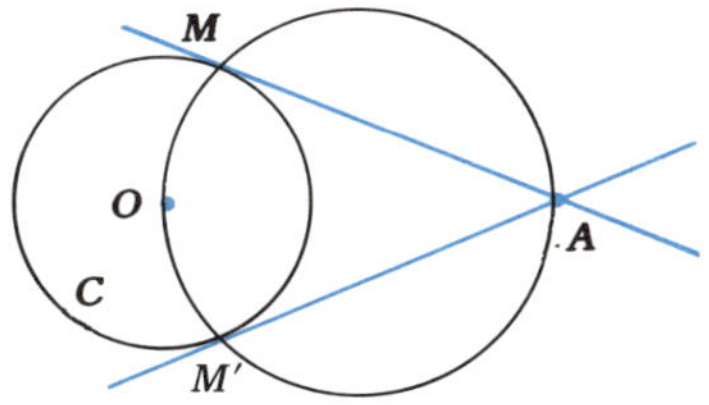

Longueur du cercle

La longueur du cercle est proportionnelle au rayon.

$$l = 2\pi R = \pi D,$$

où $\pi = 3{,}141\,592...$

La lettre grecque π (lire « pi ») rappelle le mot périmètre, *synonyme de longueur.*

La longueur du cercle n'est pas trois fois le diamètre, comme on l'a cru dans l'Antiquité.

On prend souvent comme valeur approchée de π le nombre 3,14, ou encore la fraction $\frac{22}{7}$.

Une calculatrice de poche scientifique fournit π à la précision 10^{-9} (il suffit d'appuyer sur la touche π).

Il est facile de retenir les premières décimales de π, car ce sont les nombres de lettres des mots du vers ci-dessous :

Que j'aime à faire apprendre un nombre utile aux sages !
3 1 4 1 5 9 2 6 5 3 5

On arrive au trente et unième chiffre avec les trois vers suivants :

Immortel Archimède, artiste, ingénieur,
Qui de ton jugement peut priser la valeur ?
Pour moi, ton problème eut de pareils avantages.

(La poésie s'arrête là, le trente-troisième chiffre étant un zéro.)
L'inverse de π est 0,318 309 8... Le moyen mnémotechnique est cette fois : « Les 3 journées de 1830 sont un 89 renversé. »

Exercice Trouver le diamètre d'un cercle connaissant la longueur de ce cercle.

Le diamètre est $D = \frac{1}{\pi}$. L'inverse de π est approximativement 0,318 3. Ainsi, $D \approx 0{,}318\,3\, l$.

Tour de doigt

La taille d'une bague est désignée par sa longueur, en millimètres. On obtient donc le diamètre en divisant la taille par le nombre π. Par exemple, une alliance de taille 66 a pour diamètre 21 mm.

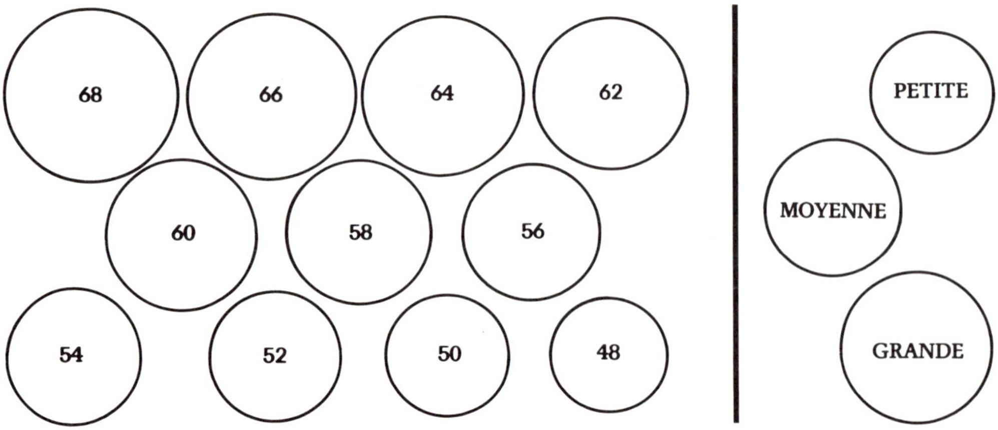

En posant un bijou sur le cercle le plus approchant, on détermine sa taille. On trouve aussi des tours de doigt de millimètre en millimètre. On trouve également des modèles destinés aux personnes sachant lire les lettres, mais non les chiffres.

Développement d'un vélo

C'est la distance parcourue pour un tour de pédalier.

Prenons le cas d'un plateau de 28 dents et d'une roue libre également de 28 dents (une telle combinaison s'emploie en montagne). La roue arrière fait évidemment un tour lorsque le plateau fait un tour. Le développement est alors la longueur de la roue. Pour une roue de 700 mm de diamètre, le développement est donc le produit de π par 0,7 m, c'est-à-dire sensiblement 2,20 m. Dans le cas d'un plateau de 52 dents et d'une roue libre de 13 dents, la roue arrière effectue quatre tours lorsque le pédalier en fait un. Le développement est quatre fois le précédent, soit 8,80 m.

De manière générale, le développement est $\frac{p}{r}\pi d$, où d est le diamètre de la roue (650 ou 700 millimètres), p est le nombre de dents du plateau et r, le nombre de dents de la roue libre.

Le développement est proportionnel à la denture du plateau, inversement proportionnel à celle de la roue libre.

Ainsi, pour un développement de 5 m, avec une roue de 700, on emploiera par exemple un plateau de 44 dents et une roue libre de 19 dents (ce qu'on note parfois 44 × 19).

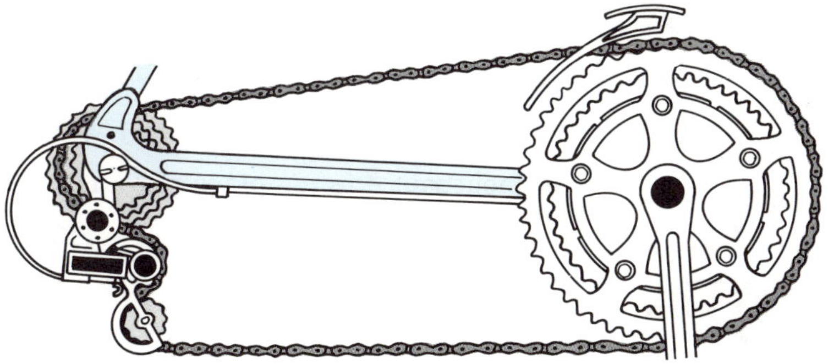

Considérons le cas d'un « dix-vitesses », c'est-à-dire deux plateaux et 5 pignons. Par exemple 52 et 42 à l'avant, 14, 16, 18, 20 et 22 à l'arrière. Le tableau (voir p. 335) montre que l'on peut obtenir plusieurs fois le même développement, et qu'il y a donc beaucoup moins de 10 vitesses. (De toute façon, pour des raisons de rendement mécanique et d'usure, il vaut mieux conserver la chaîne proche d'un plan, et rouler « tout à gauche », ou « tout à droite ». Ainsi, 52 × 22 et 42 × 18 conduisent sensiblement au même développement, mais la première combinaison, tordant la chaîne, est à déconseiller.)

Pneumatiques

Les dimensions données pour les pneus des voitures de tourisme et les camionnettes sont :

— la largeur B de l'enveloppe, en millimètres ;
— le diamètre D de la jante au siège du pneum, en pouces.

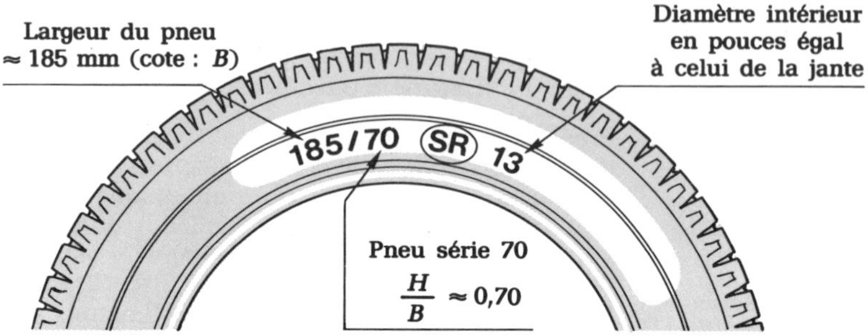

Exemple Pour un pneu noté 165-13, la jante a pour diamètre :

$$13 \times 25{,}4 \approx 330 \text{ mm}$$

Les jantes de 15 *pouces (soit environ* 380 *mm) ont succédé en* 1957 *aux jantes de* 400 *mm. Actuellement, la plupart des voitures sont équipées de jantes de* 13 *ou* 14 *pouces. Mais les jantes de* 15 *pouces semblent revenir à la mode (R* 25, *Volvo).*

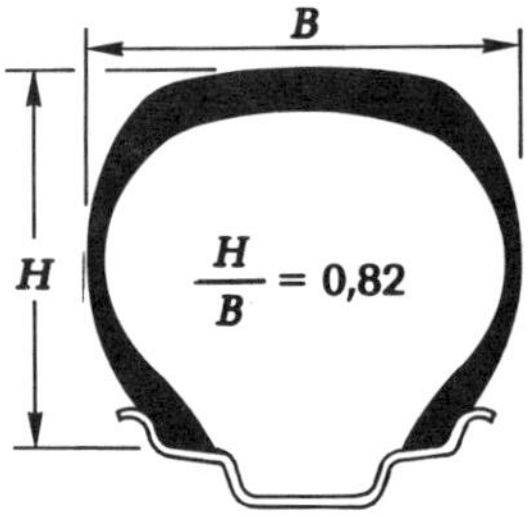

Taille basse. Le rapport $\frac{H}{B}$ de la hauteur H à la largeur B est normalement voisin de 0,8.

Les voitures à tendance sportive sont montées avec des pneus « taille basse ». Le rapport $\frac{H}{B}$ prend alors l'une des valeurs 0,70 0,65 0,60 0,55.

La série d'un pneu est le rapport $\frac{H}{B}$, exprimé en pourcentage.

Ainsi, pour un pneu 145-13 de série 82, la hauteur est :

$$H = 0{,}82 \times 145 \approx 119 \text{ mm}$$

Ce pneu peut être remplacé par un 165/70-13 ; la hauteur est cette fois :

$$H = 0{,}70 \times 165 = 115{,}5 \text{ mm}$$

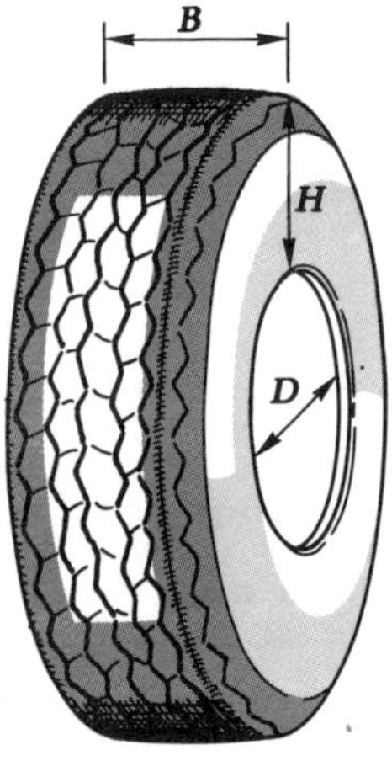

Le diamètre du pneu est $D + 2\ H$, soit dans le second cas :

$$330 + 2 \times 115{,}5 = 561 \text{ mm}$$

La longueur de la bande de roulement est :

$$\pi\ (D + 2\ H) \approx 3{,}14 \times 561 \approx 1\ 760 \text{ mm} = 1{,}76 \text{ m}$$

Contrairement à ce que l'on pourrait croire, un pneu taille basse n'est pas un pneu plus plat ; c'est en fait un pneu plus large.

Les pneus Michelin TRX nécessitent une jante spéciale. Pour éviter toute confusion, le rayon de la jante est mesuré en millimètres. Par exemple, 190/65 HR 390 signifie que la largeur du pneu est 190 mm, que la hauteur des flancs correspond à 65 % de la largeur du pneu et que le diamètre de la jante est 390 mm.

Aire du cercle

L'aire du cercle est proportionnelle au carré du rayon.

$$\mathscr{A} = \pi R^2 = \pi \frac{D^2}{4}$$

La longueur se retient bien en fonction du diamètre, tandis que l'aire se retient bien en fonction du rayon.

Exercice Trouver le rayon d'un cercle connaissant l'aire de ce cercle.

La relation $\mathscr{A} = \pi R^2$ s'écrit $R^2 = \frac{\mathscr{A}}{\pi}$. *Ainsi,* $R = \sqrt{\frac{\mathscr{A}}{\pi}}$.

Quadrature du cercle. *Le problème de la quadrature du cercle est celui de la construction* à la règle et au compas *d'un carré ayant pour aire celle d'un cercle donné ; cela revient à construire le nombre π. L'impossibilité de résoudre ce problème a été établie en 1882 (sans pour autant mettre fin aux recherches sur ce sujet...).*

Couronne circulaire

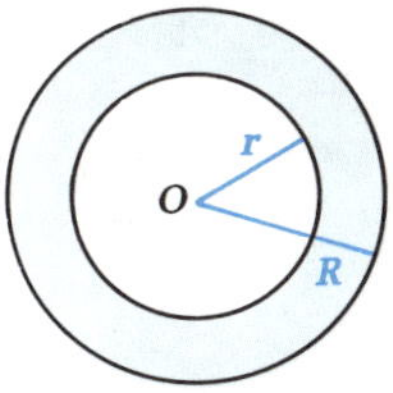

La couronne est la partie du plan comprise entre deux cercles concentriques.

L'aire de la couronne circulaire est la différence des aires des cercles de rayons R et r.

$$\mathscr{A} = \pi R^2 - \pi r^2 = \pi(R^2 - r^2)$$

Exemple Trouver les aires $\mathscr{A}$ et $\mathscr{A}'$ d'un disque microsillon de 30 cm et d'un disque compact de 12 cm, les diamètres des trous centraux étant respectivement 7,5 mm et 15 mm.

La formule précédente conduit à :

$$\mathscr{A} = \frac{\pi}{4}(30^2 - 0{,}75^2) \approx 706 \text{ cm}^2 \qquad \mathscr{A}' = \frac{\pi}{4}(12^2 - 1{,}5^2) \approx 111 \text{ cm}^2$$

Le rapport $\frac{\mathscr{A}'}{\mathscr{A}}$ est donc de l'ordre de 16 %.

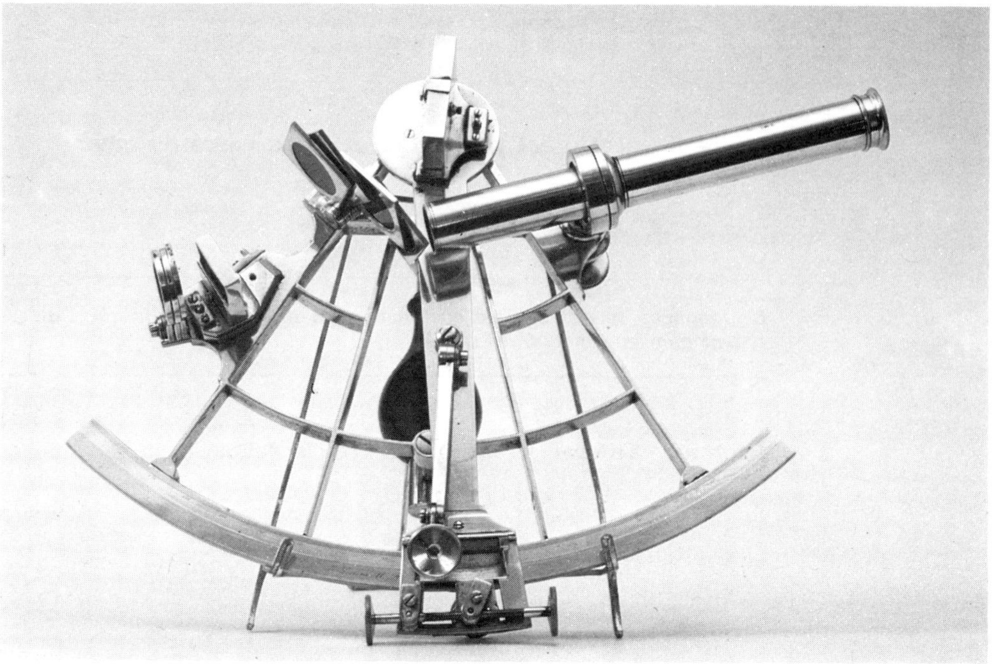

▲
Sextant, France 1850, Coll. Charliat

▲
Nocturlabe, France, XVIe s. (Coll. Morel).

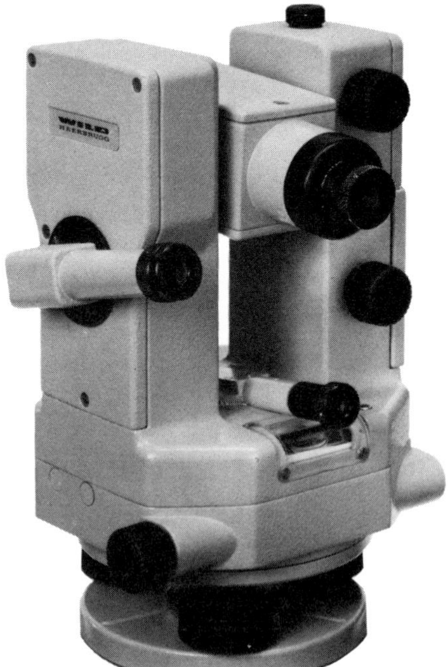

▲
Théodolite Wild permettant de mesurer les angles avec une précision de 2′.

Mesure des angles

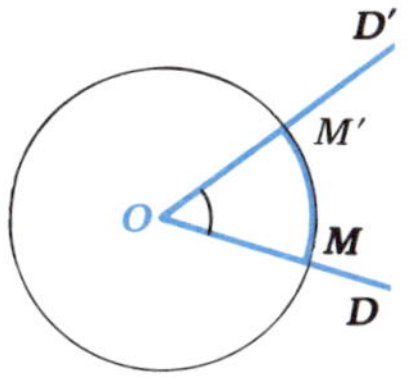

Soient D et D' deux demi-droites issues d'un même point O. L'angle compris entre D et D' est le rapport de la longueur de l'arc $\widehat{MM'}$ découpé sur un cercle de centre O à celle du rayon du cercle.

En particulier, si le cercle a pour rayon l'unité de longueur, l'angle s'identifie à la longueur de l'arc $\widehat{MM'}$.

Suivant l'usage actuel, on distingue entre angle *et* secteur angulaire, *c'est-à-dire la partie du plan limitée par D et D' et contenant l'arc* $\widehat{MM'}$. *La notion de secteur angulaire n'intervient pas dans les calculs.*

L'angle unité est l'angle compris entre deux rayons qui interceptent sur un cercle un arc de longueur égale à celle du rayon. L'angle unité s'appelle radian et se note rad.

■ Rappelons que la longueur du cercle de rayon R est égale à $2\pi R$.

L'angle correspondant à un tour complet sur le cercle s'appelle tour et se note tr.

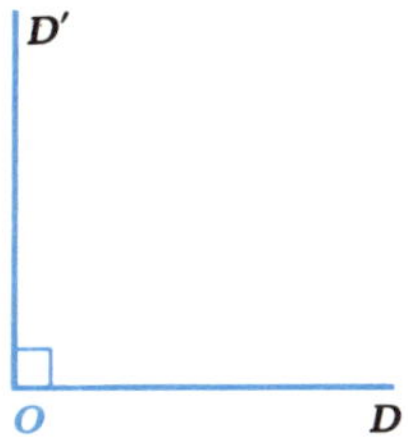

L'angle plat a pour mesure π rad ; il est égal à un demi-tour.
L'angle droit a pour mesure $\frac{\pi}{2}$ rad ; il est égal à un quart de tour.

Degré et grade

On appelle degré et on note ° la quatre-vingt-dixième partie de l'angle droit. On divise le degré en soixante minutes (d'angle) et la minute en 60 secondes (d'angle). La minute et la seconde sont notées respectivement ′ et ″. Ainsi :

$$\mathbf{1\ rad = 57{,}295\ 78° = 57°17'45''}$$

Ne pas confondre avec la minute et la seconde de temps (voir p. 164).

Classification des angles en radians

angle nul	$\pi = 0$	**angle aigu**	$0 < \alpha < \frac{\pi}{2}$
angle saillant	$0 < \alpha < \pi$	**angle droit**	$\alpha = \frac{\pi}{2}$
angle plat	$\alpha = \pi$	**angle obtus**	$\frac{\pi}{2} < \alpha < \pi$
angle rentrant	$\pi < \alpha < 2\pi$		

$$1\ \text{tr} = 2\pi\ \text{rad} = 6{,}283\ 185\ \text{rad}$$

$$1° = \frac{\pi}{180}\ \text{rad} = 0{,}017\ 453\ 3\ \text{rad}$$

$$1' = \frac{1°}{60} = \frac{\pi}{10\ 800}\ \text{rad} = 2{,}909 \times 10^{-4}\ \text{rad}$$

$$1'' = \frac{1'}{60} = \frac{\pi}{648\ 000}\ \text{rad} = 4{,}848 \times 10^{-6}\ \text{rad}$$

Le radian est la seule unité utilisée par les mathématiciens (car cette unité leur simplifie l'étude des fonctions sinus et cosinus). Le tour est employé dans l'étude des solides en rotation : on exprime par exemple la vitesse de rotation d'un moteur, ou régime, *en tours par minute. Ainsi, la vitesse de rotation d'un moteur d'automobile est comprise entre* 1 000 *et* 10 000 tr/min. *Une turbine à gaz, un moulin à café tournent à environ* 20 000 tr/min.
La fraise des dentistes, entraînée par un moteur électrique et une courroie, avait une vitesse de rotation de 20 000 tr/min, *il y a trois décennies. On atteint actuellement* 400 000 tr/min *grâce à une turbine fonctionnant à l'air comprimé.*
On passe aux tours par seconde en notant que 1 min = 60 s, *et donc que*

$$\mathbf{1\ tr/s = 60\ tr/min.}$$

■ Le degré est utilisé traditionnellement depuis les Babyloniens (voir p. 163) pour les besoins de l'astronomie. On emploie aussi le degré pour préciser la situation d'un point sur la Terre (voir p. 296).

On emploie parfois pour unité le grade, noté gon (anciennement gr) :

$$\mathbf{1\ gon} = \frac{\pi}{\mathbf{200}}\ \mathbf{rad} = \mathbf{0{,}015\ 708\ 0\ rad}$$

Le grade présente l'avantage de la division décimale : c'est la centième partie de l'angle droit. Les sous-multiples sont le décigrade (dgon), le centigrade (cgon), le milligrade (mgon).

Le grade n'est jamais entré dans les mœurs : en effet, les angles intervenant le plus souvent en trigonométrie sont le tiers, le quart et le sixième de l'angle plat. Or, $\frac{\pi}{6}$ *rad* = 30° *et* $\frac{\pi}{3}$ *rad* = 60°, *ce qui ne correspond pas à des nombres entiers de grades :* 30° = 33,33... *gon.*

Mesure des angles remarquables

radians	0	$\frac{\pi}{6}$	$\frac{\pi}{4}$	$\frac{\pi}{3}$	$\frac{\pi}{2}$	$\frac{2\pi}{3}$	$\frac{5\pi}{6}$	π	$\frac{3\pi}{2}$	2π
degrés	0	30	45	60	90	120	150	180	270	360

Exemple. La vitesse de rotation maximale du moteur d'une voiture est 6 000 tr/min. Le rapport du pont est 0,258 6 et le rapport de la boîte en quatrième, 0,959 6. Les pneumatiques ayant une longueur de roulement de 1,720 m, déterminer la vitesse maximale de la voiture en km/h.
La démultiplication totale est le produit des démultiplications dues à la boîte de vitesses et au pont, c'est-à-dire :

$$\mathbf{0{,}258\ 6 \times 0{,}959\ 6 = 0{,}248\ 2.}$$

La vitesse de rotation des roues est donc :

$$\mathbf{0{,}248\ 2 \times 6\ 000 = 1\ 489\ tr/min.}$$

La distance parcourue à chaque tour de roue étant 1,720 m, la voiture parcourt en une minute

$$\mathbf{1\,489 \times 1{,}720 = 2\,561\ m = 2{,}561\ km.}$$

La distance parcourue en une heure étant soixante fois plus grande, la vitesse cherchée est :

$$\mathbf{60 \times 2{,}561 = 153{,}66\ km/h \approx 154\ km/h.}$$

Angles supplémentaires, angles complémentaires

On dit que deux angles sont supplémentaires si leur somme est l'angle plat. On dit que deux angles sont complémentaires si leur somme est l'angle droit. Le supplément d'un angle saillant α est la différence entre l'angle plat et α (en radians : $\pi - \alpha$). Le complément d'un angle aigu α est la différence entre l'angle droit et α (en radians : $\frac{\pi}{2} - \alpha$).

Cas des degrés. Pour trouver le supplémentaire, on prend la différence entre 180° et l'angle donné ; pour trouver le complémentaire, on prend la différence entre 90° et l'angle donné (autrement dit, on prend le complément à 90°).

Exemples L'angle supplémentaire de 27° est

$$\mathbf{180 - 27 = 153°.}$$

L'angle complémentaire de 59° est

$$\mathbf{90 - 59 = 31°.}$$

■ Pour trouver le supplémentaire de 153° ou le complémentaire de 31°, il ne faut pas recommencer le calcul : le supplémentaire de 153° est 27°, le complémentaire de 31° est 59°.

Calculs sur les angles

Les calculs sur les angles exprimés en radians ne présentent pas de difficulté spéciale. Les calculs sur les angles exprimés en degrés, minutes et secondes nécessitent des précautions lors des retenues ; ces calculs étant pratiquement les mêmes que pour les temps exprimés en heures, minutes et secondes, nous renvoyons pour les exemples aux pages 165 à 169.

Emploi du rapporteur

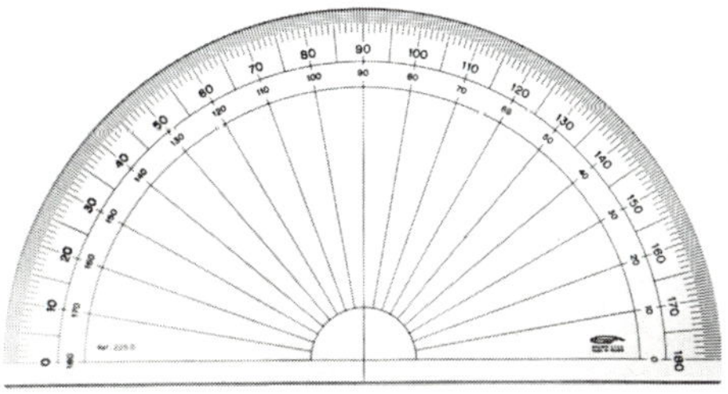

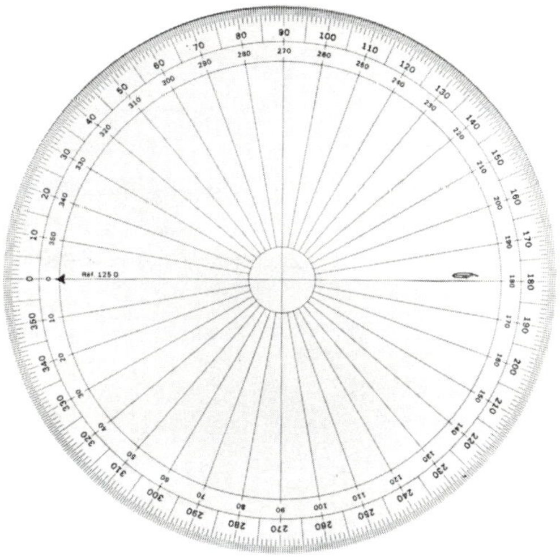

Le rapporteur est généralement un demi-cercle gradué de 0 à 180° dans les deux sens, ce qui évite de devoir le retourner. Le rapporteur peut être aussi un cercle, gradué de 0 à 360° dans les deux sens.

Mesurer un angle donné

On place le rapporteur sur l'angle, le centre *C* sur le sommet *O* de l'angle, et la division 0 sur l'un des côtés, *D* par exemple. On lit alors le numéro de la division qui se trouve sur l'autre côté, *D'*.

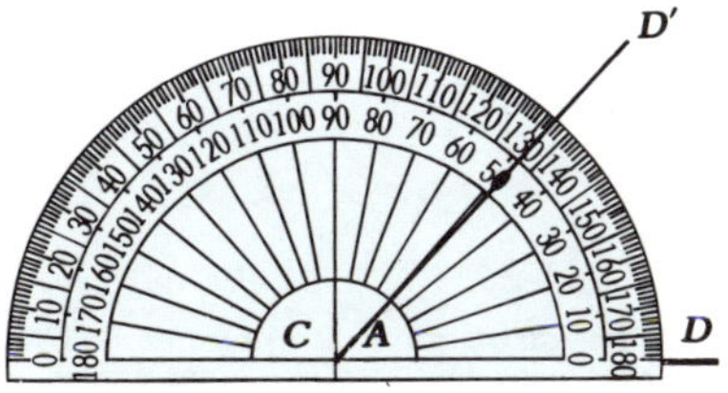

L'angle de D et D' est égal à 48°.

Construire un angle de grandeur donnée

Soit par exemple à construire un angle de 140°, de sommet donné *O*, le côté *D* étant déjà tracé. On place le centre *C* du rapporteur en *O*, et le zéro sur le côté *D*. On marque un point *M* sur le demi-cercle en face de la division 140. On enlève le rapporteur et l'on joint les points *O* et *M* à la règle.

Bissectrice d'un angle

La bissectrice d'un angle de demi-droites *D* et *D′* d'origine *O* est la demi-droite *Δ* d'origine *O* qui partage cet angle en deux autres angles égaux entre eux.

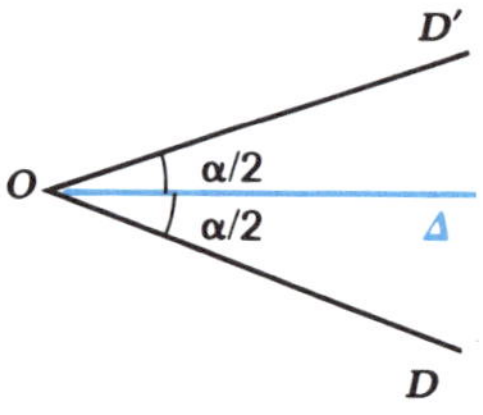

Bissectrice d'un angle saillant

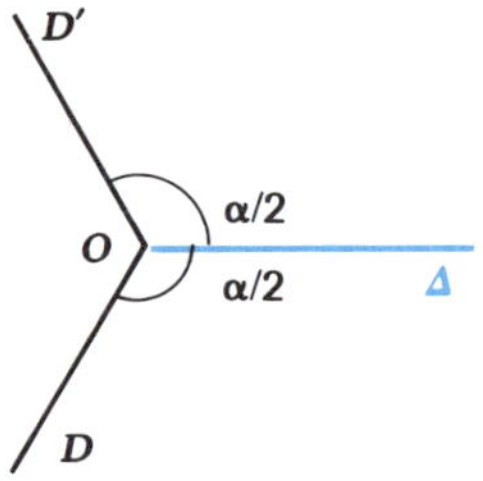

Bissectrice d'un angle rentrant

■ Dans le cas d'un angle saillant, la bissectrice est encore l'ensemble des points à la même distance de *D* et de *D′*.

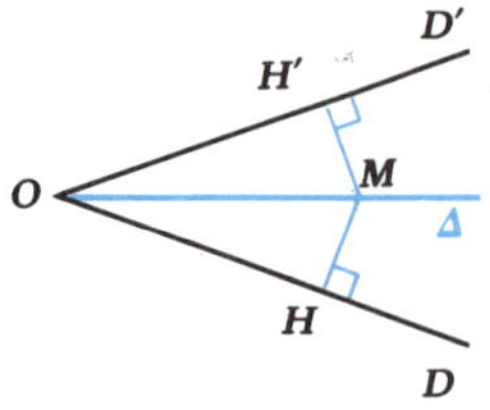

Pour qu'un point M appartienne à la bissectrice de D et D′, il faut et il suffit que les distances MH et MH′ soient égales.

Construction de la bissectrice

Une méthode rapide, mais peu précise, consiste à mesurer l'angle α (en degrés, à l'aide d'un rapporteur), et à construire la demi-droite Δ formant l'angle $\frac{\alpha}{2}$ avec D et D'.

Dans le cas d'un angle saillant, voici une construction précise, utilisant la règle et le compas.

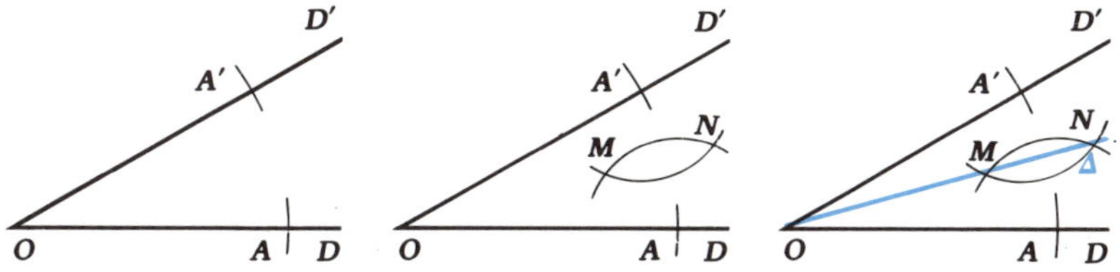

Construction de la bissectrice à la règle et au compas. On trace un cercle de centre O, coupant D et D' en A et en A'. On trace des cercles de centres A et A', de même rayon, choisi de telle sorte que ces cercles se coupent. Leurs points d'intersection M et N appartiennent à la bissectrice ; il ne reste donc plus qu'à joindre ces points à O.

Trisection de l'angle. *On peut donc couper un angle en deux à l'aide de la règle et du compas. Mais on ne peut en général couper un angle en trois par ce procédé. (Cette impossibilité a été prouvée vers 1830.)*

Angle inscrit et angle au centre

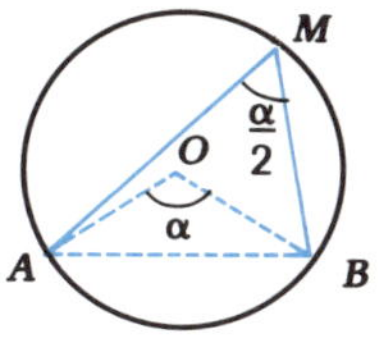

Soient A et B des points d'un cercle de centre O. L'angle $\widehat{AOB}$ s'appelle *angle au centre.* Pour tout point M du cercle, l'angle $\widehat{AMB}$ s'appelle *angle inscrit.*

L'angle inscrit est la moitié de l'angle au centre qui intercepte le même arc.

En particulier, si l'angle au centre est plat, l'angle inscrit est droit. Le cercle est alors l'ensemble des points M d'où l'on voit le diamètre AB sous un angle droit.

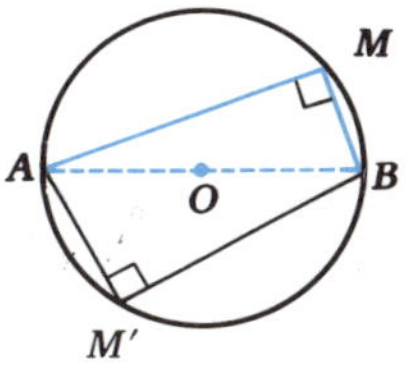

L'angle $\widehat{AMB}$, inscrit dans un demi-cercle, est droit ; il en est de même pour l'angle $\widehat{AM'B}$.

Conversions

1. Conversion des degrés en radians

On utilise les relations

$$1° = 0{,}017\,453\,293 \text{ rad}$$
$$1' = 0{,}000\,290\,888 \text{ rad}$$
$$1'' = 0{,}000\,004\,848 \text{ rad}$$

Exemple. Convertir en radians 41° 39′ 43,6″

$$41° = 41 \times 0{,}017\,453\,293 = 0{,}715\,585$$
$$39' = 39 \times 0{,}000\,290\,888 = 0{,}011\,345$$
$$43{,}6'' = 43{,}6 \times 0{,}000\,004\,848 = 0{,}000\,211$$

$$41°\,39'\,43{,}6'' = 0{,}727\,141 \text{ rad}$$

2. Conversion des radians en degrés

On utilise les relations

$$1 \text{ rad} = 57°\,17'\,44{,}8'' = 3\,437{,}747' = 206\,264{,}8''$$

Exemple Convertir 2,85 rad en degrés, minutes et secondes.

$$2{,}85 \times 206\,264{,}8 = 587\,854{,}7$$

On divise par 3 600 ce nombre de secondes pour obtenir le nombre de degrés :

$$587\,854{,}7 = 3\,600 \times 163 + 1\,054{,}7$$

On divise le reste par 60 pour obtenir le nombre de minutes :

$$1\,054{,}7 = 60 \times 17 + 34{,}7$$

Le dernier reste est le nombre de secondes (et de dixièmes de seconde).

En résumé :

$$2{,}85 \text{ rad} = 163°\,17'\,34{,}7''$$

Certaines calculatrices de poche possèdent les touches → H.MS et → H (voir p. 169). On convertit ainsi instantanément les degrés, minutes et secondes en degrés et fractions de degrés (et réciproquement). Il ne reste plus qu'à effectuer des proportionnalités pour passer aux radians ou aux grades. Reprenons l'exemple n° 1 :

$$\mathbf{41°\,39'\,43{,}6'' = 41{,}662\,11°}$$

$$\frac{\pi}{180} \times \mathbf{41{,}662\,11 = 0{,}727\,141}$$

Longueur d'un arc de cercle

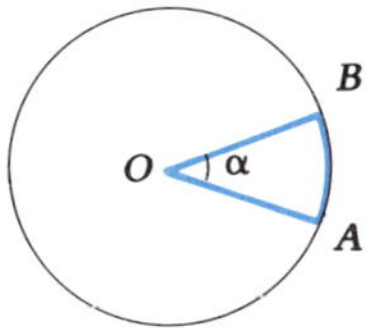

La longueur d'un arc de cercle *AB* est proportionnelle à l'angle α.
En radians,

$$\mathbf{l = \alpha R.}$$

■ On retient le résultat en notant que si $\alpha = 2\pi$, la longueur est celle du cercle, c'est-à-dire $2\pi R$.

Exemples **1.** Calculer la longueur de l'arc d'un cercle de rayon 2 m, lorsque $\alpha = 30°$.

Comme $30° = \frac{\pi}{6}$ rad, la longueur est

$$\mathbf{1 = \frac{2\pi}{6} = \frac{\pi}{3} \approx 1{,}05\ m.}$$

2. On considère un cercle de 5 m de rayon. Calculer la longueur d'un arc de 43 degrés, de 43 grades.
Dans le cas des degrés, la longueur est :

$$\mathbf{l = \frac{43}{360} \times 2\pi \times 5 = \frac{43}{36}\pi \approx 3{,}752\ m.}$$

De même, dans le cas des grades,

$$\mathbf{l = \frac{43}{400} \times 2\pi \times 5 = \frac{43}{40}\pi \approx 3{,}377\ m.}$$

■ On vérifiera que $0{,}9 \times 3{,}752 \approx 3{,}377$.

Aire d'un secteur circulaire.

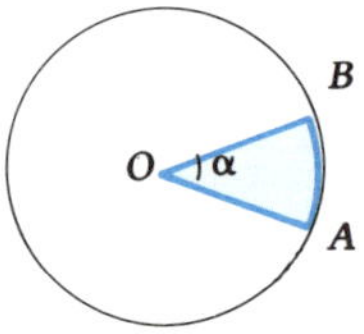

L'aire d'un secteur circulaire limité par un arc AB est proportionnelle à l'angle α.

En radians,

$$\mathcal{A} = \frac{\alpha}{2} R^2.$$

■ On retient le résultat en notant que si $\alpha = 2\pi$, on retrouve l'aire du disque, c'est-à-dire πR^2. Dans le cas général, $\mathcal{A} = \frac{\alpha}{2\pi} \pi R^2 = \frac{\alpha}{2} R^2$.

Exemple Déterminer l'aire d'un secteur circulaire découpé sur un disque de rayon 2 m par un angle de 30°.

L'aire est :

$$\frac{1}{2} \times \frac{\pi}{6} \times 2^2 = \frac{\pi}{3} \approx 1{,}05 \text{ m}^2.$$

1 **Déterminer la vitesse angulaire de la Terre dans le mouvement diurne. (Un tour autour de l'axe des pôles dure un jour sidéral, c'est-à-dire 23 h 56 min.)**

2 **Déterminer la vitesse angulaire de la Terre dans le mouvement autour du Soleil, la trajectoire étant assimilée à un cercle.**

3 **Le rapport de démultiplication de la direction de la R 5 Alpine est 20 : 1. Le nombre de tours de volant d'une butée à l'autre est 3,7. Trouver l'angle dont peuvent tourner les roues avant.**

4 **La vitesse de rotation d'une unité de disques magnétiques pour ordinateur atteint 3 600 tr/min. Le diamètre d'un disque étant d'environ 38 cm, trouver la vitesse de défilement en km/h devant une tête magnétique située au bord du disque.**

5 **Une table de lecture permet de faire tourner les disques aux vitesses de 45 tours et de 33 tours $\frac{1}{3}$ par minute. Le plateau est muni d'une poulie de ∅ 163 mm. L'axe du moteur est muni de deux poulies. Déterminer leurs diamètres, sachant que la vitesse de rotation du moteur est 250 tr/min.**

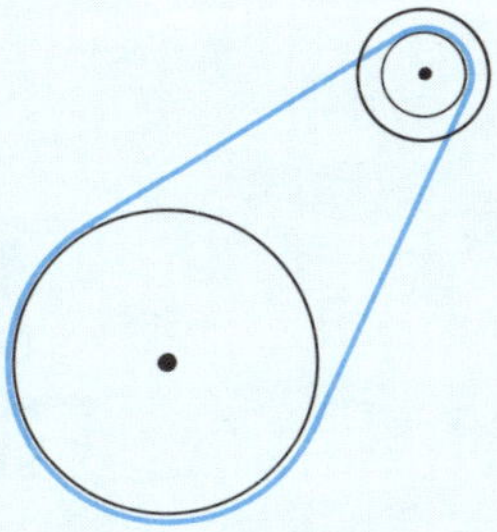

6 **Une face d'un disque microsillon 33 tr/min dure 31 min 15 s. Trouver le nombre de sillons.
Même question pour un 45 tours, la durée étant 6 min 11 s.**

7 **Dans un lecteur de disques compacts (CD), la vitesse de lecture est constante (1,25 m/s).**

***a*) Trouver la longueur de la piste pour un enregistrement de 60 min.**

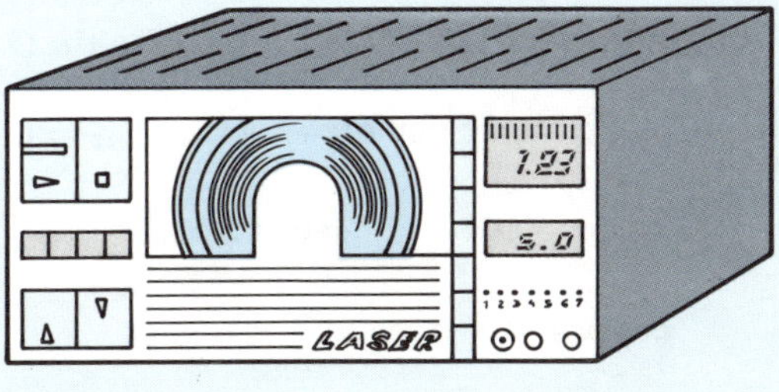

***b*) La vitesse de rotation varie de 500 tr/min en début de lecture à 215 tr/min en fin de disque (la lecture se faisant de l'intérieur vers l'extérieur). Trouver les diamètres extrêmes de la plage d'enregistrement.**

Trigonométrie

Sinus et cosinus

Considérons un demi-cercle de centre O et de rayon 1. Traçons le diamètre horizontal $A'A$, le point A étant le plus à droite du cercle. On peut représenter tout angle α compris entre 0 et π radians par un point M du cercle et un seul au-dessus de OA.

Ainsi, $AOM = \alpha$.

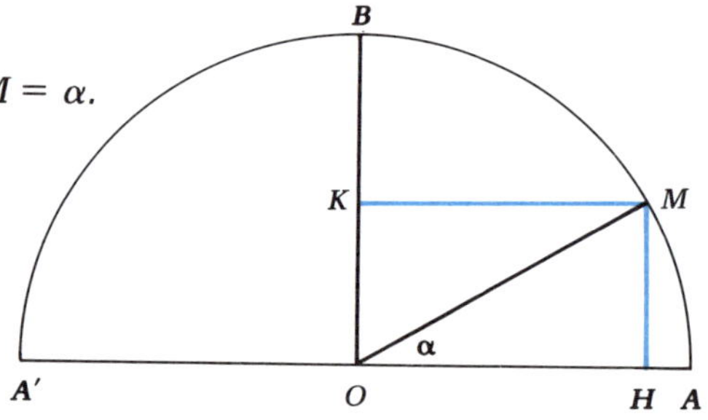

On trace la perpendiculaire à OA issue de O. Les parallèles à OA et OB issues de M rencontrent $A'A$ et OB en des points H et K. La longueur de OK s'appelle *sinus* de l'angle α et se note $\sin \alpha$.

$$\sin \alpha = OK$$

Deux angles supplémentaires ont le même sinus (voir p. 212).

On appelle *cosinus* de l'angle α et on note $\cos \alpha$
— la longueur de OH si H est à droite de O (cas de l'angle aigu).
— l'opposé de la longueur de OH si H est à gauche de O (cas de l'angle obtus).
Si l'angle α est droit, le point H est en O, et $\cos \alpha = 0$.

$$\cos \alpha = OH \qquad \text{si } 0 \leqslant \alpha \leqslant \frac{\pi}{2}$$

$$\cos \alpha = -\, OH \qquad \text{si } \frac{\pi}{2} < \alpha \leqslant \pi$$

■ Le sinus d'un angle saillant est compris entre 0 et 1 ; en particulier, c'est un nombre positif. Le cosinus, lui, prend toutes les valeurs entre − 1 et 1 ; il est négatif dans le cas d'un angle obtus.

On peut définir de même le sinus et le cosinus d'un angle rentrant. Le sinus est négatif ; le cosinus est encore positif si H est à droite de O, négatif si H est à gauche de O.
On peut définir aussi le sinus et le cosinus d'un nombre réel α (non nécessairement compris entre 0 et 2π) : ce sont le sinus et le cosinus du produit par 2π de la partie fractionnaire de $\frac{\alpha}{2\pi}$ (voir p. 86).

Tangente et cotangente

Supposons que $\cos \alpha$ n'est pas nul (c'est-à-dire que $\alpha \neq \frac{\pi}{2}$). Le rapport $\frac{\sin \alpha}{\cos \alpha}$ s'appelle tangente de l'angle α et se note $\tan \alpha$, ou encore $\text{tg}\, \alpha$.

$$\tan \alpha = \frac{\sin \alpha}{\cos \alpha}$$

La notation tg α *est traditionnelle en France ; mais seule la notation* tan *se rencontre sur les calculatrices de poche.*

Supposons que $\sin \alpha$ n'est pas nul (c'est-à-dire que $\alpha \neq 0$ et $\alpha \neq \pi$). Le rapport $\frac{\cos \alpha}{\sin \alpha}$ s'appelle cotangente de l'angle α et se note $\cot \alpha$.
Ainsi, pour tout nombre réel α appartenant à $\left]0, \frac{\pi}{2}\right[$ ou à $\left]\frac{\pi}{2}, \pi\right[$,

$$\cot \alpha = \frac{1}{\tan \alpha}$$

Les nombres $\cos \alpha$, $\sin \alpha$, $\tan \alpha$ et $\cot \alpha$ s'appellent *lignes trigonométriques* (ou rapports trigonométriques) de l'angle α.

Relation fondamentale

$$\cos^2 \alpha + \sin^2 \alpha = 1$$

■ Il s'agit d'un cas particulier du théorème de Pythagore (voir p. 237).

On en déduit que :

$$\frac{1}{\cos^2 \alpha} = 1 + \tan^2 \alpha \qquad \frac{1}{\sin^2 \alpha} = 1 + \cot^2 \alpha$$

Angles complémentaires

$$\cos\left(\frac{\pi}{2} - \alpha\right) = \sin \alpha \qquad \sin\left(\frac{\pi}{2} - \alpha\right) = \cos \alpha$$

$$\tan\left(\frac{\pi}{2} - \alpha\right) = \cot \alpha \qquad \cot\left(\frac{\pi}{2} - \alpha\right) = \tan \alpha$$

Le cosinus de l'un est le sinus de l'autre. Le mot cosinus *signifie « sinus du complément ».*

Angles supplémentaires

$$\cos(\pi - \alpha) = -\cos \alpha \qquad \sin(\pi - \alpha) = \sin \alpha$$

$$\tan(\pi - \alpha) = -\tan \alpha \qquad \cot(\pi - \alpha) = -\cot \alpha$$

■ On retient les valeurs de sin α lorsque α est égal à 0, $\frac{\pi}{6}$, $\frac{\pi}{4}$, $\frac{\pi}{3}$, $\frac{\pi}{2}$ en les écrivant sous la forme $\frac{\sqrt{0}}{2}$, $\frac{\sqrt{1}}{2}$, $\frac{\sqrt{2}}{2}$, $\frac{\sqrt{3}}{2}$ et $\frac{\sqrt{4}}{2}$. On en déduit les valeurs de

cos α en lisant la liste précédente à l'envers. Enfin, on trouve tan α en effectuant le quotient de sin α par cos α, lorsque cela est possible.
■ On évite des erreurs grossières en traçant un demi-cercle.

Valeurs remarquables des lignes trigonométriques

α	sin α	cos α	tan α
0	0	1	0
$\frac{\pi}{6}$	$\frac{1}{2}$	$\frac{\sqrt{3}}{2}$	$\frac{\sqrt{3}}{3}$
$\frac{\pi}{4}$	$\frac{\sqrt{2}}{2}$	$\frac{\sqrt{2}}{2}$	1
$\frac{\pi}{3}$	$\frac{\sqrt{3}}{2}$	$\frac{1}{2}$	$\sqrt{3}$
$\frac{\pi}{2}$	1	0	
$\frac{2\pi}{3}$	$\frac{\sqrt{3}}{2}$	$-\frac{1}{2}$	$-\sqrt{3}$
$\frac{3\pi}{4}$	$\frac{\sqrt{2}}{2}$	$-\frac{\sqrt{2}}{2}$	-1
$\frac{5\pi}{6}$	$\frac{1}{2}$	$-\frac{\sqrt{3}}{2}$	$-\frac{\sqrt{3}}{3}$
π	0	-1	0

Angles en degrés

Dans le cas d'un angle mesuré en degrés, on se ramène au cas des radians : il suffit de multiplier par $\frac{\pi}{180}$ (voir p. 210).

Ainsi, $\cos 30° = \cos \frac{\pi}{6}$, $\sin 135° = \sin \frac{3\pi}{4}$.

■ Lorsqu'on ne précise pas l'unité, il s'agit toujours du radian.

Tables trigonométriques

Les tables trigonométriques donnent les valeurs de sin α, cos α, tan α et cot α, l'angle α étant exprimé en *degrés*. Les valeurs de α varient de degré en degré, de 1° à 45°. Si α est compris entre 46° et 89°, on se ramène au cas précédent, en passant à l'angle complémentaire. (Si α est compris entre 91° et 179°, on passe à l'angle supplémentaire.) (Voir p. 334.)

Exemples **1.** Trouver tan 32°. On lit dans la table 0,624 9.

2. Trouver cos 59°. Le nombre 59 se trouve dans la dernière colonne (il correspond à la valeur complémentaire 31° dans la première colonne). On lit la valeur du cosinus dans la première colonne (le mot *cosinus* apparaît au bas de cette colonne) ; le nombre cherché est 0,515 0. C'est encore la valeur de sin 31°.

3. Trouver sin 37°30′. La table ne donne que sin 37° = 0,601 8 et sin 38° = 0,615 7. Comme 37°30′ est la demi-somme de 37° et de 38°, on peut prendre comme valeur approchée :

$$\sin 37°30' \approx \frac{1}{2}(0{,}601\,8 + 0{,}615\,7) \approx 0{,}608\,8$$

On peut généraliser ce procédé en effectuant une règle de trois. Ainsi, pour calculer sin 37°42′, on prendra :

$$\sin 37° + \frac{42}{60}(\sin 38° - \sin 37°),$$

c'est-à-dire

$$0{,}601\,8 + 0{,}009\,7 = 0{,}611\,5.$$

Cette méthode, dite d'interpolation linéaire, mène à des calculs fastidieux et parfois imprécis. Pour obtenir les lignes trigonométriques d'un angle ne figurant pas dans la table, il est bien préférable d'employer une calculatrice de poche, comme on va le voir ci-dessous.

Usage d'une calculatrice de poche

Les calculatrices de poche scientifiques donnent directement les valeurs des lignes trigonométriques. On choisit d'abord la représentation de l'angle α en degrés ou en radians (éventuellement en grades). On affiche la valeur de α. Il suffit alors d'appuyer sur la touche SIN, COS ou TAN pour obtenir sin α, cos α ou tan α.

Exemples **1.** Calculer sin 35°34'.
Il faut commencer par convertir 34' en fraction décimale. A cet effet, on emploie la touche → H (voir p. 169).

35°34' = 35,566 7°

On appuie sur la touche SIN. (Ne pas oublier d'afficher DEG, si on ne l'a pas déjà fait au cours d'un calcul antérieur.) On obtient alors 0,581 6.

2. Calculer cos 117°50'12".
On passe de même à une fraction décimale ; on obtient 117,836 7°. Le cosinus est −0,467 0. (On contrôle le signe en notant que l'angle est obtus.)

3. Calculer la tangente de 0,220 7 rad.
On obtient aussitôt 0,224 4 (à condition d'avoir affiché RAD).

4. Calculer cot 73°19'11".
On passe par l'intermédiaire de 73,319 7°. La calculatrice ne donnant pas directement la cotangente, on calcule d'abord la tangente, et on obtient l'inverse en appuyant sur la touche $1/x$. On trouve ainsi tan 73°19'11" = 3,337 3 et enfin cot 73°19'11" = 0,299 6.

La touche TAN^{-1} *ne signifie pas* $\frac{1}{\text{TAN}}$ *(voir ci-dessous.)*

---

5. Calculer tan 90° et tan $\frac{\pi}{2}$.

Ces expressions n'ont pas de sens. (Elles peuvent s'introduire par suite d'une étourderie dans l'affichage, ou dans les calculs précédents). Contrairement à ce qui se passe généralement (division par 0, racine carrée d'un nombre strictement négatif), la calculatrice ne signale pas l'erreur.
On trouve respectivement (sur certaines calculatrices) $9{,}999\,999 \times 10^{99}$ *et* − 4 878 048 780. *Le premier résultat dénote un dépassement de capacité, c'est-à-dire un calcul impossible. Le second résultat n'est pas contradictoire : la valeur* 1,570 796 327 *donnée par la calculatrice pour* $\frac{\pi}{2}$ *est une valeur approchée par excès, et le résultat affiché est effectivement la valeur de tan* 1,570 796 327.

Sur certaines calculatrices, on trouve aussi les touches SIN^{-1}, COS^{-1} et TAN^{-1}. Ces touches correspondent à l'usage inverse de la table ; elles fournissent les angles dont on connaît le sinus, le cosinus ou la tangente.

Exemples **1.** Calculer l'angle en radians ayant pour sinus 0,696 9. La touche SIN^{-1} donne la valeur 0,771 0 (si l'on a affiché RAD).

2. Calculer l'angle en degrés ayant pour cosinus − 0,172 2.
On obtient en un premier temps 99,915 8°. Grâce à la touche → H.MS, on passe aux minutes et aux secondes :

$$99{,}915\,8° = 99°54'57''$$

(La présence du signe moins dans la donnée permettait de prévoir que le résultat est supérieur à 90°.)

3. Calculer l'angle en radians, puis en degrés, ayant pour tangente 3,50.
On trouve aussitôt 1,292 5 rad. Pour obtenir le résultat en degrés, on peut réintroduire la valeur 3,50 et recommencer en affichant DEG, ou convertir 1,292 5 rad en degrés (voir page). Dans les deux cas, on obtient :

$$74{,}054\,6° = 74°03'17''$$

4. Calculer l'angle en degrés ayant pour cosinus − 1,2.

La calculatrice affiche Error.

■ Le cosinus étant toujours compris entre −1 et 1, le nombre −1,2 ne peut être interprété comme un cosinus.

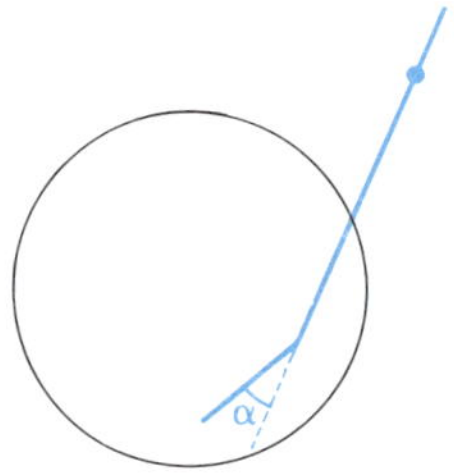

Exercice Pour minimiser l'erreur de piste, l'angle α que fait une tête de lecture avec le bras d'un tourne-disque est donné par

$$l \sin \alpha = 93{,}4$$

où l est la longueur utile du bras, en millimètres. Calculer α en degrés pour les valeurs suivantes de l :

200 210 220 230 240 250 260 270.

A l'aide de la calculatrice de poche, on trouve aussitôt les valeurs suivantes :

27,8° 26,4° 25,1° 24,0° 22,9° 21,9° 21,1° 20,2°.

Segment de cercle

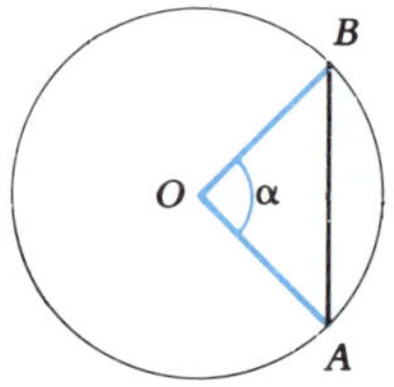

Un segment de cercle est la partie du plan limitée par un cercle et une corde de ce cercle.
Si l'angle α est saillant, l'aire du segment est la différence entre l'aire du secteur (voir p. 218) et l'aire du triangle OAB ;
c'est donc $\mathcal{A} = \frac{\alpha}{2} R^2 - \frac{1}{2} R^2 \sin \alpha = \frac{R^2}{2}(\alpha - \sin \alpha)$

■ On contrôle le résultat en prenant $\alpha = \pi$, auquel cas on retrouve l'aire du demi-cercle.

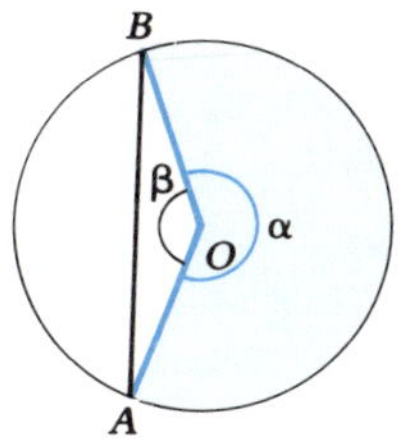

Si l'angle α est rentrant, l'aire du segment est la différence entre l'aire du cercle et celle du segment correspondant à l'angle $\beta = 2\,\pi - \alpha$; c'est donc

$$\mathscr{A}' = \pi \boldsymbol{R}^2 - \frac{\boldsymbol{R}^2}{\mathbf{2}}(\beta - \sin \beta),$$

soit encore

$$\mathscr{A}' = \frac{\boldsymbol{R}^2}{\mathbf{2}}(\alpha + \sin \beta).$$

Exemple. Considérons le cas où AB est le côté du triangle équilatéral inscrit. Si l'angle est saillant, $\alpha = \frac{2\,\pi}{3}$ et

$$\mathscr{A} = \frac{\boldsymbol{R}^2}{\mathbf{2}}\left(\frac{\mathbf{2}\,\pi}{\mathbf{3}} - \frac{\sqrt{\mathbf{3}}}{\mathbf{2}}\right)$$

Si l'angle est rentrant, $\alpha = \frac{4\,\pi}{3}$ et

$$\mathscr{A}' = \pi \boldsymbol{R}^2 - \mathscr{A} = \frac{\boldsymbol{R}^2}{\mathbf{2}}\left(\frac{\mathbf{4}\,\pi}{\mathbf{3}} + \frac{\sqrt{\mathbf{3}}}{\mathbf{2}}\right)$$

Triangle

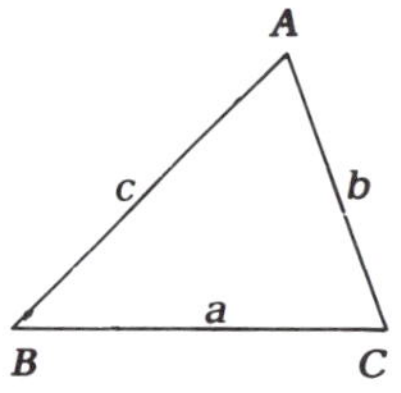

Un triangle est déterminé par trois points A, B, C non alignés, appelés *sommets.* Les segments BC, CA et AB sont appelés *côtés* du triangle ; leurs longueurs sont notées a, b et c.

■ La lettre minuscule désigne le côté opposé au sommet noté par la lettre majuscule.
Le *périmètre,* ou *longueur,* du triangle est la somme des longueurs des côtés.
On note p le demi-périmètre. Ainsi :

$$2p = a + b + c$$

On réserve la lettre p au demi-périmètre car celui-ci intervient dans l'expression de l'aire du triangle en fonction des côtés (voir p. 236).
Les angles formés par les côtés sont notés $\hat{A}$, $\hat{B}$ et $\hat{C}$.

Droites concourantes dans le triangle

■ Hauteurs

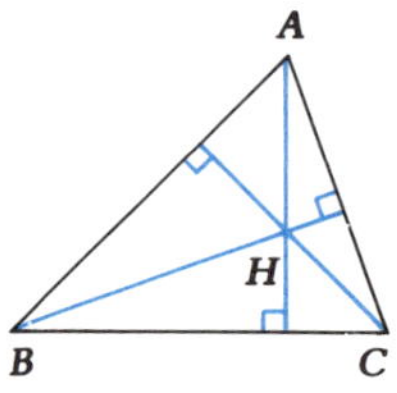

Les hauteurs passent par l'orthocentre.

La perpendiculaire abaissée d'un sommet sur le côté opposé s'appelle *hauteur* issue de ce sommet. Les trois hauteurs ont un point commun H et un seul, appelé *orthocentre* du triangle.

Bissectrices

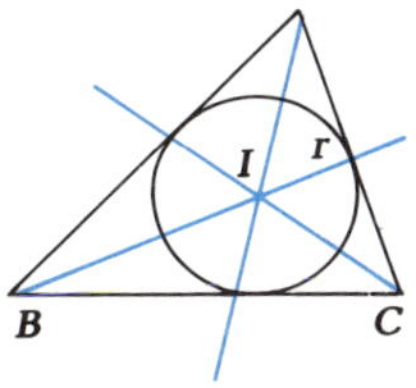

Les bissectrices des angles BAC, CBA et ACB s'appellent *bissectrices* du triangle. Les trois bissectrices ont un point commun I et un seul ; ce point est à la même distance r des trois côtés. Le cercle de centre I et de rayon r est donc tangent aux trois côtés du triangle. C'est pourquoi le point I s'appelle *centre du cercle inscrit* dans le triangle.

Médiatrices

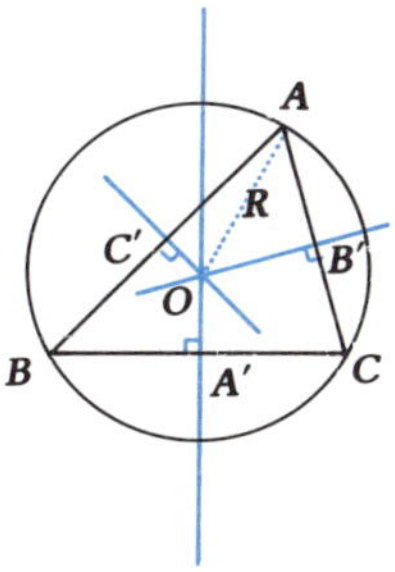

Les médiatrices des segments BC, CA et AB s'appellent *médiatrices* du triangle. Les trois médiatrices ont un point commun O et un seul ; ce point est à la même distance R des trois sommets. Le cercle de centre O et de rayon R passe donc par A, B et C. C'est pourquoi le point O s'appelle *centre du cercle circonscrit* au triangle.

Médianes

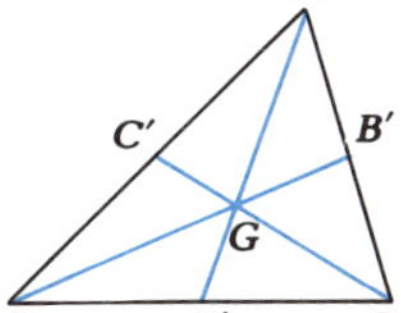

Les segments joignant un sommet au milieu du côté opposé s'appellent *médianes* du triangle. Les trois médianes ont un point commun G et un seul, appelé *centre de gravité* du triangle. Ce point est situé aux deux tiers des segments AA', BB' et CC' à partir des sommets.

Inégalités triangulaires

Chaque côté d'un triangle est strictement inférieur à la somme des deux autres, et strictement supérieur à leur différence. Ainsi, lorsque $b \geqslant c$,

$$\boldsymbol{b - c < a < b + c}$$

Angles d'un triangle

La somme des angles d'un triangle est l'angle plat.

$$\hat{A} + \hat{B} + \hat{C} = \pi$$

■ Chacun des angles d'un triangle est saillant. Au plus l'un d'eux est obtus.

Exemples **1.** Trouver l'angle $\hat{C}$ d'un triangle, sachant que $\hat{A} = 27°$ et $\hat{B} = 118°$. L'angle $\hat{C}$ est donné en degrés par la relation :

$$\hat{C} = 180° - \hat{A} - \hat{B}$$

Dans le cas présent, $\hat{A} + \hat{B} = 27 + 118 = 145°$. Finalement,

$$\hat{C} = 180 - 145 = 35°.$$

2. Trouver l'angle $\hat{C}$ d'un triangle, sachant que $\hat{A} = 93°$ et $\hat{B} = 102°$. Le problème n'a pas de sens, car les deux angles donnés sont obtus.

Détermination d'un triangle

Nous allons voir trois cas où la donnée de certains éléments (angles et côtés) d'un triangle permet de déterminer les autres éléments.

Un côté adjacent à deux angles

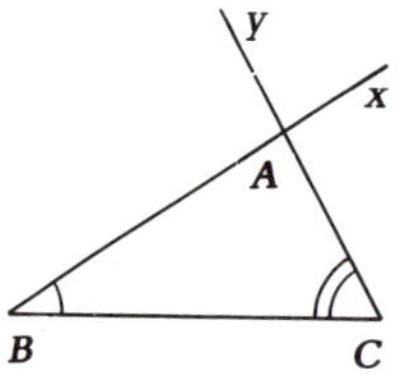

On suppose connus le côté a et les angles $\hat{B}$ et $\hat{C}$. On doit supposer que $\hat{B} + \hat{C} < \pi$.
Marquons les points B et C à la distance a. A l'aide d'un rapporteur, menons d'un même côté de BC les demi-droites Bx et Cy formant les angles $\hat{B}$ et $\hat{C}$ avec BC. Ces demi-droites ont un point commun A et un seul.

Le triangle ABC est déterminé à déplacement et symétrie près : la position du segment BC est arbitraire, et il y a deux solutions pour A, de part et d'autre de BC. On pourra faire des remarques analogues dans les deux autres cas.

Un angle compris entre deux côtés

On suppose connus les côtés b et c, ainsi que l'angle $\hat{A}$. Marquons les points A et B à la distance c. A l'aide d'un rapporteur, menons la demi-droite Ax formant l'angle $\hat{A}$ avec AB (ce qui peut se faire de part et d'autre de AB). Le point C est alors à la distance b de A.

Les trois côtés

On suppose connus a, b et c. On doit imposer les conditions $a < b + c$, $b < c + a$ et $c < a + b$.
Marquons les points B et C à la distance a. Traçons le cercle de centre B et de rayon c, ainsi que le cercle de centre C et de rayon b. Comme $b < c + a$, ces cercles ont deux points communs A' et A''. On peut prendre pour A l'un ou l'autre de ces points.

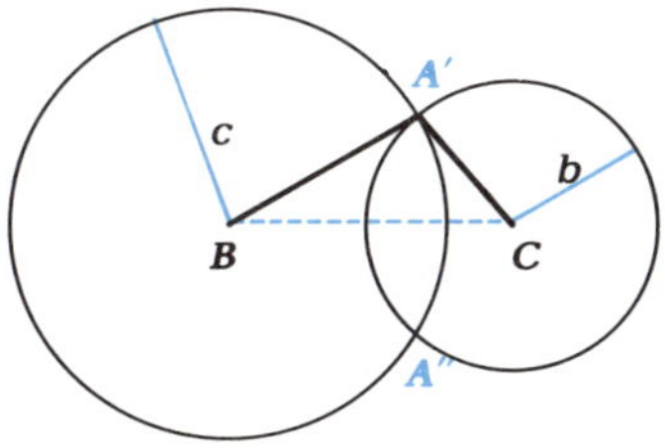

Relations métriques dans le triangle

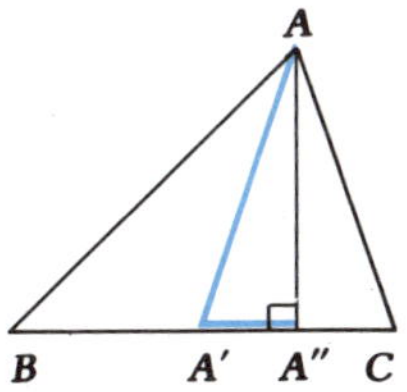

La somme des carrés des deux côtés d'un triangle est égale au double du carré de la médiane issue du sommet commun augmenté de la moitié du carré du troisième côté.

$$AB^2 + AC^2 = 2AA'^2 + \frac{1}{2}BC^2$$

La différence des carrés de deux côtés d'un triangle est égale au double du produit du troisième côté par la projection sur ce côté de la médiane correspondante.

Si $c^2 \geqslant a^2$, $\quad AB^2 - AC^2 = 2BC.A'A''$

Ces deux résultats sont connus sous le nom de théorèmes de la médiane.

Exercice Trouver les longueurs des médianes d'un triangle, connaissant les longueurs des côtés : $a = 132$ cm, $b = 90$ cm, $c = 53$ cm.

Le carré de la médiane issue de A est donné par :

$$AB^2 + AC^2 + 2AA'^2 + \frac{1}{2}BC^2.$$

On en déduit que : $$AA'^2 = \frac{1}{2}\left(b^2 + c^2 - \frac{1}{2}a^2\right).$$

Avec les données du problème :

$$AA'^2 = \frac{1}{2}\left(90^2 + 53^2 - \frac{1}{2} \times 132^2\right),$$

c'est-à-dire : $$AA'^2 = \frac{1}{2} \times 2\,197 = 1\,098{,}5 \text{ cm}^2.$$

En conclusion : $$AA' = \sqrt{1\,098{,}5} \approx 33{,}1 \text{ cm}.$$

De même :

$$BB'^2 = \frac{1}{2}\left(53^2 + 132^2 - \frac{1}{2} \times 90^2\right) = \frac{1}{2} \times 16\,183 = 8\,091{,}5 \text{ cm}^2$$

et $$BB' = \sqrt{8\,091{,}5} \approx 90 \text{ cm}.$$

Enfin :

$$CC'^2 = \frac{1}{2}(132^2 + 90^2 - \frac{1}{2} \times 53^2) = \frac{1}{2} \times 24\,119{,}5 = 12\,059{,}75 \text{ cm}^2$$

et $$CC' = \sqrt{12\,059{,}75} \approx 110 \text{ cm}$$

■ Dans les exercices sur les triangles, il est particulièrement recommandé de faire une figure à l'échelle, avec un double-décimètre et un rapporteur. On pourra ainsi contrôler les résultats obtenus et éviter des erreurs grossières.

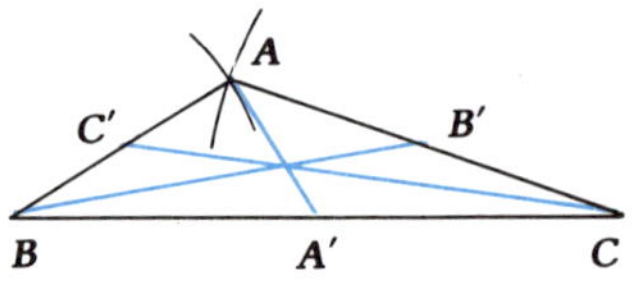

$$a^2 = b^2 + c^2 - 2\,bc \cos \hat{A}$$
$$b^2 = c^2 + a^2 - 2\,ca \cos \hat{B}$$
$$c^2 = a^2 + b^2 - 2\,ab \cos \hat{C}$$

■ Il suffit de retenir l'une de ces formules, les deux autres s'en déduisant par permutation des lettres.

Si l'angle $\hat{A}$ est droit, la première formule se réduit au théorème de Pythagore (voir p. 237).

$$\frac{a}{\sin \hat{A}} = \frac{b}{\sin \hat{B}} = \frac{c}{\sin \hat{C}} = 2R$$

où R est le rayon du cercle circonscrit.

Exercices **1.** Déterminer les angles et les côtés d'un triangle connaissant l'angle $\hat{A} = 36°$ et les côtés $b = 85$ cm, $c = 54$ cm.

Le côté a est déterminé par la relation :

$$a^2 = b^2 + c^2 - 2\,bc \cos \hat{A}$$

On connaît $b = 85$ cm, $c = 54$ cm et $\cos \hat{A} = \cos 36° = 0{,}809\,0$.

Ainsi :

$$a^2 = 85^2 + 54^2 - 2 \times 85 \times 54 \times 0{,}809\,0$$
$$= 7\,225 + 2\,916 - 7\,426{,}62 = 2\,714{,}38 \text{ cm}^2$$

En conclusion :

$$a = \sqrt{2\,714{,}38} \approx 52{,}1 \text{ cm}$$

Connaissant maintenant les trois côtés, on peut calculer $\cos \hat{B}$:

$$\cos \hat{B} = \frac{1}{2\,ca}(a^2 + c^2 - b^2) = \frac{2\,714{,}38 + 2\,916 - 7\,225}{2 \times 52{,}1 \times 54} = -\,0{,}283\,4$$

■ Le carré de a est déjà connu. Il serait maladroit de calculer le carré de 52,1 (ce qui donnerait 2 714,41 au lieu de 2 714,38).

Grâce à la touche COS^{-1}, on trouve $\hat{B} = 106°27'$.
Enfin, $\hat{C} = 180 - \hat{A} - \hat{B} = 37°33'$.

■ On pourra contrôler le résultat à l'aide de la relation

$$\cos \hat{C} = \frac{1}{2\,ab}(a^2 + b^2 - c^2).$$

■ Les relations $\sin \hat{B} = \frac{b}{a} \sin \hat{A}$ et $\sin \hat{C} = \frac{c}{a} \sin \hat{A}$ ne déterminent pas complètement $\hat{B}$ et $\hat{C}$. En effet, deux angles supplémentaires ont le même sinus. Ces relations permettent cependant un contrôle :

$$\sin \hat{B} = \sin 106°29' = 0{,}958\,9$$

$$\frac{b}{a} \sin \hat{A} = \frac{85}{52{,}1} \times 0{,}587\,8 = 0{,}959\,0.$$

Aux erreurs d'arrondissage près, on trouve effectivement la même valeur. On pourra recommencer une vérification avec $\sin \hat{C}$.

2. Déterminer le rayon R du cercle circonscrit, connaissant les longueurs des côtés : $a = 80$ mm, $b = 50$ mm, $c = 45$ mm.

Il suffit de connaître $\sin \hat{A}$, puisque $2\,R = \frac{a}{\sin \hat{A}}$. Or,

$$\cos \hat{A} = \frac{1}{2\,bc}(b^2 + c^2 - a^2) = -\,0{,}416\,7$$

On en déduit

$$\sin^2 \hat{A} = 1 - \cos^2 \hat{A} = 1 - 0{,}173\,64 = 0{,}826\,36$$

Ainsi,

$$\sin \hat{A} = \sqrt{0{,}826\,36} = 0{,}909\,0$$

■ Il n'est pas nécessaire d'expliciter l'angle $\hat{A}$.

Enfin :

$$R = \frac{a}{2 \sin A} = \frac{80}{2 \times 0{,}909\,0} \approx 44 \text{ mm}$$

Distance de deux points inaccessibles

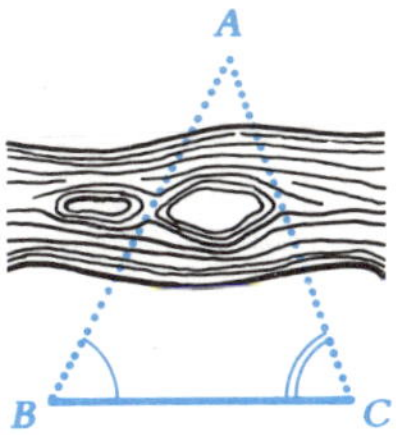

On cherche la distance de deux points A et B séparés par un fleuve, l'observateur étant du côté de B.
On choisit un point accessible C d'où l'on voit A et B. On mesure la longueur $a = BC$, ainsi que les angles $\hat{B}$ et $\hat{C}$ du triangle ABC.
La relation $\dfrac{c}{\sin \hat{C}} = \dfrac{a}{\sin \hat{A}}$ montre que $c = a \dfrac{\sin \hat{C}}{\sin \hat{A}}$.
Comme $\hat{A} + \hat{B} + \hat{C} = \pi$,

$$\sin \hat{A} = \sin(\pi - \hat{B} - \hat{C}) = \sin(\hat{B} + \hat{C}).$$

Finalement :

$$c = a \sin \frac{(\hat{B} + \hat{C})}{\sin A}.$$

Application numérique. $a = 128$ m, $\hat{B} = 72°$ et $\hat{C} = 65°$.

Dans ces conditions :

$$\mathbf{\sin \hat{C} = \sin 65° = 0{,}906\,3 \quad \sin(\hat{B} + \hat{C}) = \sin 137° = 0{,}682\,0}$$

Par conséquent :

$$c = 128 \times \frac{0{,}906\,3}{0{,}682\,0} = 1{,}329 \times 128 \approx 170 \text{ m}$$

Aire du triangle

L'aire du triangle est la moitié du produit d'un côté par la hauteur correspondante.

$$\mathcal{A} = \frac{1}{2} ah$$

Le nombre h est la distance de A au côté BC.

■ On dit que le côté BC est la *base*. L'aire est alors la moitié du produit de la base par la hauteur. Les trois côtés du triangle pouvant servir indifféremment de base, on obtient trois manières possibles de calculer l'aire.

L'aire du triangle est la moitié du produit de deux côtés et du sinus de l'angle compris entre ces côtés.

$$\mathcal{A} = \frac{1}{2} bc \sin \hat{A}$$

■ Les trois sommets peuvent être choisis indifféremment, d'où encore trois manières possibles de calculer l'aire du triangle.

On peut calculer l'aire connaissant seulement les côtés :

$$\mathcal{A} = \sqrt{p(p-a)(p-b)(p-c)}$$

où p est le demi-périmètre.

Exercices **1.** Calculer l'aire d'un triangle, connaissant les côtés : $a = 14$ m, $b = 21$ m, $c = 28$ m.

Le demi-périmètre est

$$p = \frac{1}{2}(a + b + c) = \frac{1}{2}(14 + 21 + 28) = 31{,}5 \text{ m}.$$

D'où $\mathcal{A} = \sqrt{31{,}5 \times 17{,}5 \times 10{,}5 \times 3{,}5} = \sqrt{20\,258{,}44}$.

Ainsi :

$$\mathcal{A} \approx 142 \text{ m}^2.$$

En comparant les diverses expressions de l'aire d'un triangle, on obtient la longueur de la hauteur issue de A en fonction des côtés :

$$h = \frac{2\mathcal{A}}{a} = \frac{2}{a}\sqrt{p(p-a)(p-b)(p-c)}$$

2. Trouver les longueurs des hauteurs du triangle de côtés $a = 14$ m, $b = 21$ m et $c = 28$ m.
Nous venons de voir que l'aire est 142 m². Les hauteurs issues de A, B et C sont donc :

$$h_a = \frac{2\mathcal{A}}{a} \approx 20{,}3 \text{ m} \qquad h_b = \frac{2\mathcal{A}}{b} \approx 13{,}5 \text{ m} \qquad h_c = \frac{2\mathcal{A}}{c} \approx 10{,}1 \text{ m}$$

On obtient une expression plus simple de l'aire si l'on a déjà calculé le rayon R du cercle circonscrit :

$$\mathcal{A} = \frac{abc}{4R}.$$

3. Reprenons le cas où $a = 80$ mm, $b = 50$ mm et $c = 45$ mm (voir p. 234). Alors $R \approx 44$ mm et :

$$\mathcal{A} \approx \frac{80 \times 50 \times 45}{4 \times 45} \approx 1\,023 \text{ mm}^2.$$

Triangle rectangle

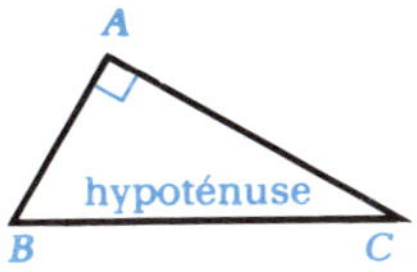

Un *triangle rectangle* est un triangle dont l'un des angles est droit. Le côté opposé à l'angle droit s'appelle *hypoténuse.*

Attention à l'orthographe ! « Orthocentre » et « hypoténuse » s'écrivent chacun avec un h et un seul.

■ Si l'angle $\hat{A}$ est droit, on dit que le triangle est rectangle en A.

L'angle $\hat{A}$ étant droit, $\hat{B} + \hat{C} = \frac{\pi}{2}$. Les angles $\hat{B}$ et $\hat{C}$ sont donc complémentaires : en particulier, ils sont tous deux saillants.

Relations métriques dans le triangle rectangle

Théorème de Pythagore

Dans un triangle rectangle, le carré de l'hypoténuse est égal à la somme des carrés des deux autres côtés.

$$BC^2 = AB^2 + AC^2$$

Réciproquement, si dans un triangle, $a^2 = b^2 + c^2$, alors le triangle est rectangle en A.

Exemple Un triangle tel que

$$a = 5, \; b = 3 \text{ et } c = 4$$

est rectangle en A.
En effet,

$$a^2 = 5^2 = 25 \text{ et } b^2 + c^2 = 3^2 + 4^2 = 9 + 16 = 25.$$

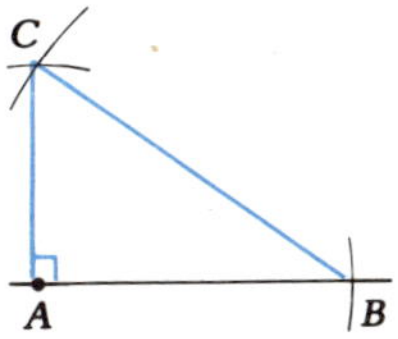

Cette propriété permet de construire la perpendiculaire en un point A à une droite D passant par ce point. On trace le cercle de centre A et de rayon 4 ; soit B l'un de ses points d'intersection avec D. Soit C l'un des points communs au cercle de centre A et de rayon 3 et au cercle de centre B et de rayon 5. Le triangle ABC est rectangle en A. La droite joignant A et C est la perpendiculaire cherchée.

Application. Diagonale d'un rectangle

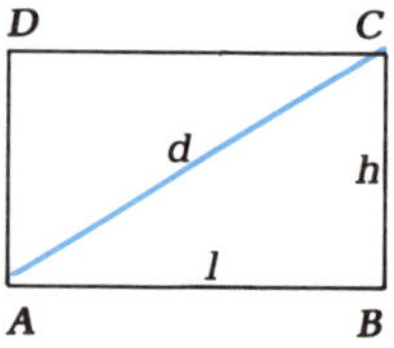

La diagonale AC d'un rectangle $ABCD$ est aussi l'hypoténuse du triangle rectangle ABC. On obtient donc $d^2 = l^2 + h^2$, et

enfin $$\boldsymbol{d = \sqrt{l^2 + h^2}}$$

Dans le cas particulier d'un carré de côté a, $l = h = a$ et $d = a\sqrt{2}$.

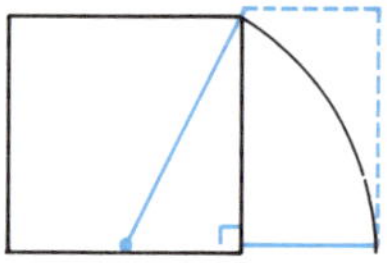

Construction du nombre d'or. *On peut construire le nombre d'or* $\frac{1+\sqrt{5}}{2}$ *(voir p. 188) à la règle et au compas. On trace un triangle rectangle dont les côtés de l'angle droit ont pour longueurs 1 et* $\frac{1}{2}$. *L'hypoténuse mesure alors* $\sqrt{1+\frac{1}{4}} = \frac{\sqrt{5}}{2}$. ***Il suffit alors de tracer un arc de cercle pour obtenir le nombre d'or** (et donc un rectangle parfaitement harmonieux).*

Médiane

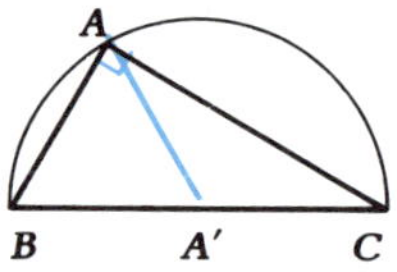

La médiane issue du sommet de l'angle droit est la moitié de l'hypoténuse.

$$\boldsymbol{AA' = \frac{1}{2}BC = BA' = A'C}$$

Autrement dit, le centre du cercle circonscrit à un triangle rectangle est le milieu de l'hypoténuse.

Hauteur

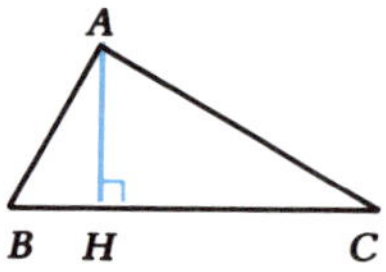

Le produit des côtés de l'angle droit est égal au produit de l'hypoténuse par la hauteur correspondante.

$$\boldsymbol{AB \,.\, AC = BC \,.\, AH.}$$

■ La valeur commune des deux membres est le double de l'aire du triangle (voir p. 241).

La lettre H désigne la projection de A sur BC. L'orthocentre du triangle n'est pas en H, mais en A.

Le carré d'un côté de l'angle droit est égal au produit de l'hypoténuse et de la projection de ce côté sur l'hypoténuse.

$$AB^2 = BC \cdot BH \qquad AC^2 = CA \cdot CH$$

Relations trigonométriques dans le triangle rectangle

Chaque côté de l'angle droit est le produit de l'hypoténuse par le sinus de l'angle opposé.

$$b = a \sin \hat{B} = a \cos \hat{C} \qquad c = a \sin \hat{C} = a \cos \hat{B}$$

Chaque côté de l'angle droit est égal au produit du second côté par la tangente de l'angle opposé.

$$b = c \tan \hat{B} \qquad c = b \tan \hat{C}$$

Autrement dit, pour chacun des angles $\hat{B}$ et $\hat{C}$, le sinus est le rapport du côté opposé et de l'hypoténuse ; le cosinus est le rapport du côté adjacent et de l'hypoténuse ; la tangente est le rapport du côté opposé et du côté adjacent.

$$\sin \alpha = \frac{\text{côté opposé}}{\text{hypoténuse}} \qquad \cos \alpha = \frac{\text{côté adjacent}}{\text{hypoténuse}} \qquad \tan \alpha = \frac{\text{côté opposé}}{\text{côté adjacent}}$$

Ces formules expriment les lignes trigonométriques sous forme de rapports, ce qui explique leur nom de rapports trigonométriques.

Exercice Déterminer les côtés et les angles d'un triangle rectangle en A, connaissant $a = 72$ cm et $\hat{B} = 58°$.
L'angle $\hat{C}$ est le complémentaire de $\hat{B}$. D'où :

$$\hat{C} = 90 - \hat{B} = 90 - 58 = 32°.$$

D'autre part :

$$b = a \sin \hat{B} = 72 \times 0{,}848\,0 \approx 61{,}06 \text{ cm}$$

$$c = a \cos \hat{B} = 72 \times 0{,}529\,9 \approx 38{,}15 \text{ cm}$$

Pente d'une route

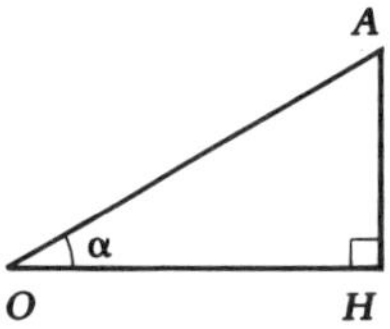

La pente d'une route est le rapport $\frac{HA}{OH}$, c'est-à-dire la tangente de l'angle α que fait la route avec l'horizontale. On exprime la pente en % ; c'est alors la hauteur en mètres dont s'élève la route pour 100 m parcourus horizontalement.

■ La distance indiquée sur la carte est OA, et non OH ; elle tient compte de la pente. (La distance indiquée par un compteur kilométrique est bien entendu OA.)

Si l'angle α est petit (ce qui est ici le plus souvent le cas), la pente est approximativement égale au rapport $\frac{AH}{OA} = \sin \alpha$, *ce qui représente le nombre de mètres dont s'élève la route pour* 100 m *parcourus sur la route. Dans le cas d'une pente de* 100 %, *le triangle OHA est rectangle isocèle ; l'angle α vaut* 45° *; par suite,* $\sin \alpha = 0{,}707$. *On commettrait donc une erreur considérable en confondant la tangente avec le sinus.*
Pour les petites valeurs de α, on peut remplacer $\tan \alpha$ *par la valeur de α en* radians. *On passe aux degrés en multipliant par* $\frac{180}{\pi} \approx 57{,}3$. *Ainsi, pour une pente de* 6 %, *l'angle est sensiblement* 0,06 rad, *soit encore* $6 \times 0{,}573 = 3{,}44° = 3°26'$. *Le résultat obtenu est correct à la minute près. (On ferait une erreur très grossière en affirmant que l'angle est 6°.)*

Exercice Un cycliste grimpe une côte de 2,3 km, la pente étant de 14%. Trouver la hauteur dont il s'est élevé.
On connaît $OA = 2{,}3$ km et $\tan \alpha = 0{,}14$. Ainsi $\alpha = 7{,}970°$ et $\sin \alpha = 0{,}139$. Finalement, la dénivellation est

$$\mathbf{2\,300 \times 0{,}139 \approx 319\ m}$$

Si l'on avait confondu $\tan \alpha$ *et* $\sin \alpha$, *on aurait trouvé*

$$\mathbf{2\,300 \times 0{,}14 = 322\ m}$$

Si l'on ne dispose pas d'une calculatrice scientifique ni d'une table trigonométrique, on peut utiliser la relation

$$\sin \alpha = \cos \alpha \tan \alpha = \frac{\tan \alpha}{\sqrt{1 + \tan^2 \alpha}}.$$

Aire du triangle rectangle

L'aire du triangle rectangle est la moitié du produit des côtés de l'angle droit.

$$\mathcal{A} = \frac{1}{2} bc$$

Dans le cas du triangle rectangle, le sommet de l'angle droit joue un rôle privilégié : l'angle $\hat{A}$ étant droit, son sinus est égal à 1.

Triangle isocèle, triangle équilatéral

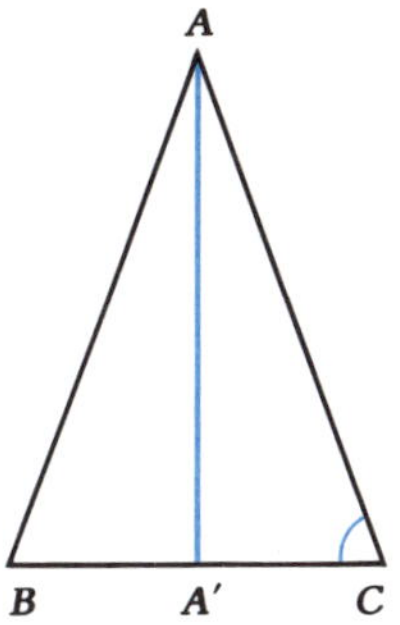

Un *triangle isocèle* est un triangle qui a deux côtés égaux.

$$b = c$$

Le sommet commun à ces deux côtés est appelé sommet du triangle. Le côté opposé est appelé base.
Les angles adjacents à la base sont égaux.

$$\hat{B} = \hat{C}$$

Réciproquement, tout triangle qui a deux angles égaux est isocèle.

■ Les angles égaux d'un triangle isocèle sont opposés aux côtés égaux.

La médiane issue du sommet est en même temps bissectrice, hauteur et médiatrice.
Un *triangle équilatéral* est un triangle qui a ses trois côtés égaux.

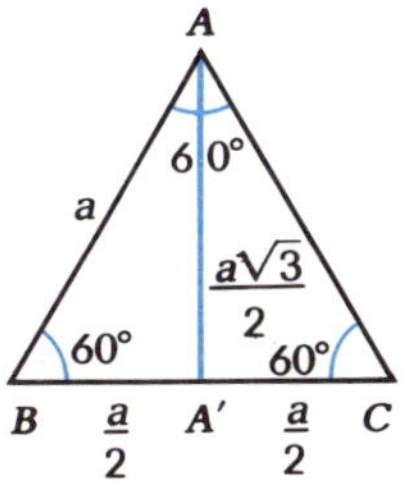

$$a = b = c$$

■ Un triangle équilatéral peut être considéré de trois manières comme un triangle isocèle.

Les trois angles sont égaux.

$$\hat{A} = \hat{B} = \hat{C} = \frac{\pi}{3}$$

Réciproquement, tout triangle qui a ses trois angles égaux est équilatéral.
Dans un triangle équilatéral, le centre du cercle inscrit, le centre du cercle circonscrit, l'orthocentre et le centre de gravité sont confondus.
Le triangle $AA'B$ étant rectangle en A',

$$AA'^2 = a^2 - \frac{a^2}{4} = \frac{3a^2}{4}$$

Par suite, $$h = AA' = \frac{a\sqrt{3}}{2}$$

Rayon du cercle circonscrit $$R = \frac{2h}{3} = \frac{a\sqrt{3}}{3}$$

Rayon du cercle inscrit $$r = \frac{h}{3} = \frac{a\sqrt{3}}{6}$$

Aire $$\mathcal{A} = \frac{1}{2}ah = \frac{a^2\sqrt{3}}{4}$$

■ On peut aussi noter que $\mathcal{A} = \frac{1}{2}a^2 \sin\frac{\pi}{3} = \frac{1}{2}a^2\frac{\sqrt{3}}{2} = \frac{a^2\sqrt{3}}{4}$.

Triangle rectangle isocèle

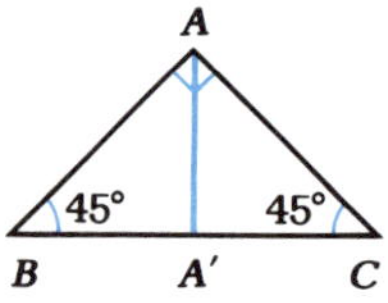

C'est un triangle ayant un angle droit compris entre deux côtés égaux.

$$b = c = \frac{a}{\sqrt{2}} \qquad \hat{A} = \frac{\pi}{2} \qquad \hat{B} = \hat{C} = \frac{\pi}{4}$$

La hauteur issue de A est confondue avec la médiane issue de ce point.

L'aire est

$$\mathcal{A} = \frac{1}{2}a^2$$

C'est la moitié de l'aire du carré de côté *a*.

Exercices **1.** Calculer l'hypoténuse d'un triangle rectangle isocèle dont le demi-périmètre est 24 cm.

Soit a l'hypoténuse. Alors $b = c = \frac{a}{\sqrt{2}} = \frac{a\sqrt{2}}{2}$. Le périmètre est donc :

$$\mathbf{2p = a + b + c = a + a\sqrt{2} = a(1 + \sqrt{2})}$$

Ainsi :

$$\mathbf{a = \frac{2p}{1 + \sqrt{2}}}$$

La donnée $p = 24$ cm conduit à :

$$\mathbf{a = \frac{48}{1 + \sqrt{2}} \approx 19{,}9\ cm}$$

2. Calculer l'aire du triangle rectangle isocèle d'hypoténuse $a = 4{,}2$ cm.

L'aire est $\mathcal{A} = \frac{1}{2}a^2 = \frac{1}{2} \times 17{,}64 = 8{,}82\ \text{cm}^2$.

3. Trouver l'hypoténuse d'un triangle rectangle isocèle dont l'aire est $\mathcal{A} = 60{,}5\ \text{mm}^2$.
L'hypoténuse a est le côté d'un carré d'aire

$$2\mathcal{A} = 2 \times 60{,}5 = 121\ \text{mm}^2.$$

Par suite, $a = \sqrt{121} = 11$ mm.

EXERCICES

1 **La surface du triangle est de 1 127 cm².**

On sait que $S = \frac{ab}{2} \sin \widehat{C}$.

Calculer la valeur de $\sin \widehat{C}$ et évaluer C en degrés et minutes.

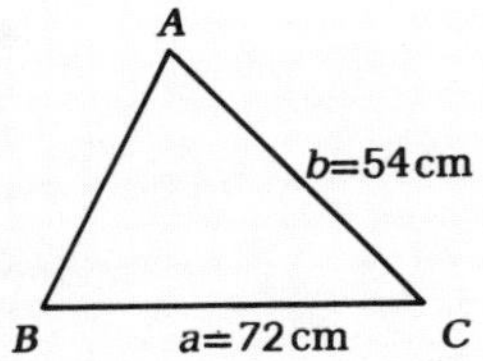

2 **Dans le triangle rectangle *ABC* ci-contre :**

$AC = 7$ et $BC = 14$

Combien vaut l'angle *BAH* ?

(*AH* est la hauteur relative au côté *BC*.)

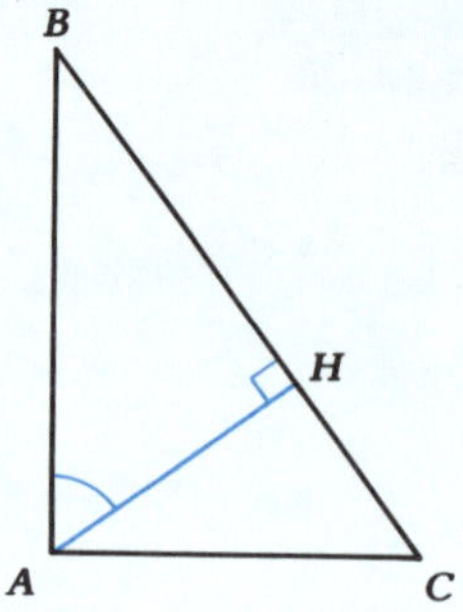

3 **Un triangle isocèle a un angle de 47° 25′ 32″. Calculer la valeur des deux autres angles. (On trouvera 2 solutions.)**

4 **Calculer l'aire du quadrilatère ci-contre**

$AB = h = 86{,}6$ mm

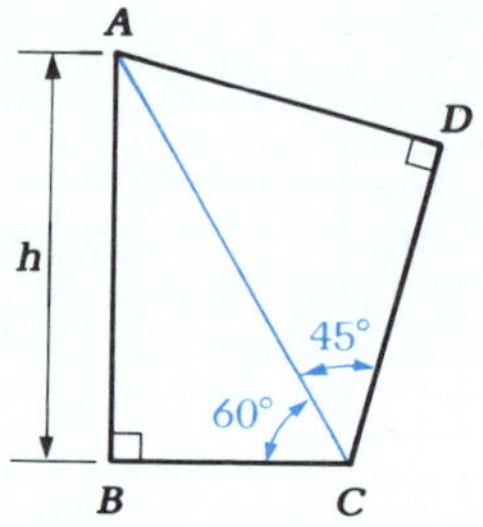

5 ***Détermination de la hauteur d'une tour.***
La distance de *C* et *D* est 132,10 m. L'angle de *AE* avec l'horizontale est 48° 54′. La distance de *E* à *D* est 6,2 m. Trouver la hauteur de la tour.

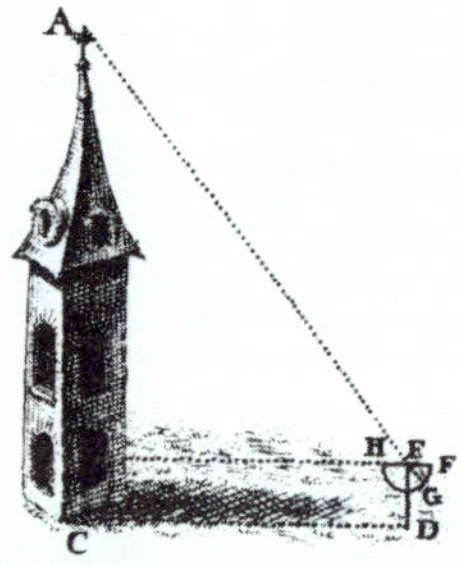

6 ***Distance de deux points inaccessibles.***
La distance des points *A* et *B* est 172 m. On connaît les angles $\widehat{CAD} = 36°$, $\widehat{DAB} = 43°$, $\widehat{ABC} = 38°$ et $\widehat{CBD} = 35°$. Déterminer la distance de *C* et *D*.

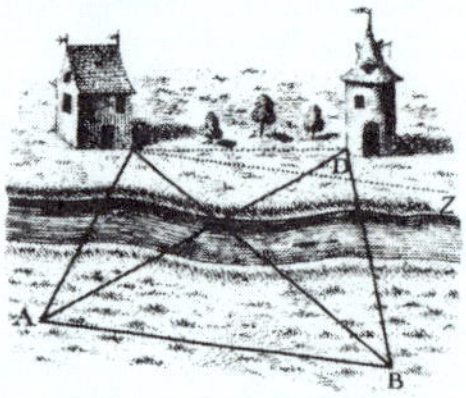

7 ***Détermination de la hauteur d'une montagne.***
On a choisi une base *AB*, des extrémités de laquelle on peut viser le sommet *C* de la montagne. La distance de *A* et *B* est 232 m. L'angle $\widehat{CAH}$ de $\widehat{AC}$ avec l'horizontale est 63°. En outre, $\widehat{CAB} = 72°$ et $\widehat{CBA} = 64°$. Calculer la hauteur *CH* du sommet *C* au-dessus de la cote du point *A*.

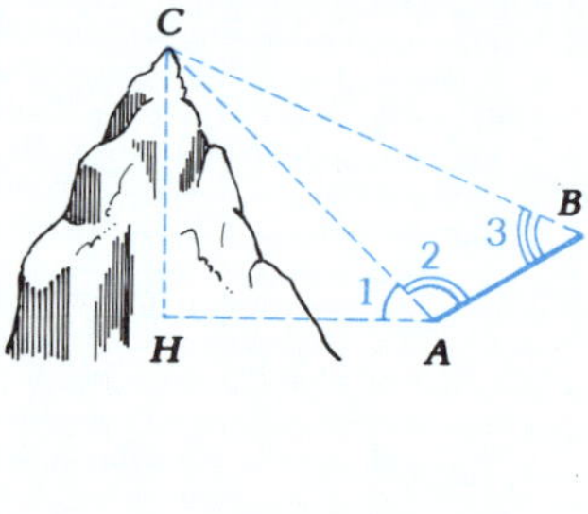

Quadrilatères remarquables

Parallélogramme

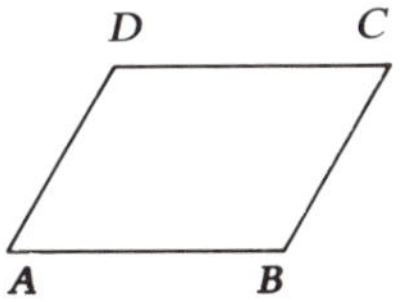

Un parallélogramme est un quadrilatère convexe dont les côtés non consécutifs sont égaux.

$$AB = CD \qquad AD = BC$$

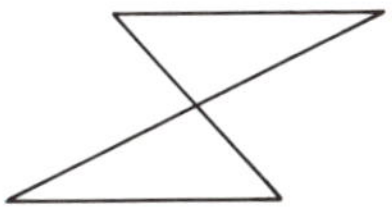

Un polygone est dit convexe s'il n'est jamais de part et d'autre d'un de ses côtés. Un quadrilatère qui n'est pas convexe est dit croisé.
On trouvera un autre exemple de polygone non convexe au moment des polygones réguliers étoilés (voir p. 251).

Les côtés opposés sont deux à deux parallèles. Les angles opposés sont égaux.

$$\hat{A} = \hat{C} \qquad \hat{B} = \hat{D}$$

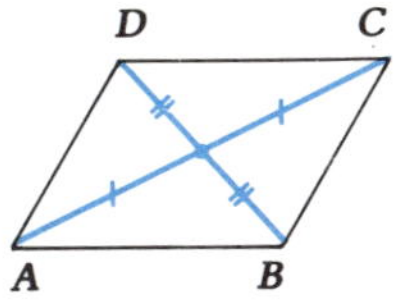

Les angles consécutifs sont supplémentaires.

$$\hat{A} + \hat{B} = \pi \qquad \hat{B} + \hat{C} = \pi \qquad \hat{C} + \hat{D} = \pi \qquad \hat{D} + \hat{A} = \pi$$

Les diagonales AC et BD se rencontrent en leur milieu.

■ Un rectangle est un parallélogramme qui a un angle droit (auquel cas tous ses angles sont droits).

Construction du quatrième sommet d'un parallélogramme

Les points *A, B* et *D* étant donnés, construire le point *C.*

Première méthode

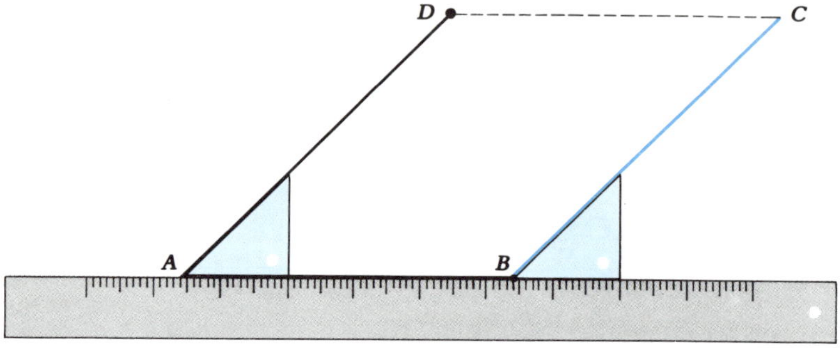

A l'aide d'une règle et d'une équerre, on mène la parallèle à *AD* issue de *B.*
On mène de même la parallèle à *AB* issue de *D.* Le point *C* est à l'intersection des deux droites ainsi construites.

Seconde méthode

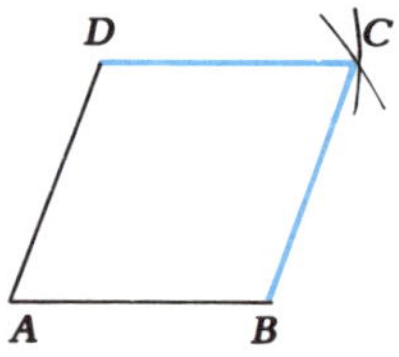

Le point *C* se trouve sur le cercle de centre *B* et de rayon *AD,* ainsi que sur le cercle de centre *D* et de rayon *AB.*

Aire du parallélogramme

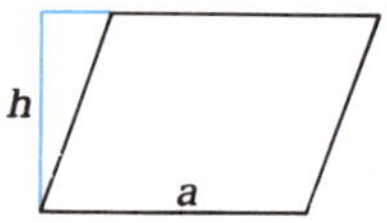

L'aire du parallélogramme est le produit de la base par la hauteur.

$$\mathcal{A} = ah$$

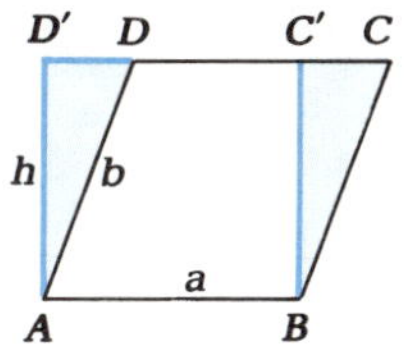

■ L'aire est la même que celle du rectangle $ABC'D'$ de même base et de même hauteur. Cela tient au fait que les triangles $AD'D$ et $BC'C$ ont des aires égales.
■ Un côté quelconque peut être considéré comme base, à condition de prendre la hauteur correspondante.

$$\mathscr{A} = AB \cdot DH = BC \cdot AH'$$

L'aire du parallélogramme est le produit de deux côtés consécutifs et du sinus d'un angle.

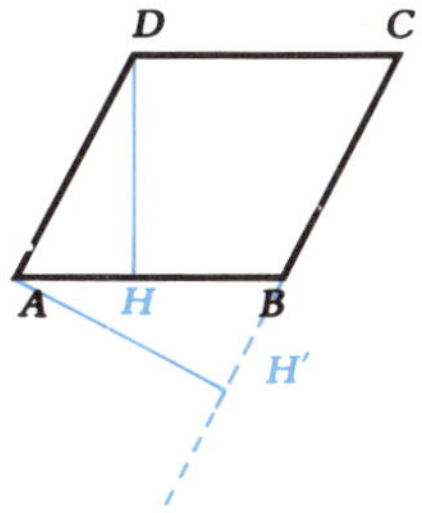

$$\mathscr{A} = ab \sin \hat{A}$$

■ Les angles $\hat{A}$, $\hat{B}$, $\hat{C}$ et $\hat{D}$, étant deux à deux soit égaux, soit supplémentaires, ont le même sinus.
■ L'aire du parallélogramme $ABCD$ est deux fois l'aire du triangle ABD (ou deux fois celle du triangle ABC).

Losange

Un losange est un parallélogramme dont les côtés sont égaux. Les diagonales d'un losange sont perpendiculaires ; ce sont les bissectrices des angles du losange.

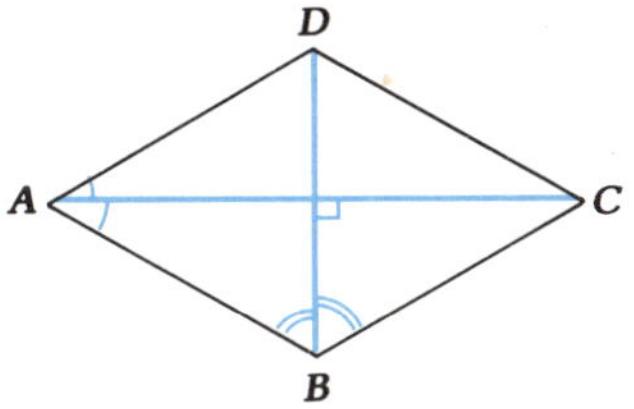

■ Le carré est un losange qui a un angle droit (auquel cas tous ses angles sont droits).

Le périmètre du losange de côté a est égal à $4a$.

■ Ce résultat généralise celui qu'on a obtenu pour le carré.

Aire du losange

Le losange étant un parallélogramme, l'aire est le produit de la base par la hauteur.

$$\mathcal{A} = ah$$

L'aire du losange est le produit du carré du côté par le sinus d'un angle.

$$\mathcal{A} = a^2 \sin \hat{A}$$

■ Lorsque l'angle $\hat{A}$ est droit, son sinus est égal à 1 ; on retrouve bien l'aire du carré.

L'aire du losange est la moitié du produit des diagonales.

$$\mathcal{A} = \frac{1}{2} Dd$$

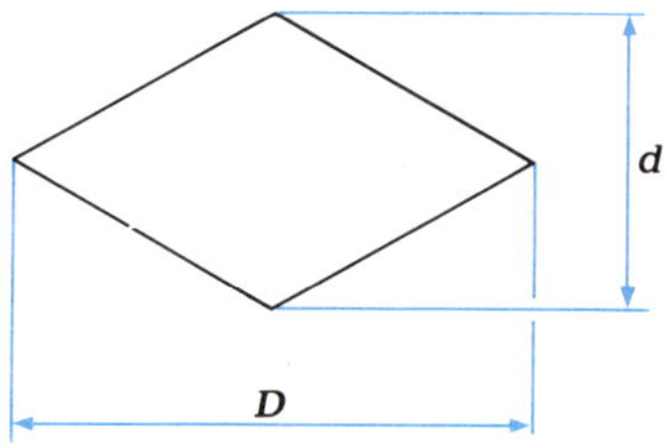

Trapèze

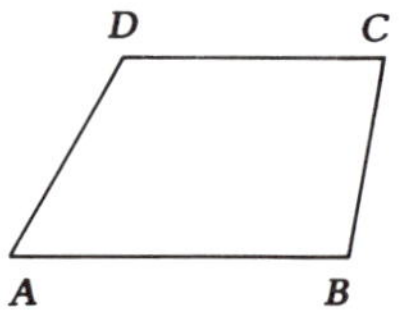

Un trapèze est un quadrilatère convexe qui a deux côtés parallèles.
Lorsque les deux autres côtés sont parallèles, on retrouve le parallélogramme. Dans le cas contraire, les côtés parallèles ne sont pas égaux ; on les appelle *bases* du trapèze. La grande base se note *B*, la petite base se note *b*. La hauteur *h* est la distance des bases.
L'aire du trapèze est le produit de la hauteur par la demi-somme des bases.

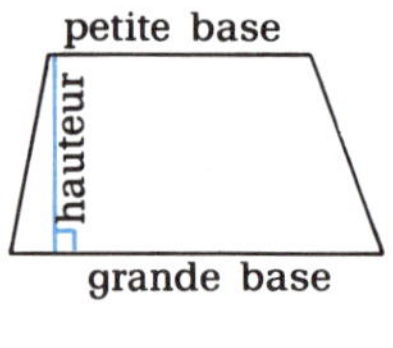

$$\mathcal{A} = h \frac{B + b}{2}$$

■ Lorsque $B = b$, on retrouve l'aire du parallélogramme.

Exercices **1.** Calculer l'aire d'un trapèze de grande base $B = 9$ m, de petite base $b = 6$ m et de hauteur $h = 5$ m.

La demi-somme des bases est $\frac{9+6}{2} = \frac{15}{2} = 7{,}5$ m. L'aire est donc

$$\mathscr{A} = \mathbf{5 \times 7{,}5 = 37{,}5\ m^2}$$

2. Un trapèze a pour hauteur $h = 14$ m et pour aire $\mathscr{A} = 630\ \text{m}^2$. La différence entre la grande base et la petite base est $B - b = 14$ m. Trouver les deux bases.

La demi-somme des bases est $\frac{B+b}{2} = \frac{\mathscr{A}}{h}$. Dans le cas présent :

$$\frac{\boldsymbol{B+b}}{\mathbf{2}} = \frac{\mathbf{630}}{\mathbf{14}} = \mathbf{45\ m.}$$

La demi-différence est :

$$\frac{\boldsymbol{B-b}}{\mathbf{2}} = \frac{\mathbf{14}}{\mathbf{2}} = \mathbf{7\ m.}$$

■ Nous sommes ramenés à calculer deux nombres connaissant leur demi-somme et leur demi-différence (voir p. 83).

Notons que $B = \frac{B+b}{2} + \frac{B-b}{2}$ et $b = \frac{B+b}{2} - \frac{B-b}{2}$. Par conséquent :

$$\boldsymbol{B} = \mathbf{45 + 7 = 52\ m} \qquad \boldsymbol{b} = \mathbf{45 - 7 = 38\ m}$$

Trapèzes particuliers

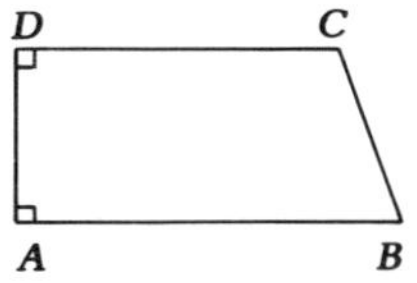

Un *trapèze rectangle* est un trapèze qui a un côté perpendiculaire aux bases.

Un trapèze rectangle est donc un quadrilatère convexe dont deux angles consécutifs sont droits.

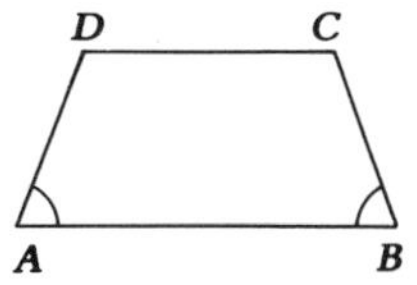

Un *trapèze isocèle* est un trapèze dont les côtés non parallèles sont égaux.
Un trapèze isocèle est un trapèze dont les angles adjacents à la base sont égaux.

1 **Calculer l'aire d'un trapèze connaissant les quatre côtés : grande base, 75 mm ; petite base, 50 mm ; côtés non parallèles : 20 et 15 mm. Montrer que, dans ce trapèze, les côtés non parallèles sont perpendiculaires.**

2 **Un trapèze est inscrit dans un cercle de rayon 1 m. La grande base est perpendiculaire à un rayon du cercle en son milieu ; la petite base est égale au rayon ; le centre du cercle est entre les deux bases.**

***a*) Calculer la surface du trapèze.**

***b*) Montrer que les milieux des quatre côtés sont les sommets d'un carré. Trouver l'aire de ce carré.**

3 **Un terrain en forme de trapèze rectangle mesure sur le plan cadastral au 1/2 500 : grande base : 3 cm, petite base : 2 cm. Ce terrain est acheté 67 500 F à raison de 7 200 F l'are. Quelles sont la hauteur réelle du terrain et sa hauteur sur le plan cadastral ?**

4 **On donne un losange déformable *ABCD* dont le côté mesure 240 mm.**

***a*) Si on donne à $\widehat{D}$ la valeur 60°, calculer les deux diagonales *AC* et *BD*.**

***b*) On déforme ce losange de telle façon que $\widehat{D} = 90°$. Quelle est alors la nature de ce quadrilatère ? Calculer sa diagonale *AC*.**

***c*) Le losange *ABCD* est maintenu fixe de telle façon que la diagonale *AC* mesure 180 mm.**

Calculer la diagonale *BD* ; l'angle $\widehat{D}$ du losange.

Polygones réguliers

Un polygone régulier convexe est un polygone convexe dont les côtés sont égaux et dont les angles sont égaux.

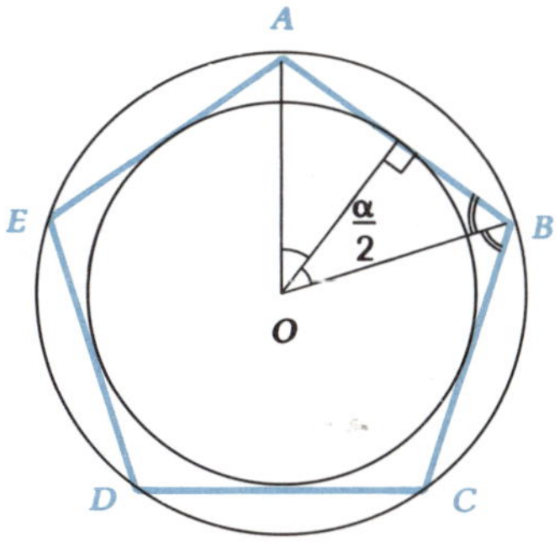

■ Le triangle équilatéral (voir p. 241) est le polygone régulier à trois côtés. Le carré (voir p. 185) est le polygone régulier à quatre côtés. Le losange (voir p. 247) n'est pas en général un polygone régulier, bien qu'il ait ses côtés égaux.

Lorsqu'on divise un cercle en *n* arcs égaux, où *n* est un entier naturel supérieur à 3, les points de division successifs sont les sommets d'un polygone régulier à *n* côtés.

Si l'on joint non les points consécutifs, mais de deux en deux, de trois en trois, on obtient dans certains cas des polygones réguliers étoilés.

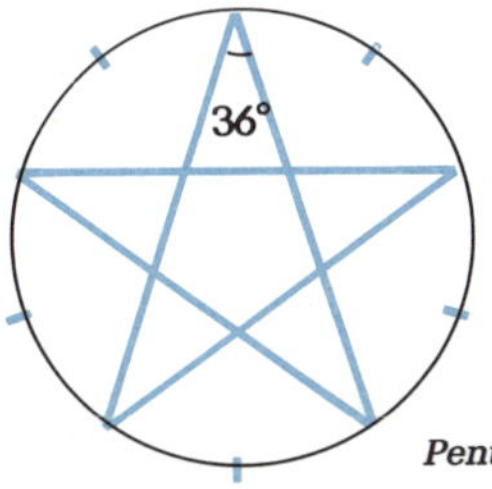

Pentagone étoilé

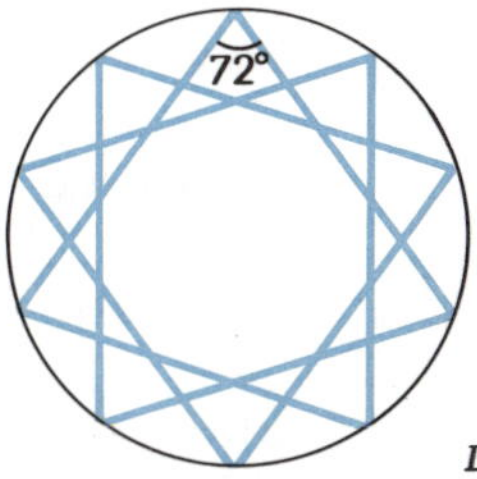

Décagone étoilé

Tout polygone régulier convexe peut être obtenu par le procédé précédent. En particulier, il existe un cercle passant par tous les sommets d'un polygone régulier, appelé *cercle circonscrit*. Le centre O du cercle circonscrit est à une même distance $a = OH$ de tous les côtés ; le cercle de centre O et de rayon a est tangent aux côtés du polygone ; on l'appelle *cercle inscrit*.

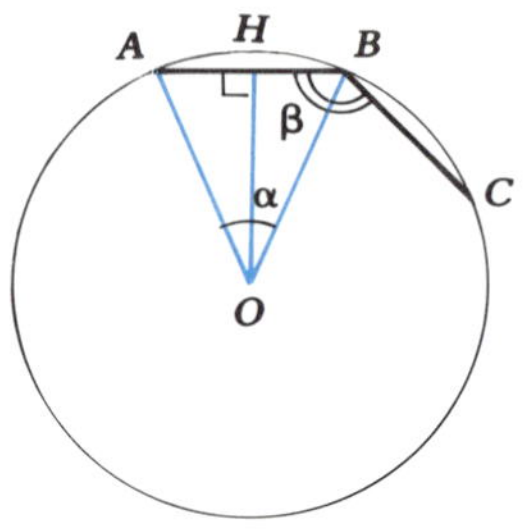

nom	notation	définition
centre du polygone	O	le centre commun des cercles inscrit et circonscrit
rayon	R	le rayon du cercle circonscrit
apothème	a	le rayon du cercle inscrit
côté	c	la longueur commune des côtés
angle au centre	α	l'angle $\widehat{AOB}$ formé par les rayons aboutissant à deux sommets consécutifs
angle du polygone	β	l'angle ABC de deux côtés consécutifs

Relations entre les éléments d'un polygone régulier.

angle au centre $\alpha = \frac{2\pi}{n}$

angle du polygone $\beta = \pi - \alpha = \pi - \frac{2\pi}{n}$

côté $c = 2R \sin \frac{\pi}{n}$

apothème $a = R \cos \frac{\pi}{n}$

périmètre $p = nc = 2nR \sin \frac{\pi}{n}$

aire $\mathcal{A} = \frac{nac}{2} = \frac{pa}{2} = \frac{1}{2} n R^2 \sin \frac{2\pi}{n}$

Hexagone régulier

Le côté est égal au rayon. Pour diviser le cercle en six, on construit le diamètre AD. On trace les cercles de centres A et D et de rayon R ; ces cercles recoupent le cercle donné, l'un en B et F, l'autre en C et D.

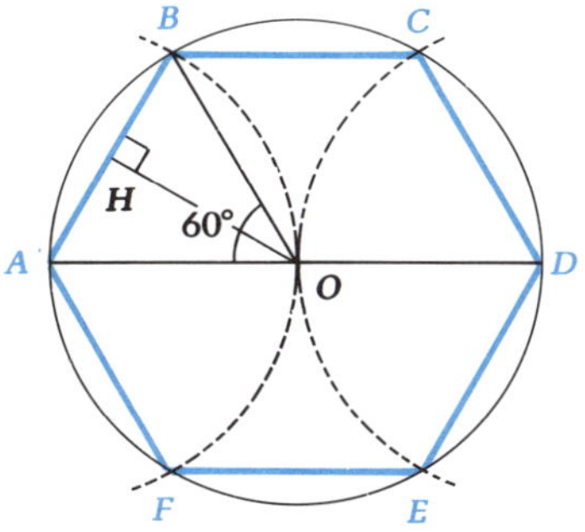

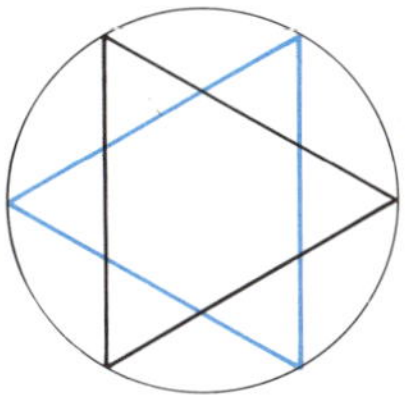

En joignant les sommets de deux en deux, on obtient deux triangles équilatéraux. (Il n'y a pas d'hexagone régulier étoilé.)

Octogone régulier

Pour diviser le cercle en huit, on trace deux diamètres perpendiculaires AE et CG, puis les bissectrices BF et DH des quatre angles droits formés en O. Les huit angles tels que $\widehat{AOB}$ sont égaux.

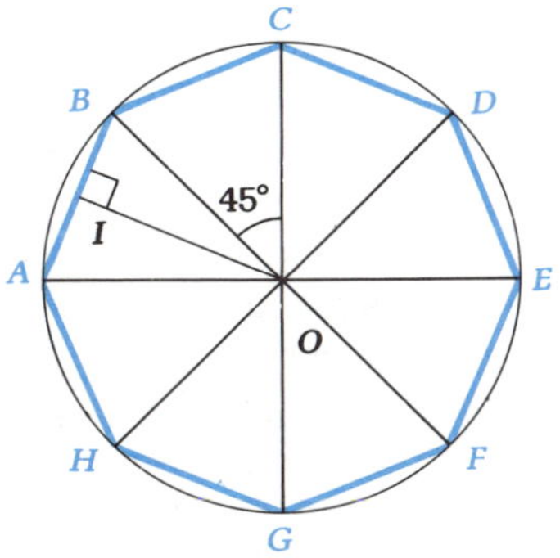

En joignant les sommets de deux en deux, on obtient deux carrés ; en les joignant de trois en trois, on obtient un octogone régulier étoilé.

Polygones réguliers remarquables

n	nom	α	β	$\frac{c}{R}$	$\frac{R}{c}$	$\frac{a}{R}$	$\frac{a}{c}$
3	triangle équilatéral	120°	60°	1,732	0,577	0,500	0,289
4	carré	90°	90°	1,414	0,707	0,707	0,500
5	pentagone	72°	108°	1,176	0,851	0,809	0,688
6	hexagone	60°	120°	1	1	0,867	0,866
8	octogone	45°	135°	0,765	1,307	0,924	1,207
10	décagone	36°	144°	0,618	1,618	0,951	1,539
12	dodécagone	30°	150°	0,518	1,920	0,966	1,866

EXERCICES

1 **Le panneau STOP a la forme d'un octogone régulier ; il est inscrit dans un cercle de diamètre 800 mm.**

***a*) Trouver le périmètre et l'aire.**

***b*) La bordure blanche a une largeur de 20 mm. Calculer la surface latérale de cette bordure.**

***c*) Trouver l'erreur commise si l'on assimile la bordure à une bande rectiligne de même largeur et dont la longueur est le périmètre du panneau.**

2 **Un panier rotatif pour diapositives peut recevoir 100 vues au format extérieur 5 × 5, de 1 mm d'épaisseur.**

***a*) Trouver l'angle α dont tourne le panier entre deux projections.**

***b*) Le diamètre extérieur du panier étant 20 cm, trouver le diamètre intérieur.**

***c*) Trouver la distance *d* entre les bords extérieurs et la distance *d′* entre les bords intérieurs de deux diapositives consécutives.**

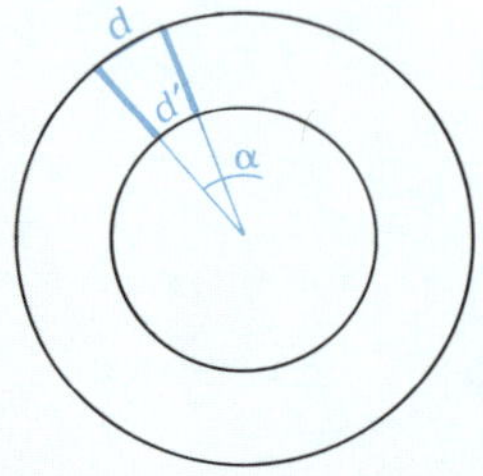

Cube et parallélépipède rectangle Mesure des volumes

Cube

Le cube est un solide ayant 8 sommets, 12 arêtes de même longueur, 6 faces carrées. La longueur commune *a* des arêtes s'appelle *côté* du cube.

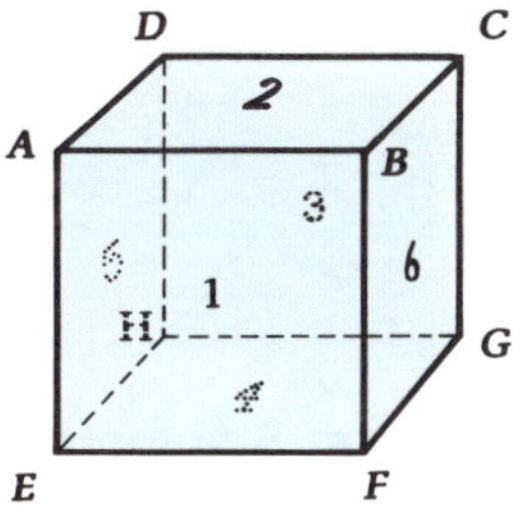

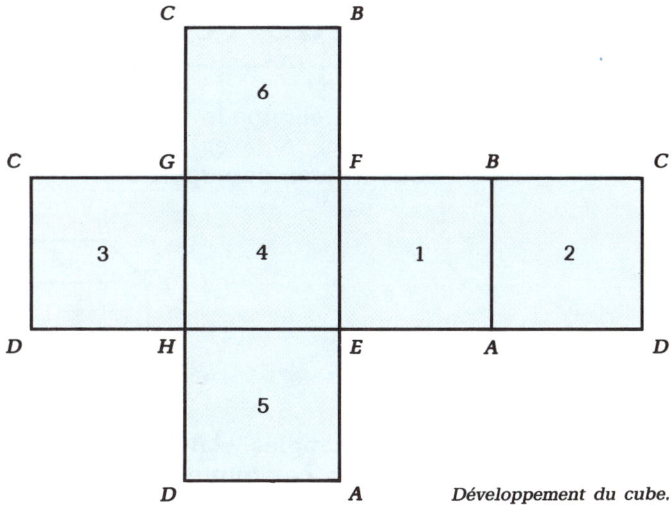

Développement du cube.

Aire du cube. **L'aire est six fois celle de chacune des faces.**

$$\mathcal{A} = 6a^2$$

Volume du cube.

$$V = a^3$$

Exercices **1.** Trouver le côté d'un cube dont l'aire est 294 cm^2.
L'aire de chaque face est :

$$\mathbf{a^2 = \frac{1}{6} \times 294 = 49\ cm^2}$$

Le côté est donc :

$$\mathbf{a = \sqrt{49} = 7\ cm}$$

2. Trouver le côté d'un cube dont le volume est 19 683.
Le côté est $a = \sqrt[3]{19\,683} = 27$.

Utiliser la table des cubes (voir p. 332).

Duplication du cube. *Le problème de la duplication du cube est la construction à la règle et au compas de l'arête d'un cube ayant pour volume le double du volume d'un cube donné ; autrement dit, on cherche à construire le nombre* $\sqrt[3]{2}$. *Ce problème n'a pas de solution possible (résultat établi vers* 1830*).*

Parallélépipède rectangle

Le parallélépipède rectangle est un solide ayant 8 sommets, 12 arêtes, 6 faces rectangulaires. Les faces opposées sont deux à deux superposables.

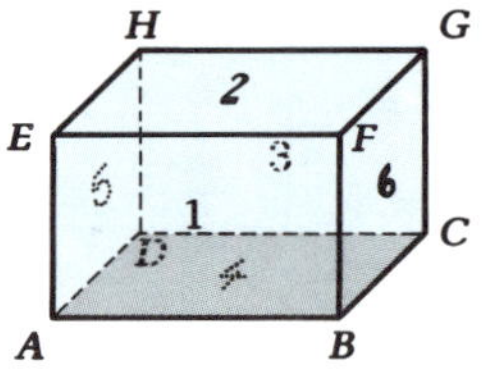

Les rectangles *ABCD* et *EFGH* sont appelés *bases.* La longueur commune *a* des segments *AB, DC, EF* et *HG* s'appelle *longueur* du parallélépipède ; la longueur commune *b* des segments *AD, BC, EH* et *FG* s'appelle *largeur* ; enfin, la longueur commune *c* des segments *AE, BF, CG* et *DH* s'appelle *hauteur.*

■ Bien entendu, il y a trois manières de choisir deux bases.
Le cas où $a = b = c$ est celui du cube.

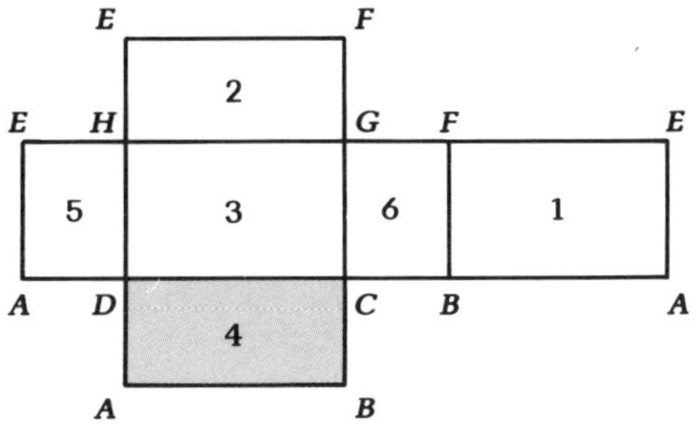

Développement du parallélépipède rectangle.

Aire du parallélépipède rectangle.

$$\mathcal{A} = 2\,(bc + ca + ab)$$

Pour ne pas oublier le coefficient 2, contrôler en prenant $a = b = c$.

Volume du parallélépipède rectangle.

$$V = abc$$

■ Si $a = b = c$, on retrouve le volume du cube.

Le volume du parallélépipède rectangle est encore le produit de l'aire *ab* de la base par la hauteur *c*.

Mesure des volumes

L'unité de volume est le mètre cube, noté m^3 ; c'est le volume d'un cube dont le côté a pour longueur 1 m.
Les sous-multiples se définissent de même : décimètre cube, centimètre cube, millimètre cube, notés dm^3, cm^3 et mm^3.

$$1\ dm^3 = 10^{-3}\ m^3 = 10^3\ cm^3 = 10^6\ mm^3$$
$$1\ cm^3 = 10^{-6}\ m^3 = 10^{-3}\ dm^3 = 10^3\ mm^3$$
$$1\ mm^3 = 10^{-9}\ m^3 = 10^{-6}\ dm^3 = 10^{-3}\ cm^3$$

Stère

Le stère est le nom donné au mètre cube pour la mesure du bois de chauffage. Cette unité n'est plus légale depuis le 1er janvier 1978.

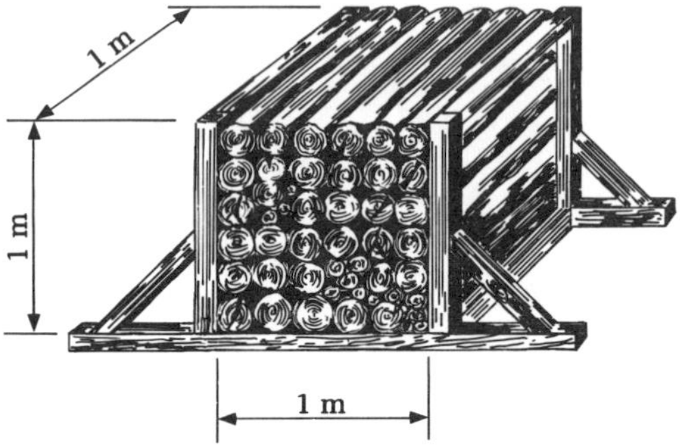

■ Les multiples (décamètre cube, hectomètre cube, kilomètre cube) ne sont jamais employés.
Lorsqu'on multiplie l'unité de longueur par 10, par 100, l'unité de volume est multipliée par 10^3, par 10^6 (et non par 10 ou par 100).
■ Dans toutes les formules donnant un volume à partir du produit de trois longueurs, prendre garde au choix des unités. Par exemple, dans le cas du volume du parallélépipède rectangle, la longueur, la largeur et la hauteur doivent être exprimées à l'aide de la même unité ; le volume est alors obtenu dans l'unité de volume correspondante. Ainsi, lorsque les trois dimensions sont exprimées en centimètres, le volume est exprimé en centimètres cubes. (Si les données ne sont pas exprimées en fonction de la même unité, on devra commencer par se ramener à une unité commune.)
De même, dans le cas d'une formule faisant intervenir le produit d'une longueur par une aire, on vérifiera que l'unité d'aire correspond à l'unité de longueur : on multiplie des mètres par des mètres carrés pour trouver des mètres cubes.

Exercice Un réservoir parallélépipédique a pour dimensions :
largeur 780 mm hauteur 1 280 mm longueur 1 520 mm
Trouver l'aire en centimètres carrés et le volume en mètres cubes.

Pour obtenir l'aire en cm^2, on doit convertir les données en cm. Les dimensions deviennent 78 cm, 128 cm et 152 cm. L'aire est donc :

$$\mathcal{A} = \mathbf{2\,(78 \times 128 + 128 \times 152 + 152 \times 78) = 2 \times 41\,296 =}$$
$$\mathbf{= 82\,592\ cm^2}$$

Pour obtenir le volume en m^3, on doit convertir les données en m. Les dimensions sont alors 0,78 m, 1,28 m et 1,52 m. D'où le volume :

$$\boldsymbol{V = 0{,}78 \times 1{,}28 \times 1{,}52 \approx 1{,}52\ m^3}$$

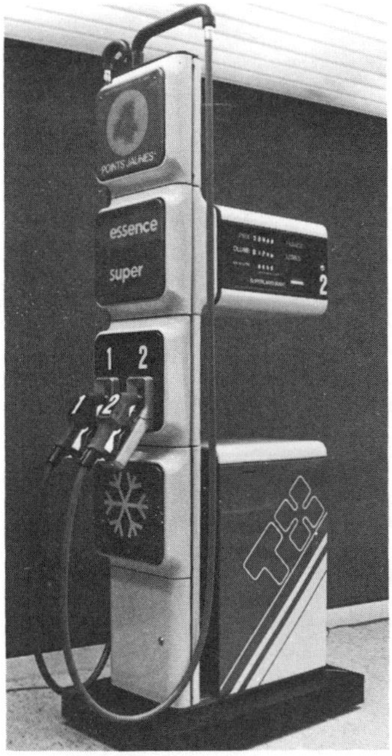

▲
Pompe à essence donnant la précision du centilitre.

▶
Aiguilles d'un compteur à gaz de 1920.

▶
Compteur d'eau froide muni d'un système de relève à distance.

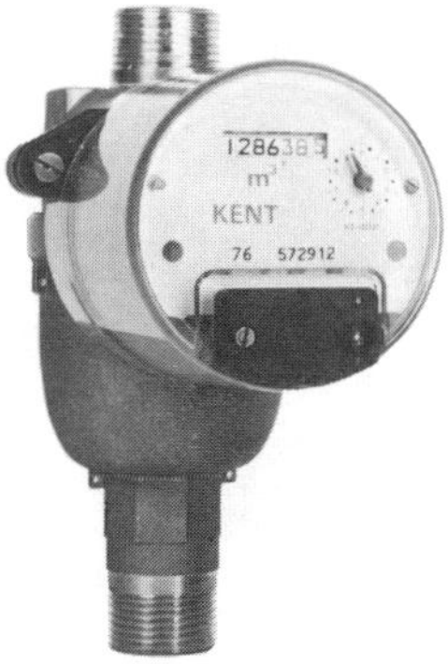

▼ *Doseuse emplisseuse.*

Litre

Le litre, noté l ou L, est synonyme de dm^3. L'hectolitre (hl), vaut 100 litres. Le centilitre, noté cl, est la centième partie du litre. De même, le millilitre, noté ml, est la millième partie du litre.

Le kilolitre, n'étant autre que le mètre cube, n'est pas employé. Le millilitre, égal au centimètre cube, lui est préféré en verrerie pour une raison pratique : il est plus facile de graver ml *que* cm^3.

■ L'hectolitre est utilisé par les vignerons pour représenter la contenance des cuves, des foudres. Le centilitre est employé pour désigner la contenance des bouteilles et des verres.

La notation L *est préférable, pour éviter toute confusion avec le chiffre* 1 *et avec* I, *lettre i majuscule. On rencontre en particulier la lettre* L *pour la cylindrée des voitures étrangères* *(voir p.* 280*)*.

Quart et demi. *Le « quart » d'eau minérale a pour capacité le quart du conditionnement unitaire. Par exemple, si la bouteille normale contient* 90 cl, *le « quart » n'en contient que* 22,5 *(et non* 25 cl*).*
Le « demi » de bière a pour capacité 25 cl. *Le mot* demi *est l'abréviation de* demi-setier. *Mais si le setier contient* 8 *pintes, le demi-setier est le quart de pinte !*

En 1901, *le litre a été défini à partir du kilogramme* *(voir p.* 301*)**; vu l'imperfection de l'étalon, on aboutissait alors à une différence de* 28 *millionièmes entre le décimètre cube et le litre. La définition actuelle du litre, supprimant cette anomalie, date de* 1964.

L'hectolitre, égal à 0,1 m^3, *est le volume d'un cube dont le côté a pour longueur* $\sqrt[3]{\frac{1}{10}} = \frac{1}{\sqrt[3]{10}} \approx 0{,}464$ m. *De même, le centilitre est le volume d'un cube de côté* $\frac{1}{\sqrt[3]{10^5}} \approx 0{,}021\ 5$ m $= 2{,}15$ cm. *Les multiples et sous-multiples du litre ne représentent donc pas les volumes de cubes de côté ayant une longueur simple.*

Exercice Emballage TETRA BRIK. L'emballage TETRA BRIK, très employé dans l'industrie alimentaire (lait, jus de fruits) a sensiblement la forme d'un parallélépipède rectangle.
Les dimensions sont 97 mm de longueur, 66 mm de largeur, 166 mm de hauteur. Calculer l'aire et le volume.
L'aire est

$$\mathcal{A} = 2 \times (97 \times 66 + 66 \times 166 + 166 \times 97) = 66\,920 \text{ mm}^2 \approx 669 \text{ cm}^2$$

(L'aire d'un cube de 10 cm de côté est 600 cm^2.)
Le volume est

$$V = 97 \times 66 \times 166 \approx 1\,062\,000 \text{ mm}^3 \approx 1{,}06 \text{ l}$$

La différence avec la capacité nominale de 1 l *tient à deux causes : nous avons négligé l'épaisseur des parois ; en outre, le remplissage étant effectué « sous vide d'air », les parois sont légèrement concaves. (En revanche, lorsqu'on ouvre l'emballage, l'air entre, et les parois deviennent convexes. La capacité passe à* 1,1 l.*)*

Titre alcoométrique. Le titre alcoométrique d'un mélange alcoolisé est le pourcentage en volume d'alcool pur, à la température de 15 °C. On exprime ce titre en degrés Gay-Lussac, de 0 à 100°.

Exemple Une bouteille de whisky de 75 cl titre 43° Gay-Lussac. Trouver le volume d'alcool pur.

Le volume cherché est :

$$\frac{43}{100} \times 75 = 32{,}25 \text{ cl}$$

Gallon et baril

Le gallon est l'unité de volume employée aux Etats-Unis.

$$1 \text{ gal} = 3{,}785\,41 \times 10^{-3} \text{ m}^3$$

Le gallon représentant un peu moins de quatre litres, un plein d'essence correspond à une douzaine de gallons.
Le baril, égal à 42 gallons, soit environ 159 litres, est l'unité employée dans l'industrie pétrolière.

Exemple Durant le premier trimestre de 1982, la production journalière des pays de l'OPEP est de 18 millions de barils. Trouver le volume annuel, en mètres cubes. (On suppose la production égale dans chaque trimestre.)
Comme 1 baril vaut $1{,}59 \times 10^{-1}$ mètre cube, la production annuelle de l'OPEP est :

$$365 \times 1{,}59 \times 10^{-1} \times 18 \times 10^{6} = 1{,}05 \times 10^{9}\ \mathrm{m}^{3}$$

soit à peu près un milliard de mètres cubes.

Débit-volume

L'unité de débit-volume est le mètre cube par seconde, noté $\mathrm{m^3/s}$.

Dans les pays anglo-saxons, on emploie le cusec, *abréviation de « cubic foot per second ».* **1 cusec = $2{,}831\,685 \times 10^{-2}\ \mathrm{m^3/s}$.**

EXERCICES

1 **La capacité de retenue du lac Nasser est 157 milliards de mètres cubes.**
a) Combien faudrait-il de temps pour remplir ce lac avec le Nil ?
(Le débit annuel est 84 milliards de mètres cubes.)
b) Même question en remplaçant le Nil par les chutes du Niagara.
(Avant l'exploitation du Niagara pour la production d'énergie électrique, le débit était de 5 900 000 litres d'eau par seconde.)

2 **On double le fond et les parois intérieures d'une caisse rectangulaire avec une feuille de plomb. Les dimensions de la caisse sont : longueur, 72 cm ; largeur, 48 cm ; hauteur, 36 cm. Trouver la surface de plomb utilisée.**

3 **La surface totale d'un parallélépipède rectangle est 236 m². La surface latérale est 140 m². La longueur étant 8 m, trouver la largeur et la hauteur.**

4 **On veut ficeler, dans le sens de la longueur et dans le sens de la largeur, un paquet rectangulaire de 40 cm de long, de 30 cm de large et de 20 cm de hauteur. Trouver la longueur nécessaire de ficelle, en tenant compte de 25 cm pour les nœuds.**

5 **On a fait peindre les quatre murs et le plafond d'une salle. On a payé 8 596,50 F à raison de 37,50 F le mètre carré. La longueur de la salle est 12,6 m et la largeur 7,4 m. Trouver la hauteur. (Les ouvertures ne sont pas déduites.)**

6 **Un plat rectangulaire a pour dimensions L/H/P 30,5 × 5,5 × 21. Trouver l'aire. L'épaisseur des parois étant de 6 mm, trouver la capacité.**

7 **La somme des trois dimensions des colis postaux doit être inférieure à 100 cm. En outre, la longueur doit être supérieure au produit de la largeur par 1,4. Vérifier que ces conditions sont satisfaites par les emballages préformés disponibles dans les bureaux de poste :**

200 × 133 × 70 250 × 170 × 95
300 × 200 × 120 360 × 220 × 145

Calculer les volumes correspondants.

8 **La somme des dimensions (longueur, largeur, hauteur) d'un bagage de cabine ne doit pas excéder 110 cm. C'est le cas par exemple de la « valise-avion » 55 × 35 × 20. Calculer le volume de cette valise.**

9 **Le lac Nasser a une longueur de 500 km et une largeur moyenne de 10 km. L'évaporation annuelle est de 6 milliards de mètres cubes. Calculer la quantité d'eau évaporée en une seconde pour un mètre carré.**

10 **Trouver les volumes d'alcool pur contenus dans**
***a*) un litre de vin à 11,5° ;**
***b*) une bouteille de bière de 66 cl à 6° ;**
***c*) une bouteille de whisky de 75 cl à 40 °.**

11 **Trouver les volumes d'alcool pur contenus dans**
***a*) un verre (12 cl) de vin à 12° ;**
***b*) un demi (25 cl) de bière à 5° ;**
***c*) un verre (6 cl) de whisky à 43 ° ;**
***d*) un verre comportant 2 cl de pastis à 45 °.**

12 **Une écluse a pour longueur 180 m et pour largeur 24 m. La hauteur de mouillage est 5 m et la chute est 22 m. Trouver les volumes d'eau extrêmes.**

13 **Une écluse a pour longueur 180 m et pour largeur 18 m.**

a) Trouver le temps nécessaire pour obtenir 25 m de chute avec un débit de 35 m³/s.

b) Trouver la durée totale d'une éclusée, les temps d'entrée et de sortie étant chacun le sixième du temps calculé ci-dessus.

14 **Le système d'emballage TETRA PAK transforme des rouleaux en boîtes rectangulaires.**

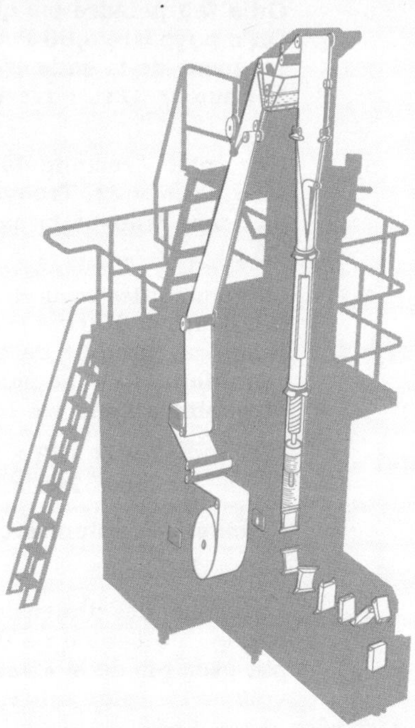

a) Un rouleau permet de fabriquer 2 500 emballages d'un litre. La hauteur nécessaire pour un emballage étant 245 mm, trouver la longueur du rouleau.

b) La masse du rouleau étant 70 kg, trouver la masse d'un emballage.

c) La largeur du rouleau étant 32 cm, déterminer la masse par m².

d) Le nombre d'emballages étant 3 600 en une heure, trouver le volume de liquide que l'on peut conditionner en 24 heures.

15 **Un robinet mal fermé laisse passer 0,09 m³ en 24 heures. Trouver la quantité d'eau échappée en une seconde, une minute, un mois.**

16 **Par suite d'une inondation, une cave de 6 mètres sur 7 mètres est recouverte de 12 cm d'eau. Trouver le temps nécessaire pour vider cette eau avec une pompe de débit 10,5 m³/h.**

17 **Une salle de classe d'un C.E.S. mesure 9 m sur 12 m, avec une hauteur sous plafond de 5 m. La classe comporte 49 élèves. Combien de fois l'air devra-t-il être entièrement renouvelé au bout de 7 heures de cours, sachant que la norme est de 4 litres par personne et par seconde ?**

18 **Aux Etats-Unis, la consommation d'essence est exprimée en miles par gallon (et non pas en gallons aux cent miles).**

***a*) Traduire en miles par gallon les consommations conventionnelles de la Citroën Visa : 4,8 l à 90 km/h ; 6,3 l à 120 km/h ; 7 l en ville.**

***b*) Convertir en litres aux cent kilomètres une distance de 12,5 miles parcourue avec un gallon.**

19 **Un ensemble de serres est chauffé avec du mazout contenu dans une cuve à base rectangulaire dont les dimensions sont : longueur : 3 m ; largeur : 2 m ; profondeur : 1,50 m. On remplit la cuve. Après 15 jours de chauffe, on constate qu'elle est encore aux 3/4 pleine.**

***a*) Quelle est, en litres, la contenance de la cuve ?**

***b*) Quelle est la quantité moyenne de mazout consommé par jour de chauffe ?**

***c*) Quel est le prix de revient d'une journée de chauffe si le mazout vaut 295 F l'hectolitre ?**

***d*) En janvier, on compte qu'il faut consommer 1/10 de plus de mazout. En limitant la chauffe à 25 jours, à combien s'élève la dépense pour ce mois ?**

20 **Deux fontaines ont des débits respectifs de 3 et 4 litres par seconde. Pour remplir un bassin, on fait couler la première fontaine jusqu'à ce que le bassin soit à moitié plein. On fait ensuite couler les deux fontaines à la fois. Le temps total étant de 8 min 20 s pour remplir le bassin, trouver la contenance de celui-ci.**

Prisme et pyramide

Prisme droit

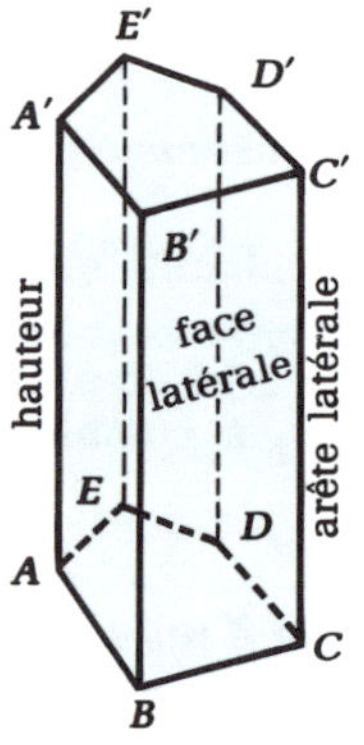

Le prisme droit est un solide limité par deux polygones superposables, appelés *bases,* et autant de faces rectangulaires que chacun des polygones de base a de côtés.
Les bords verticaux des faces latérales, appelés arêtes latérales, ont la même longueur ; cette longueur commune s'appelle *hauteur* du prisme.

■ Si les bases sont des rectangles, on retrouve le parallélépipède rectangle.

Développement du prisme droit

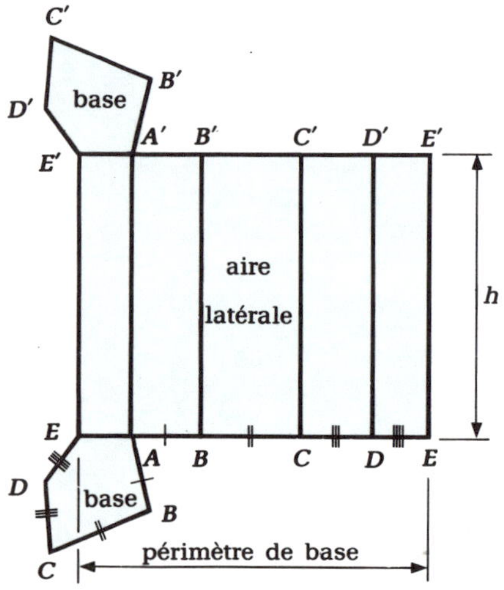

Si l'on découpe le prisme droit le long d'une arête, et qu'on le déroule sur un plan, on obtient, outre les deux bases, un rectangle.

La hauteur de ce rectangle est celle du prisme droit ; la longueur est le périmètre commun aux deux bases.

Aire latérale du prisme droit

L'aire latérale est le produit du périmètre de base par la hauteur.

$$\mathcal{A} = ph$$

On obtient l'aire totale en ajoutant à l'aire latérale celle des bases du prisme (soit encore le double de l'aire de l'une des bases).

Volume du prisme droit

Le volume du prisme droit est le produit de l'aire de la base par la hauteur.

$$V = Bh$$

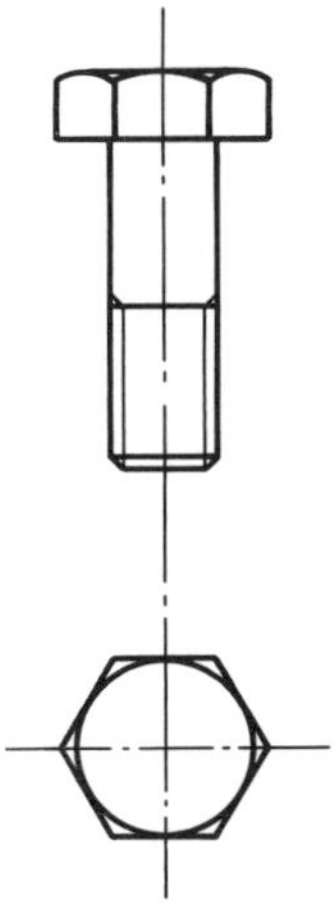

Exercice Vis six pans. La tête d'une vis « six pans » ou à tête hexagonale a sensiblement la forme d'un prisme dont la base est un hexagone régulier.
La hauteur est 10 mm et la distance entre deux côtés parallèles est 14 mm. Trouver l'aire latérale et le volume.
La distance entre deux faces parallèles est le double de l'apothème a (voir p. 252). Le périmètre est

$$p = 6c = 6 \times \frac{2a}{\sqrt{3}} = \frac{6 \times 14}{\sqrt{3}} \approx 48{,}50 \text{ mm}$$

L'aire latérale s'en déduit :

$$\mathcal{A} = 10 \times 48{,}50 = 485 \text{ mm}^2$$

Le volume est le produit de l'aire de la base par la hauteur. L'aire de la base est :

$$\frac{pa}{2} = \frac{48{,}5 \times 7}{2} = 169{,}75 \text{ mm}^2$$

Le volume est donc :

$$V = 10 \times 169{,}75 \approx 1\,697 \text{ mm}^3 = 1{,}697 \text{ cm}^3$$

Exercice Piscine. Une piscine a une forme rectangulaire, de 25 m sur 12 m. La profondeur varie régulièrement de 0,90 m à 3 m. Calculer l'aire latérale, l'aire du fond et le volume, la piscine étant remplie à ras bord.

La coupe de la piscine est un trapèze rectangle. La piscine a donc la forme d'un prisme de base trapézoïdale. L'aire des parois est la somme des aires des deux trapèzes de base et de deux rectangles. Les rectangles ont tous deux pour longueur 12 m ; ils ont pour hauteur l'un 3 m, l'autre 0,9 m.

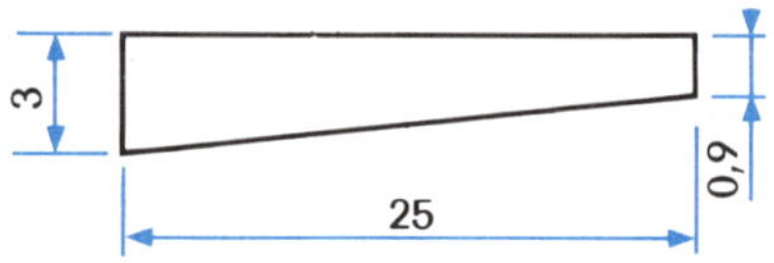

Leurs aires sont :

$$\mathbf{12 \times 3 = 36\ m^2} \quad \text{et} \quad \mathbf{12 \times 0{,}90 = 10{,}8\ m^2.}$$

L'aire de chaque trapèze est :

$$\mathbf{25 \times \frac{3 + 0{,}9}{2} = 48{,}75\ m^2}$$

L'aire des parois est donc :

$$\mathbf{36 + 10{,}8 + 2 \times 48{,}75 = 144{,}3\ m^2}$$

Le fond est un rectangle de 12 m de large. La longueur *l* est l'hypoténuse d'un triangle rectangle dont les côtés de l'angle droit sont 25 m et 3 − 0,9 = 2,1 m.

Le fond n'étant pas horizontal, il serait incorrect de le considérer comme un rectangle de 25 m *sur* 12 m. *(En fait, comme on va le voir, cela conduirait à une erreur de seulement* 1 m². *)*

D'après le théorème de Pythagore,

$$\mathbf{l^2 = 25^2 + 2{,}1^2 = 629{,}41\ m^2}$$

D'où

$$\mathbf{l = \sqrt{629{,}41} \approx 25{,}09\ m}$$

L'aire du fond est donc :

$$\mathbf{12 \times 25{,}09 \approx 301{,}1\ m^2}$$

Le volume est le produit de la largeur de la piscine, soit 12 m, par l'aire de la base. Ainsi :

$$\mathbf{V = 12 \times 48{,}75 = 585\ m^3}$$

Pyramide

Une pyramide a pour base un polygone convexe (*ABCDE* sur la figure). Le sommet est *S*. Les faces latérales sont les triangles *SAB*, *SBC*, etc. La hauteur de la pyramide est la distance *SH* du sommet au plan de la base.

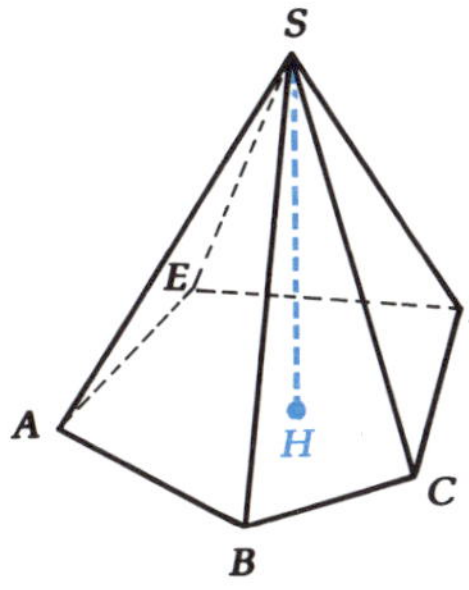

Pyramide

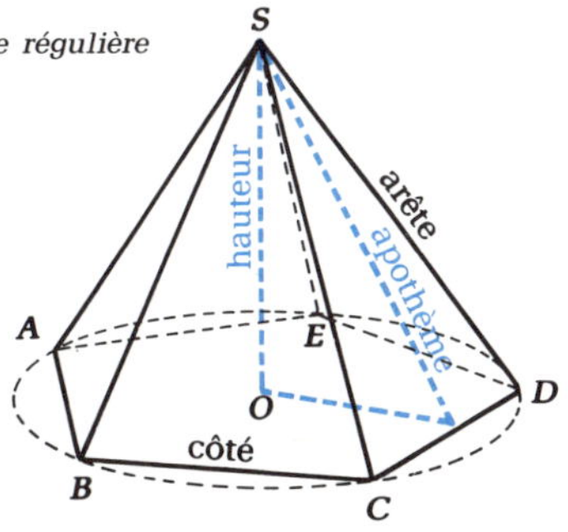

Pyramide régulière

Une pyramide régulière est une pyramide ayant pour base un polygone régulier et dont le sommet se projette au centre du polygone de base. Les faces latérales sont alors des triangles isocèles de même dimension. Les hauteurs de ces triangles issues du sommet *S* ont même longueur, dite apothème.

Aire latérale

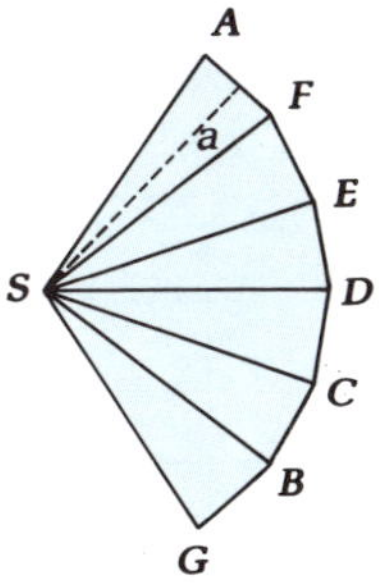

L'aire latérale de la pyramide est la somme des aires des faces.
Dans le cas d'une pyramide régulière, l'aire latérale est :

$$\mathcal{A} = n \times \frac{1}{2} ab = \left(\frac{1}{2} nb\right) a$$

où n est le nombre de côtés de la base (et donc le nombre de faces), a est l'apothème, b est le côté.

Comme $\frac{1}{2} nb$ représente le demi-périmètre de la base, on retiendra la règle suivante :

L'aire latérale d'une pyramide régulière est le produit de l'apothème par le demi-périmètre de la base.

■ Distinguer l'aire et l'aire latérale. On obtient l'aire de la pyramide en ajoutant à l'aire latérale l'aire de la base.

Volume de la pyramide

Le volume d'une pyramide (non nécessairement régulière) est :

$$V = \frac{1}{3} hB$$

où h est la hauteur et B l'aire de la base.

Ne pas oublier le coefficient $\frac{1}{3}$. Noter à cet effet que le volume de la pyramide est évidemment beaucoup plus petit que celui d'un prisme de même base et de même hauteur (ce volume étant hB).

Tronc de pyramide

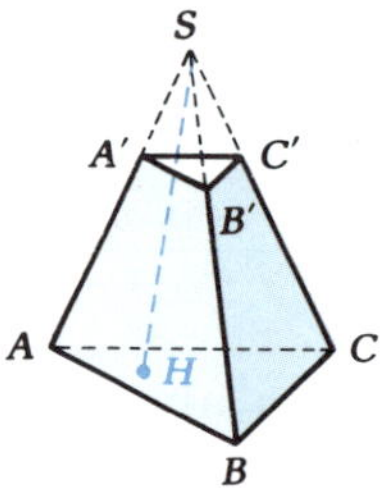

C'est la portion d'une pyramide limitée par la base et un plan parallèle au plan de celle-ci.

Volume du tronc de pyramide

$$V = \frac{h}{3}(B + B' + \sqrt{BB'})$$

où h est la hauteur du tronc (distance entre les plans des bases). B l'aire de la grande base, B' l'aire de la petite base.

Exercice Un emballage employé en industrie alimentaire a la forme d'un tronc de pyramide régulière. Les bases sont des carrés de 90 mm et de 72 mm de côté. Les faces latérales sont des trapèzes isocèles de hauteur 84 mm. Calculer l'aire et le volume.

Développement de l'emballage.

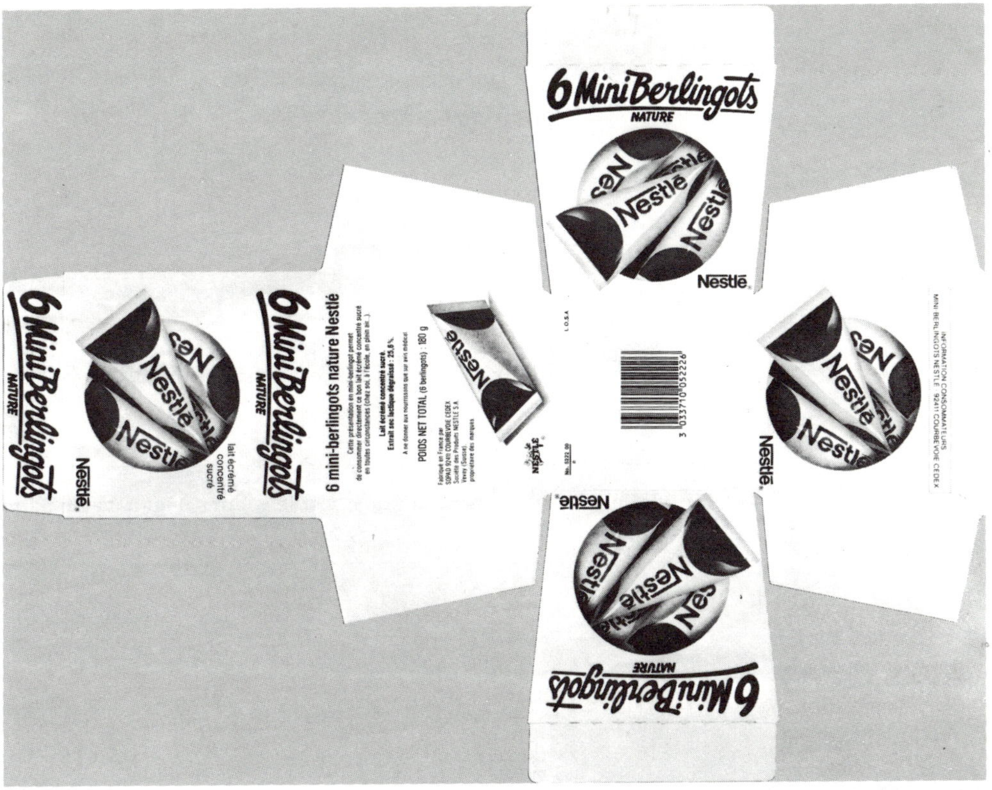

Les aires des bases sont $72^2 = 5\,184\ \text{mm}^2$ et $90^2 = 8\,100\ \text{mm}^2$

Chacune des faces latérales a pour aire :

$$\mathbf{84 \times \frac{72 + 90}{2} = 6\,804\ mm^2}$$

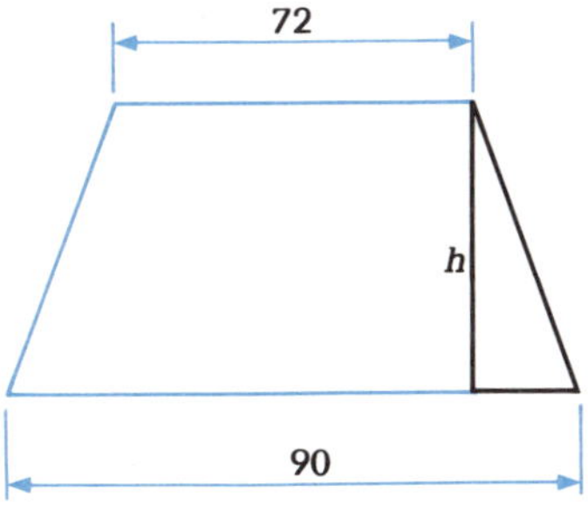

L'aire totale est donc :

$$\mathbf{5\,184 + 8\,100 + 4 \times 6\,804 = 40\,500\ mm^2 = 405\ cm^2}$$

La hauteur h du tronc de pyramide est donnée par le théorème de Pythagore :

$$\boldsymbol{h^2 = 84^2 - 9^2 = 6\,975\ \mathbf{mm}^2}$$

■ Les faces n'étant pas verticales, la hauteur du tronc de pyramide est légèrement inférieure à celle de chaque face latérale.

Ainsi :

$$h = \sqrt{6\,975} \approx 83{,}5 \text{ mm}$$

Par suite :

$$V = \frac{83{,}5}{3}(90^2 + 72^2 + \sqrt{90^2 \times 72^2})$$

Or,

$$\sqrt{90^2 \times 72^2} = 90 \times 72 = 6\,480.$$

Finalement :

$$V = \frac{83{,}5}{3}(8\,100 + 5\,184 + 6\,480) \approx 550\,098 \text{ mm}^3 \approx 550 \text{ cm}^3$$

■ On contrôle le résultat en notant que c'est le volume d'un cube de 82 mm de côté.

Tétraèdre

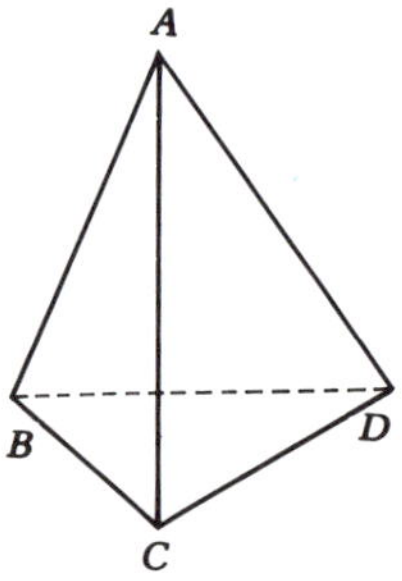

Un tétraèdre est déterminé par quatre points non coplanaires *A, B, C, D,* appelés *sommets.* Ces sommets définissent quatre triangles *BCD, ACD, ABD* et *ABC,* appelés *faces,* et six segments *AB, AC, AD, BC, BD, CD,* appelés *arêtes.*
Un tétraèdre peut être considéré de quatre manières comme une pyramide. Dans chacun des cas, la base est un triangle.

Exercice Emballage TETRA PAK. La notion de tétraèdre a longtemps été associée au « berlingot » de lait, c'est-à-dire à l'emballage tétraédrique TETRA PAK, employé en France de 1955 à 1967. Il s'agit d'une invention suédoise, due à Ruben RAUSING. Le TETRA PAK a été abandonné au profit du TETRA BRIK (voir p. 262), mieux adapté à la palette européenne (voir p. 193) et au stockage dans les hypermarchés ; il est encore utilisé en Europe du Nord, et en France dans le cas des mini berlingots NESTLÉ (voir p. 276).
Le TETRA PAK (comme le TETRA BRIK) est fabriqué sans chute à partir d'un cylindre de révolution (voir pp. 264 et 286).

En première approximation, on peut considérer cet emballage comme un tétraèdre dont les quatre faces sont des triangles isocèles ; la base b de chacun d'eux mesure 175 mm, tandis que les côtés adjacents ont pour longueur $a = 200$ mm. Trouver l'aire et le volume extérieur.

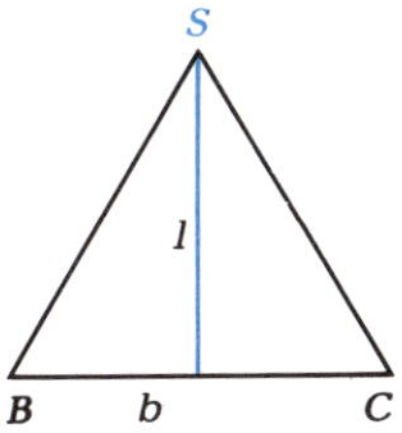

Nous procédons en deux temps : nous commençons par calculer la hauteur l de chaque face. D'après le théorème de Pythagore,

$$l^2 = 200^2 - \left(\frac{175}{2}\right)^2 \approx 32\,344 \text{ mm}^2$$

D'où $l \approx 180$ mm.

L'aire d'une face est $\frac{1}{2} \times 180 \times 175 = 15\,750 \text{ mm}^2$. L'aire totale est quatre fois celle d'une face, soit

$$\mathscr{A} = 4 \times 15\,750 = 63\,000 \text{ mm}^2 = 630 \text{ cm}^2$$

Une fois encore, on doit comparer au cas d'un cube de 10 cm de côté, dont l'aire est 600 cm².

Pour calculer le volume, il nous faut déterminer la hauteur du tétraèdre.

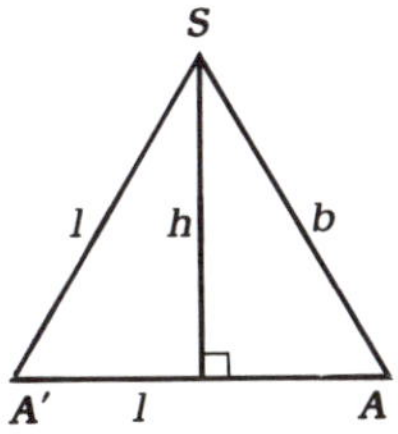

Coupons le tétraèdre par un plan passant par SH (où S est le sommet et H sa projection sur le plan opposé) et une arête issue de S. Nous obtenons un triangle isocèle.
En déterminant de deux manières l'aire du triangle isocèle $A'SA$, nous trouvons :

$$\frac{1}{2} hl = \frac{1}{2} l^2 \sin \hat{A}'.$$

Ainsi, $h = l \sin \hat{A}'$. Or, $\sin \frac{\hat{A}'}{2} = \frac{b}{2l} \approx 0{,}486\,1$. On en déduit que $\frac{\hat{A}'}{2} \approx 29{,}085°$ et $\hat{A}' \approx 58{,}171°$. D'où $\sin \hat{A}' \approx 0{,}849\,6$ et

$$h = l \sin \hat{A}' \approx 180 \times 0{,}849\,6 \approx 153 \text{ mm}$$

Le volume est finalement

$$V = \frac{1}{3} \times 153 \times 15\,750 \approx 803\,250 \text{ mm}^3 \approx 0{,}8 \text{ l}$$

Ce résultat est très différent de la capacité nominale de 1 l. Cela tient au fait que les parois sont loin d'être planes, elles sont bombées.

Tétraèdre régulier

Un tétraèdre est dit régulier lorsque ses arêtes ont la même longueur *a*. Les faces sont alors des triangles équilatéraux.

■ **Un tétraèdre régulier peut être considéré de quatre manières comme une pyramide régulière.**

Hauteur

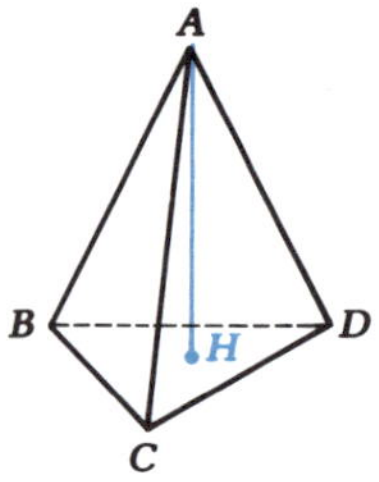

Soit *H* le centre de gravité du triangle *BCD*. Le segment *AH* est perpendiculaire à la base. Le segment *AH* s'appelle hauteur issue de *A*. Les diverses hauteurs du tétraèdre ont la même longueur *h*, appelée *hauteur* du tétraèdre.
Le triangle *AHB* étant rectangle en *H*,

$$AH^2 + HB^2 = AB^2 = a^2$$

Comme $BH = \frac{2}{3} BB' = a\frac{\sqrt{3}}{3}$ (voir p. 242), nous en déduisons que :

$$AH^2 = a^2\left(1 - \frac{1}{3}\right) = \frac{2}{3}a^2$$

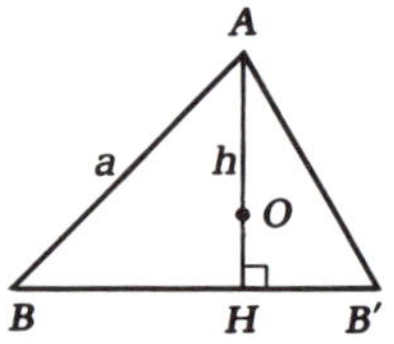

Finalement :

$$h = a\sqrt{\frac{2}{3}}$$

Les hauteurs issues des différents sommets se rencontrent en un point *O*, appelé centre du tétraèdre. Ce point est situé aux trois quarts de *AH* à partir du sommet.

$$OA = OB = OC = OD = \frac{3}{4}h = \frac{a\sqrt{6}}{4}$$

Exercice Tétrapode. Le tétrapode, utilisé pour baliser les chantiers, est constitué de quatre branches égales, portées par les hauteurs d'un tétraèdre régulier. Trouver l'angle α de deux des branches.
Soit *O* le centre du tétrapode. Le triangle *AOB* est isocèle en *O*. L'angle $\frac{\alpha}{2}$ est l'angle en *O* du triangle rectangle *AO'O*. D'où :

$$\sin\frac{\alpha}{2} = \frac{AO'}{AO}$$

D'une part, $AO' = \frac{1}{2}AB = \frac{a}{2}$. D'autre part, $AO = \frac{a\sqrt{6}}{4}$. Il en résulte que :

$$\sin\frac{\alpha}{2} = \frac{a}{2}\cdot\frac{4}{a\sqrt{6}} = \frac{2}{\sqrt{6}} \approx 0{,}816\,5$$

Ainsi, $\frac{\alpha}{2} = 54{,}735\,6°$ et :

$$\alpha = 2 \times 54{,}735\,6° = 109{,}471\,2°$$

Finalement :

$$\alpha = 109°\,28'\,16''$$

Aire du tétraèdre régulier

Chaque face a pour aire $a^2\frac{\sqrt{3}}{4}$ (voir p. 242). L'aire du tétraèdre régulier est donc :

$$\mathscr{A} = a^2\sqrt{3}$$

Volume du tétraèdre régulier

Le volume est le tiers du produit de l'aire de la base par la hauteur.

$$V = a^3\frac{\sqrt{2}}{12}$$

Exercice Déterminer le côté et l'aire d'un tétraèdre régulier dont le volume est 1 l.

Le côté est donné en dm par la relation $a^3 = \frac{12}{\sqrt{2}} \approx 8{,}485$. On en déduit aussitôt $a \approx 2{,}04$ dm $= 20{,}4$ cm. L'aire est

$$20{,}4^2 \times 1{,}73 \approx 721 \text{ cm}^2.$$

(Rappelons que $\sqrt{3} \approx 1{,}73$.)

EXERCICES

1 **Un jardin a la forme d'un trapèze. La grande base mesure 42 m. La petite base est les 2/3 de la grande et la hauteur mesure 5 m de moins que la petite base.**
On recouvre ce jardin d'une couche de sable uniforme. Calculer son épaisseur sachant que l'on a payé 1 386 F à raison de 15 F le mètre cube, le sable nécessaire.

2 **On considère une pyramide régulière à base carrée. Le volume est 270 m^3 et la hauteur, 10 m. Calculer le côté de la base.**

3 **La grande pyramide d'Egypte, ou pyramide de Kheops, a pour dimensions actuelles : hauteur 137 m, côté 230,38 m.**
_a_) Calculer l'apothème (hauteur de la face mesurée sur le plan incliné).
_b_) Calculer la longueur des arêtes.
_c_) Calculer l'aire de la base.
_d_) Calculer l'aire latérale.
_e_) Calculer la pente des faces.
_f_) Calculer le volume.

4 **La grande pyramide est en fait un tronc de pyramide, limité vers le sommet par une plate-forme d'environ 10 m de côté. Calculer l'aire latérale et le volume.**

5 **Le volume du barrage d'Assouan est 42,7 millions de mètres cubes. Combien de fois cela représente-t-il le volume de la grande pyramide ?**

6 **Le mini berlingot NESTLÉ est assimilable à un tétraèdre. Les quatre faces sont des triangles isocèles de base 44 mm et dont les côtés issus du sommet opposé à cette base mesurent 75 mm. Déterminer l'aire et le volume.**

7 **Une auge de maçon a les dimensions données par la figure ci-contre.**
_a_) Dessiner les faces latérales à l'échelle 1:5.
_b_) Calculer l'aire.
_c_) Calculer la capacité.

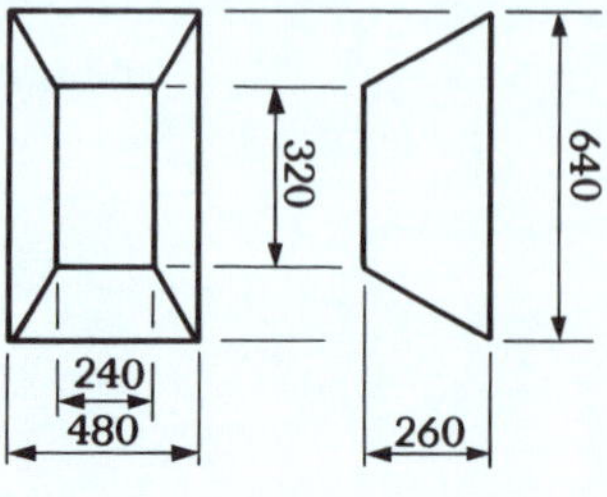

Cylindre et cône de révolution

Cylindre de révolution

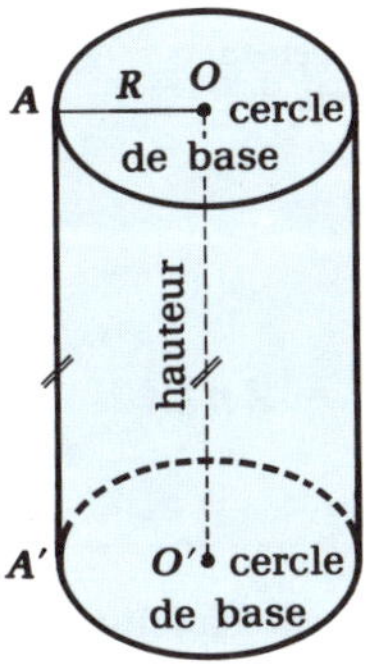

Le *cylindre de révolution* est la surface engendrée par un segment AA' en tournant autour d'une droite qui lui est parallèle.

On désigne aussi par cylindre le solide limité par la surface précédente et les disques de centres O et O' ; ces disques sont appelés *bases* du cylindre.
Les segments tels que AA' s'appellent *génératrices* du cylindre. Leur longueur commune h s'appelle *hauteur* du cylindre ; c'est encore la distance OO'. Les sections par des plans perpendiculaires à l'axe OO' sont des cercles de même rayon R. Le nombre R s'appelle *rayon* du cylindre. Le diamètre $D = 2R$ de ces cercles s'appelle *diamètre* du cylindre.

■ Comme dans le cas du cercle, le diamètre se note encore $\varnothing$. Par exemple, $\varnothing 8$ désigne une tige de 8.

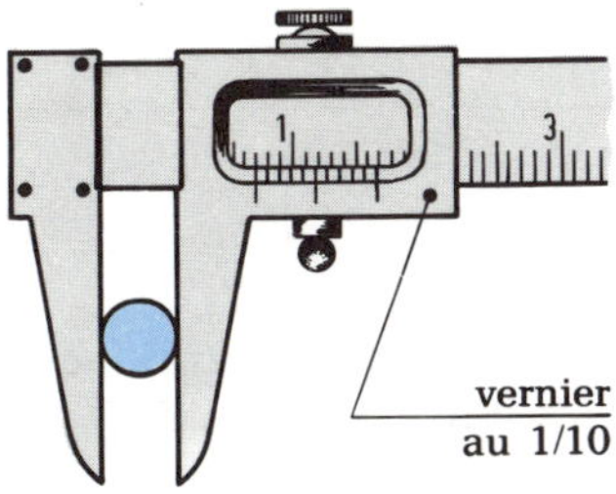

Détermination du diamètre d'un cylindre à l'aide d'un pied à coulisse.

Développement d'un cylindre

Si l'on coupe la surface latérale du cylindre suivant une génératrice, et qu'on étale cette surface sur une feuille de papier, on obtient un rectangle de longueur $2\pi R$ et de hauteur h.

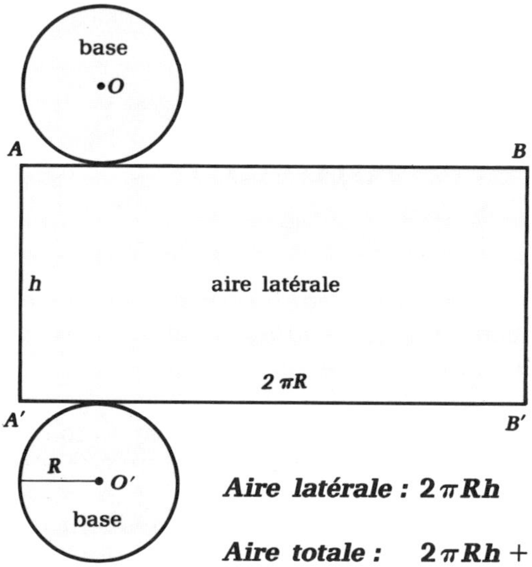

Développement d'un cylindre.

Aire latérale : $\mathbf{2\pi Rh}$

Aire totale : $\mathbf{2\pi Rh + 2\pi R^2 = 2\pi R(h + R)}$

■ L'aire latérale intervient dans les problèmes de tuyauterie, canalisations, etc. L'aire totale correspond au cas de la boîte de conserve. Enfin, on est amené à considérer la somme de l'aire latérale et de celle de l'une des bases, soit $2\pi Rh + \pi R^2$, pour fabriquer une casserole (ou encore une boîte sans son couvercle).

Volume

$$V = \pi R^2 h$$

Le volume du cylindre est le produit de l'aire de la base par la hauteur.

■ Cette formule se retient facilement, car c'est la même que dans le cas du parallélépipède ou, plus généralement, du prisme.

▲ *Construction d'une route en 1908. Passage du rouleau.*

◀ *Rouleau imprimeur vers 1880.*

▼ *Réservoir cylindrique.*

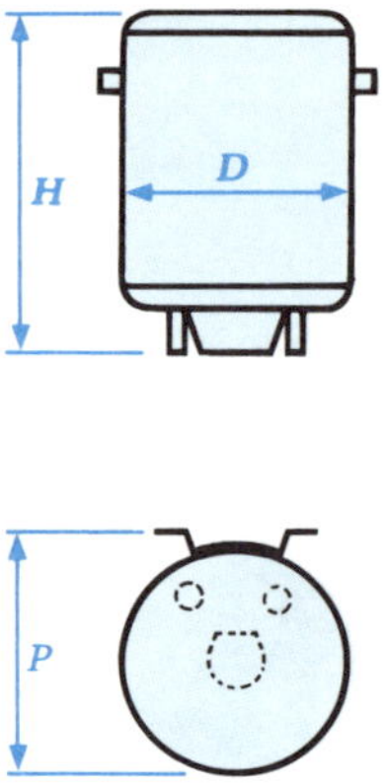

Exemple Chauffe-eau. Un chauffe-eau a pour hauteur H et pour diamètre D, les données étant exprimées en millimètres.
Trouver le volume occupé par ce chauffe-eau dans les cas suivants :

capacité litres	D	H
30	380	585
50	450	670

Le volume est $V = \frac{\pi D^2}{4} H$. (Ne pas confondre R et D.)

Dans le premier cas : $\boldsymbol{V = \frac{\pi}{4} \times 3{,}8^2 \times 5{,}85 = 66{,}3}$ **l**

Dans le second cas : $\boldsymbol{V = \frac{\pi}{4} \times 4{,}5^2 \times 6{,}7 = 106{,}6}$ **l**

Pour un petit chauffe-eau, l'encombrement à prévoir est donc plus du double de la capacité.

Cylindrée d'un moteur

On définit un moteur à explosion par le nombre n de cylindres, l'alésage d et la course C.

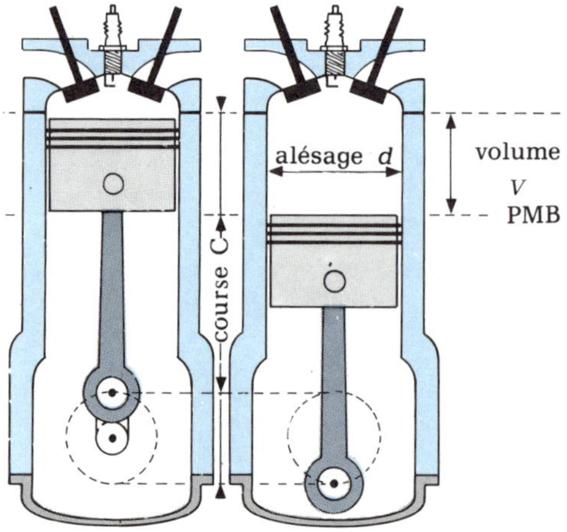

L'*alésage* est le diamètre intérieur du cylindre, la *course* est la hauteur disponible pour le déplacement de la partie supérieure du piston. (La course du piston n'est pas égale à la hauteur intérieure du cylindre : il reste en effet le volume des gaz comprimés.)
Ces nombres sont généralement exprimés en millimètres, sous la forme $d \times C$. Ainsi, 93×92 désigne un alésage de 93 mm et une course de 92 mm.

La position la plus basse est PMB (point mort bas) ; la position la plus haute est PMH (point mort haut).

Si l'alésage est égal à la course, la coupe transversale du cylindre est un carré ; c'est pourquoi le moteur est alors dit carré. Si l'alésage est plus grand que la course (comme dans l'exemple ci-dessus), le moteur est dit super carré.

Soit R le rayon intérieur du cylindre. Comme $R = \frac{d}{2}$, le volume de chaque cylindre, ou cylindrée unitaire, est :

$$V_U = \pi r^2 C = \frac{\pi d^2}{4} C$$

La cylindrée totale s'en déduit :

$$V_T = n V_U = n \frac{\pi d^2}{4} C$$

La cylindrée est exprimée en centimètres cubes ou en litres. Les cylindrées des divers modèles de Mercedes sont mesurées en centilitres. Ainsi, la 240 D a un moteur de 2 399 cm³, tandis que la 380 SL a un moteur de 3 818 cm³. Chez BMW, le premier chiffre désigne la série ; les deux derniers représentent généralement la cylindrée en décilitres. Ainsi, la 3.23 i possède un moteur de 2,3 l. Le mot turbo *est une abréviation de* turbocompresseur. *La lettre i est l'initiale du mot* injection. *Le sigle GT signifie* grand tourisme. *La lettre L évoque* luxe *(appellation réservée paradoxalement aux modèles de bas de gamme). La dénomination CX est une allusion au coefficient de traînée C_x, utilisé en aérodynamique (l'indice x se référant à l'axe des abscisses) ; une carrosserie bien profilée est caractérisée par une faible valeur de C_x. Le constructeur sous-entend que le C_x du modèle en question est particulièrement faible.*

Exemples de calculs de cylindrées.

1. ***2 CV Citroën.*** Il s'agit d'un moteur à 2 cylindres, 74 × 70.

$$V = 2 \times \frac{\pi}{4} \times 7{,}4^2 \times 7 \approx 602 \text{ cm}^3$$

2. ***R 5 GTL.*** Le moteur a 4 cylindres, 70 × 72

$$V = 4 \times \frac{\pi}{4} \times 7^2 \times 7{,}2 \approx 1\,108 \text{ cm}^3$$

3. ***R 30 TX.*** Le moteur a 6 cylindres, 88 × 73.

$$V = 6 \times \frac{\pi}{4} \times 8{,}8^2 \times 7{,}3 \approx 2\,664 \text{ cm}^3$$

Il s'agit du moteur PRV commun à la 604, la Talbot Tagora 2,6 l et la Volvo 264.

Rapport volumétrique

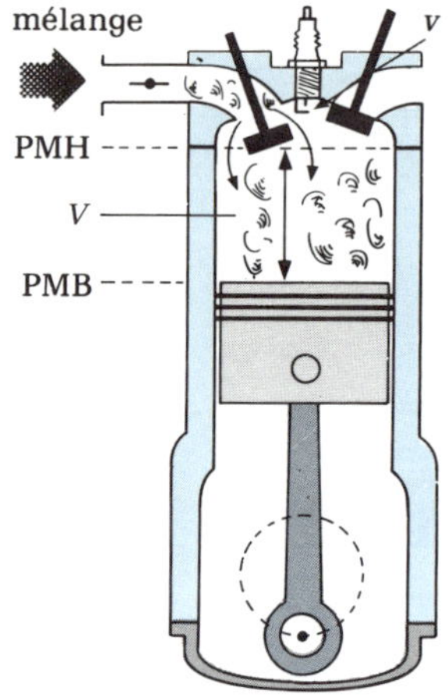

Dans un moteur à explosion, les gaz frais occupent un volume $V + v$; après la compression, le volume est réduit à v.

Le rapport volumétrique est défini par $\rho = \frac{V + v}{v}$ (ρ : lettre grecque « rho »).

Exemple Le rapport volumétrique de la Renault 5 GTL est 9,5. Trouver le volume v occupé par les gaz d'un cylindre après compression.

La relation $\frac{V + v}{v} = 9{,}5$ conduit à $v = \frac{1}{8{,}5} V$. La cylindrée unitaire est $V = \frac{1}{4} \times 1\,108 = 277 \text{ cm}^3$. Par conséquent :

$$v = \frac{277}{8{,}5} \approx 32{,}6 \text{ cm}^3$$

La lettre V représente le volume balayé par le piston. La lettre v représente le volume restant au-dessus du piston.

Cône de révolution

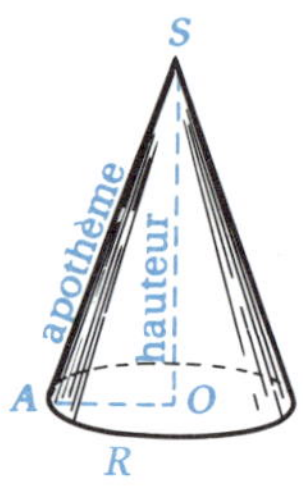

Le *cône de révolution* est la surface engendrée par un segment SA en tournant autour d'une droite passant par l'une de ses extrémités.
On désigne aussi par cône le solide limité par la surface précédente et le disque de centre O ; ce disque est appelé *base* du cône.

Lorsqu'une confusion est à craindre, on précise « cône de révolution ».

Le point S est appelé *sommet*. Les segments tels que SA sont les génératrices ; leur longueur commune a s'appelle *apothème*. La *hauteur* est la distance $h = SO$.

L'angle $\varphi = \widehat{ASO}$ (lire phi) s'appelle demi-angle au sommet ; il est déterminé par

$$\sin \varphi = \frac{R}{a} \quad \text{ou} \quad \tan \varphi = \frac{R}{h}$$

Développement du cône

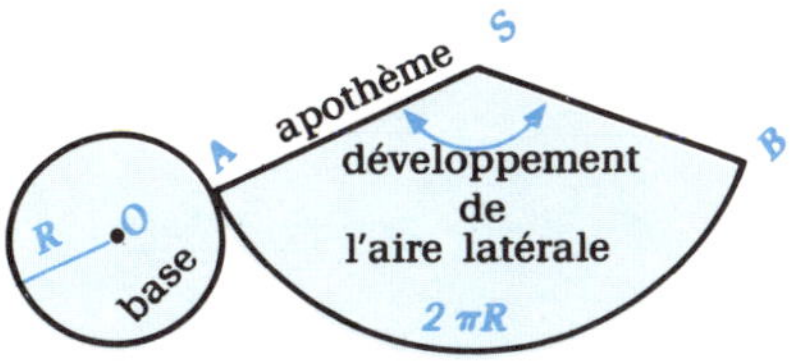

Développement du cône

Si l'on coupe la surface latérale du cône suivant une génératrice, et qu'on étale cette surface sur une feuille de papier, on obtient un secteur circulaire de rayon a. La longueur ℓ de l'arc limitant ce secteur est celle du cercle de base :

$$\ell = 2\pi R$$

L'angle α formé par les rayons extrêmes SA et SB est, en radians,

$$\alpha = \frac{\ell}{a} = 2\pi\frac{R}{a}$$

Aire latérale du cône

L'aire latérale du cône est :

$$\mathcal{A} = \pi R a$$

C'est aussi l'aire du secteur angulaire obtenu dans le développement. En effet, $\frac{\alpha}{2}a^2 = \frac{2\pi}{2}\frac{R}{a}a^2 = \pi R a$.

■ C'est encore l'aire d'un triangle de hauteur a et dont la base a la longueur de l'arc AA'.

Volume du cône

Le volume du cône est le tiers du produit de l'aire de la base par la hauteur :

$$V = \frac{1}{3}Bh = \frac{1}{3}\pi R^2 h$$

■ La formule est analogue à celle qui donne le volume de la pyramide (voir p. 270).

Tronc de cône

Le tronc de cône est la surface limitée par un cône et un plan parallèle au plan de la base.

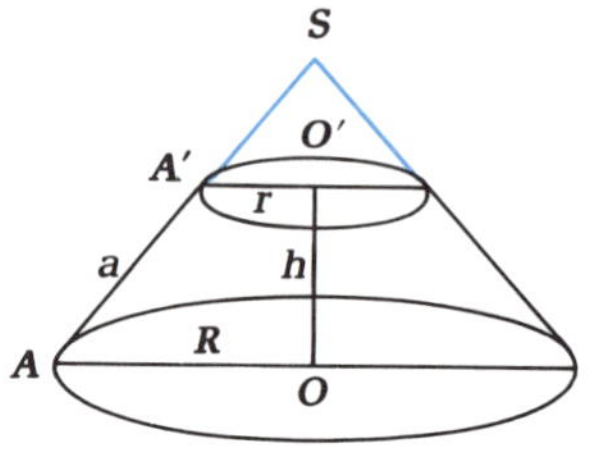

On appelle encore tronc de cône le solide limité par la surface précédente et les disques de centres O et O' ; ces disques sont appelés *bases* du tronc de cône.
La hauteur est cette fois $h = OO'$ et l'apothème est $a = AA'$.
Le quadrilatère $AOO'A'$ est un trapèze rectangle. Le demi-angle au sommet φ se retrouve en $HA'A$.

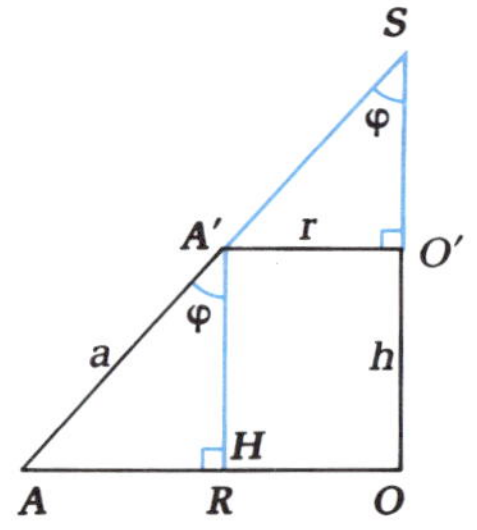

D'où

$$\sin \varphi = \frac{AH}{AA'} = \frac{R - r}{a}$$

et

$$\tan \varphi = \frac{AH}{HA'} = \frac{R - r}{h}$$

Les distances SA et SO s'en déduisent :

$$SA = \frac{OA}{\sin \varphi} = \frac{R}{\sin \varphi} = \frac{aR}{R - r}$$

$$SO = \frac{OA}{\tan \varphi} = \frac{R}{\tan \varphi} = \frac{hR}{R - r}$$

Développement du tronc de cône

On obtient cette fois la partie du plan limitée par deux arcs de cercles concentriques et les segments AA' et BB'.

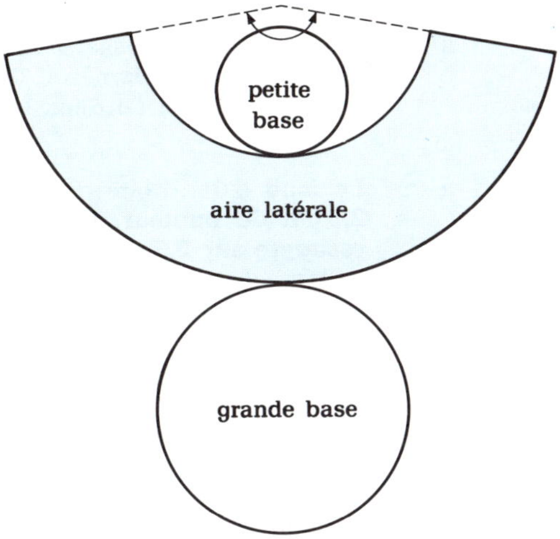

Aire latérale du tronc de cône

$$\mathcal{A} = \pi a(R + r)$$

On obtient ce résultat en prenant la différence des aires latérales de deux cônes de sommet S.

■ Si $r = 0$, on retrouve l'aire du cône.

Volume du tronc de cône

$$V = \frac{\pi}{3} h(R^2 + r^2 + Rr)$$

■ Si $r = 0$, on retrouve le volume du cône.

EXERCICES

1 **Gaz de France installe dans la région parisienne une canalisation de 60 km de long, de diamètre 750 mm. Trouver la capacité et l'aire latérale.**

2 **Un rouleau à pâtisserie a 22 cm de long et 5 cm de diamètre. Trouver la surface balayée en deux tours.**

3 **Le fond d'une boîte de camembert a 11 cm de diamètre et 2,5 cm de hauteur. Le ruban formant la paroi latérale se recouvre sur 2,5 cm. Trouver la surface de bois nécessaire.**

4 **Un camembert a 3 cm de hauteur et 10,6 cm de diamètre.**
***a*) Trouver l'aire.**
***b*) On suppose que la croûte a une épaisseur uniforme de 3 mm. Trouver le volume utile.**

5 **Une cocotte cylindrique de 2,5 l a pour diamètre 20 cm. Trouver la hauteur.**

6 **Calculer le volume extérieur d'un chauffe-eau dans chacun des cas suivants. Déterminer le rapport de la capacité au volume extérieur en %.**

Capacité	D	H
75	485	725
100	510	840
200	600	1 105
300	600	1 710
500	765	1 845

7 **L'aire d'une casserole est minimale lorsque la hauteur h est égale au rayon R. Dans ces conditions, trouver les volumes d'une série de casseroles de diamètres 12, 14, 16, 18 et 20 cm.**

8 **L'aire d'une boîte cylindrique est minimale lorsque la hauteur h est égale au double du rayon R. Dans ces conditions, trouver le diamètre d'une boîte de conserve *a*) d'un litre ; *b*) de deux litres ; *c*) de cinq litres.**

9 **Les rouleaux acceptés par les P.T.T. sont tels que :**

$$17 \leqslant l + 2d \leqslant 104,$$

où l désigne la longueur et d le diamètre.

Examiner dans quels cas ces conditions sont satisfaites :

l	75	8	70	80
d	14	4	35	10

Calculer alors le volume correspondant.

10 Trouver la cylindrée de la Rolls-Royce Silver Spirit. On rappelle que le moteur a 8 cylindres 104,1 × 99,1.
La cylindrée de la Jaguar XJS est 5 343 cm^3. Les cylindres sont du type 90 × 70. Trouver le nombre de cylindres.
La cylindrée de l'Audi 100 CD est 2 144 cm^3. Les cylindres sont du type 79,5 × 86,4. Trouver le nombre de cylindres.

11 Une bouée de signalisation est un solide constitué par deux cônes de révolution soudés par leur base.
a) Calculer *OA* et *OD*.
b) Calculer le volume de cette bouée.

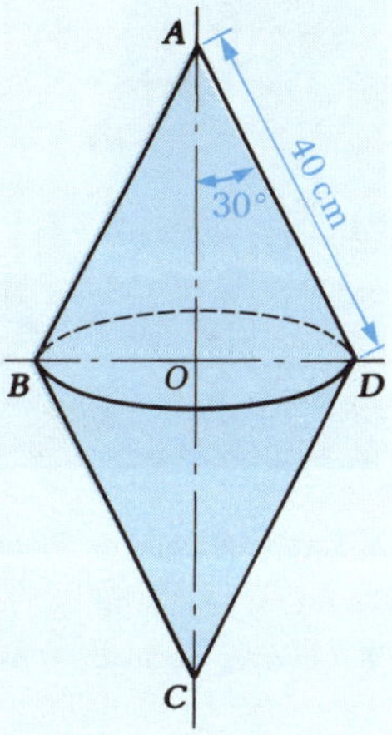

12 Un gobelet tronconique a pour apothème 9 cm. Les diamètres des bases sont 6,4 cm et 4,2 cm. Trouver l'aire et la capacité.

13 Un réservoir vertical est constitué d'un cylindre surmonté d'un toit conique.
Le diamètre est 3 000 mm. La hauteur de la robe est 4 500 mm et la hauteur totale est 4 850 mm.
a) Trouver l'aire et le volume extérieur.
b) L'épaisseur de la robe et du toit étant 5 mm, celle du fond 6 mm, trouver la capacité.

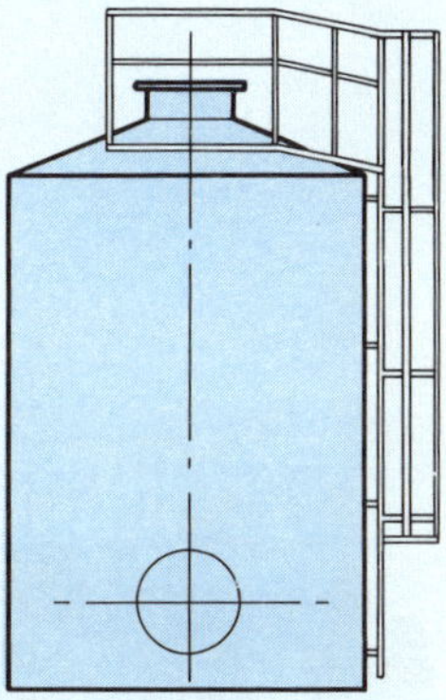

14 Une pointe de bougeoir tronconique a pour diamètres 23,5 mm et 4 mm. L'apothème est 137 mm.
a) Développer le tronc de cône.
b) Trouver l'angle des rayons extrêmes du développement. Vérifier sur le dessin.
c) Calculer l'aire latérale.

▲ *Radiotélescope de Pleumeur-Bodou.*

▼ *Centrale nucléaire d'Avoine-sur-Loire, dite « de Chinon ».*

Sphère

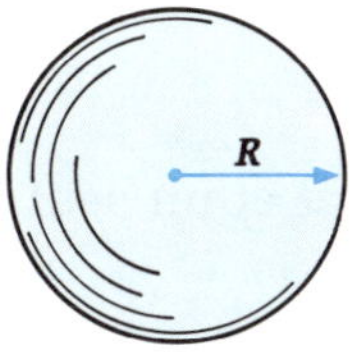

La sphère est l'ensemble des points de l'espace à une même distance d'un point donné O. Le point O s'appelle *centre* ; la distance commune s'appelle *rayon,* et se note R.
L'ensemble des points de l'espace à une distance de O inférieure à R s'appelle *boule* de centre O et de rayon R.
Un *diamètre* d'une sphère est un segment joignant deux points de la sphère et passant par le centre. Tous ces segments ont la même longueur D, laquelle est le double du rayon. Cette longueur s'appelle *diamètre* de la sphère.

$$D = 2R$$

Contrairement au cas du cône ou du cylindre, on ne peut développer la sphère, c'est-à-dire appliquer sa surface sur un plan sans pli ni déchirure. Les cartes géographiques ne peuvent donc représenter qu'une partie du globe terrestre, et avec une déformation notable pour une grande étendue, telle qu'un continent.

Section plane de la sphère

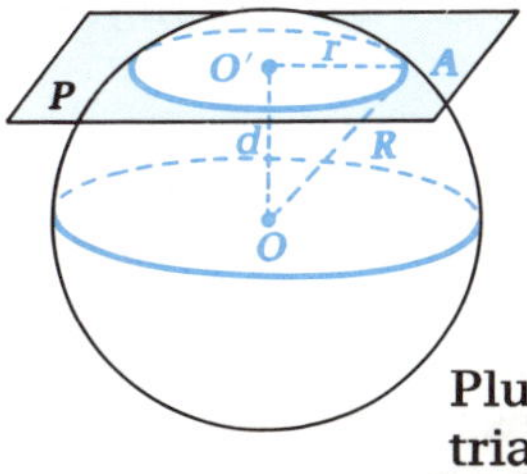

Soit d la distance de O au plan.

Si $d > R$, le plan ne rencontre pas la sphère.

Si $d < R$, la section est un cercle.

Plus précisément, soit O' la projection de O sur le plan. Le triangle $OO'A$ étant rectangle en O', le rayon r de la section vérifie $d^2 + r^2 = R^2$.

Ainsi :

$$r = \sqrt{R^2 - d^2}$$

Le rayon r est inférieur à R, avec égalité si et seulement si $d = O$. C'est pourquoi les sections par les plans passant par le centre (ou plans diamétraux) sont appelées *grands cercles* de la sphère.

Si l'on assimile la surface de la Terre à une sphère, l'équateur et les méridiens sont des grands cercles *(voir p. 295).*

Si $d = R$, le plan rencontre la sphère en un point et un seul ; on dit que le plan est *tangent* à la sphère.

■ On peut considérer que l'intersection est un cercle réduit à son centre.

Détermination pratique du diamètre d'une sphère

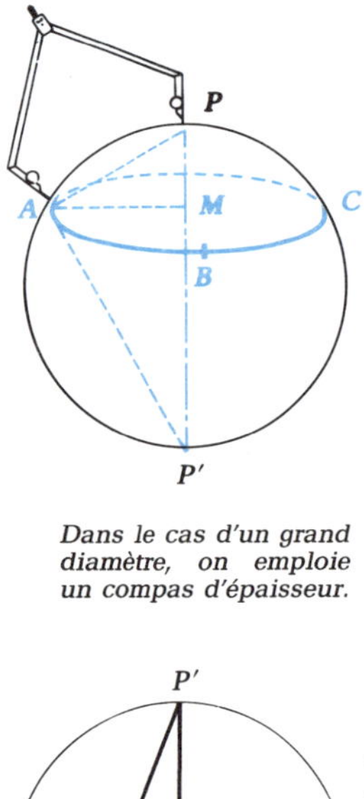

Dans le cas d'un grand diamètre, on emploie un compas d'épaisseur.

Dans le cas d'un petit diamètre, on obtient directement le résultat à l'aide d'un pied à coulisse ou d'un palmer.
Un compas d'épaisseur est un compas à pointes sèches ; les branches ne sont pas rectilignes, ce qui permet de porter ou de mesurer des distances sur une sphère.
On fixe une pointe du compas en P. L'ouverture du compas étant constante, l'autre pointe décrit un cercle de centre M.
On marque trois points A, B et C de ce cercle. Toujours à l'aide du compas d'épaisseur, on mesure les cordes BC, CA et AB, ce qui permet de construire le triangle ABC sur une feuille de papier. On construit ensuite le centre M du cercle circonscrit à ce triangle. On en déduit alors le triangle rectangle AMP, connaissant la longueur de l'hypoténuse. Enfin, le triangle PAP' est rectangle en A, où P' est la seconde extrémité du diamètre passant par P. Le diamètre cherché est la longueur de l'hypoténuse de ce dernier triangle.

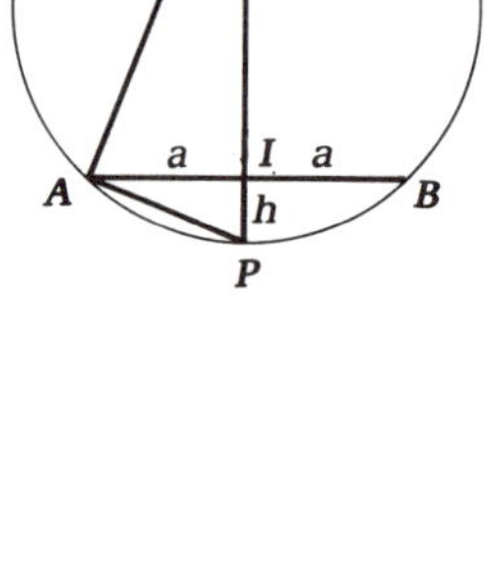

Dans le cas où l'on ne dispose que d'un fragment de la surface (cas d'un verre de lunette, éventuellement brisé), on emploie un sphéromètre.
Deux pointes fixes A et B sont mises en contact avec la surface ; une pointe mobile montée sur ressort vient s'appuyer en P, à égale distance de A et de B. Le triangle PAP' étant rectangle en A,

$$h(D - h) = a^2$$

D'où

$$D = h + \frac{a^2}{h}$$

La graduation du cadran d'un sphéromètre de lunetier fournit la valeur de $\frac{1}{R}$. En effectuant la mesure sur les deux faces d'une lentille, on obtient aussitôt (par différence) la vergence de cette lentille.

Aire de la sphère

L'aire est proportionnelle au carré du rayon :

$$\mathcal{A} = 4\pi R^2$$

■ L'aire est quatre fois l'aire d'un grand cercle.

Volume de la sphère

Le volume est proportionnel au cube du rayon.

$$V = \frac{4}{3}\pi R^3$$

Exemples Les rayons moyens de la Terre, de la Lune et du Soleil sont respectivement

$$R_T = 6{,}370 \times 10^6 \text{ m}$$

$$R_L = 1{,}738 \times 10^6 \text{ m}$$

$$R_S = 6{,}960 \times 10^8 \text{ m}$$

On en déduit les aires et les volumes :

$$\mathcal{A}_T = 5{,}099 \times 10^{14} \text{ m}^2 \qquad V_T = 1{,}083 \times 10^{21} \text{ m}^3$$

$$\mathcal{A}_L = 3{,}796 \times 10^{13} \text{ m}^2 \qquad V_L = 2{,}199 \times 10^{19} \text{ m}^3$$

$$\mathcal{A}_S = 6{,}087 \times 10^{18} \text{ m}^2 \qquad V_S = 1{,}412 \times 10^{27} \text{ m}^3$$

Aires de parties remarquables

Fuseau

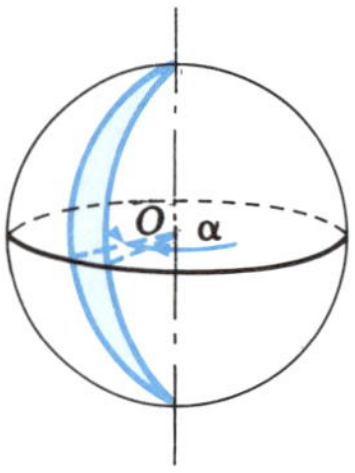

Le fuseau est la partie de la sphère limitée par deux demi-grands cercles de mêmes extrémités.
L'aire est

$$\mathscr{A} = 2\,\alpha\,R^2$$

où α désigne l'angle des demi-plans (en radians).

■ L'aire est proportionnelle à l'angle ; si $\alpha = 2\,\pi$, on retrouve l'aire de la sphère.

Zone et calotte

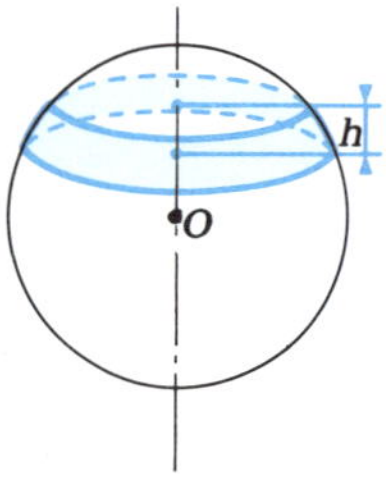

Une zone sphérique est la partie d'une sphère comprise entre deux plans parallèles. Si l'un des plans est tangent à la sphère, la zone porte le nom de calotte sphérique. (Autrement dit, une calotte est l'une des deux parties découpées sur la sphère par un cercle.)

Sur la Terre, la zone comprise entre les deux tropiques est la zone torride. Les calottes limitées par les cercles polaires sont les calottes glaciaires. Les zones limitées par un tropique et un cercle polaire d'un même hémisphère sont les zones tempérées (voir p. 295).

L'aire de la zone limitée par des plans à la distance h est

$$\mathscr{A} = 2\,\pi\,R\,h$$

■ Cette formule se retient facilement : c'est l'aire du cylindre de rayon R et de hauteur h (voir p. 277). La formule reste valable pour une calotte, et aussi pour la sphère tout entière (prendre $h = 2\,R$).

Volumes de parties remarquables

Onglet

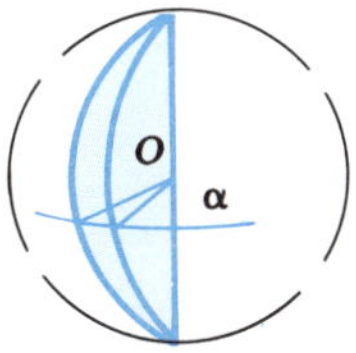

L'onglet est le solide limité par la sphère et deux demi-plans passant par un même diamètre.
Le volume est

$$V = \frac{2}{3} \alpha R^3$$

où α désigne l'angle des demi-plans (en radians).

■ Si $\alpha = 2\pi$, on retrouve le volume de la sphère.

Secteur sphérique

Le secteur sphérique est le solide engendré par un secteur circulaire tournant autour d'un diamètre qui ne le traverse pas.

$$V = \frac{2}{3} \pi R^2 h$$

Le volume du secteur sphérique est le tiers du produit de la zone qui le limite par le rayon de la sphère.

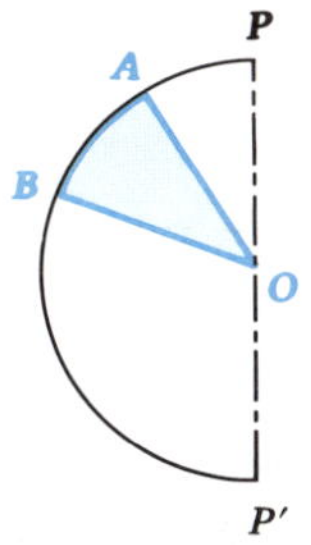

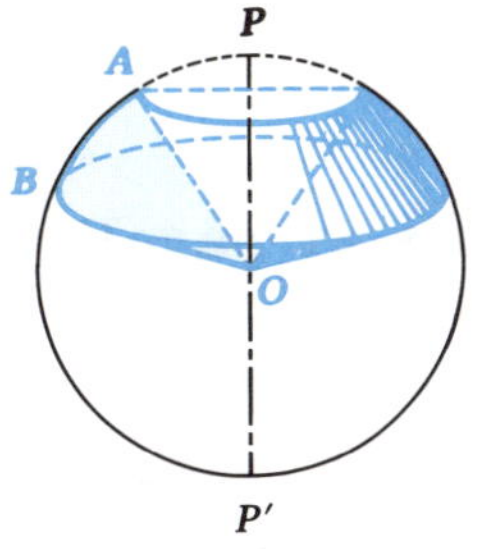

■ Lorsque $h = 2R$, on retrouve le volume de la sphère.

Segment sphérique

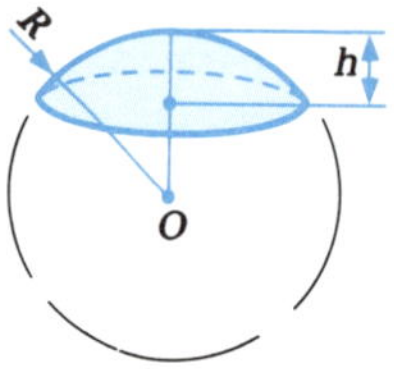

Segment sphérique à une base

Le segment sphérique est le solide limité par la sphère et deux plans parallèles.

■ C'est donc la partie de l'espace limitée par une zone et deux disques.

Le volume du segment sphérique à une base est

$$V = \frac{\pi}{3} h^2(3R - h)$$

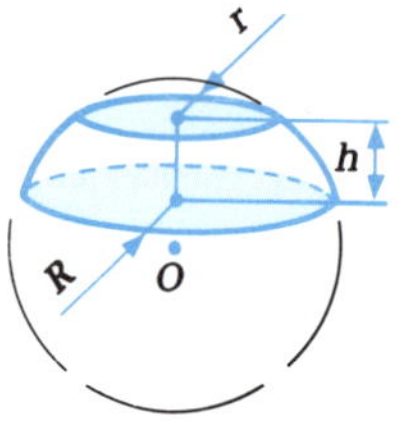

Segment sphérique à deux bases

■ Si l'on remplace h par $2R$, on retrouve le volume de la sphère.

Le volume du segment sphérique à deux bases s'en déduit par différence.

Coordonnées géographiques

Méridiens et parallèles

La Terre peut être considérée approximativement comme une sphère ; elle effectue chaque jour un tour autour d'un axe imaginaire passant par le pôle nord et le pôle sud, l'*axe des pôles*.

Tout demi-plan limité par la ligne des pôles coupe la Terre suivant la moitié d'un grand cercle (voir p. 289), appelée

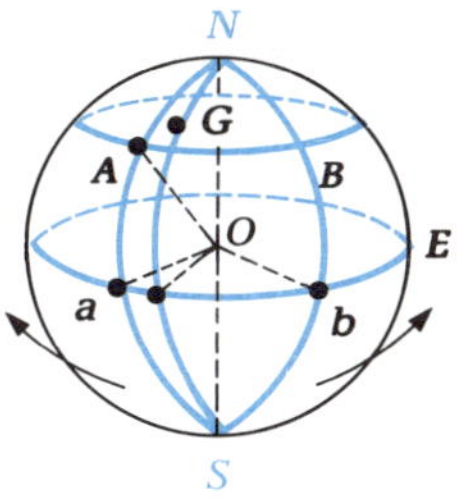

méridien. Tout plan perpendiculaire à la ligne des pôles coupe la Terre suivant un cercle, appelé *parallèle.* Seul le parallèle dans le plan passant par le centre de la Terre est un grand cercle : c'est l'*équateur.* Par tout point de la Terre, il passe un parallèle et un seul ; par tout point autre que les pôles, il passe un méridien et un seul. Ainsi, pour déterminer la position d'un lieu à la surface de la Terre, il suffit de connaître le méridien et le parallèle passant par ce lieu.

La lettre G représente Greenwich. Le lieu A est déterminé par l'angle $\widehat{gOa}$, ou longitude, et l'angle $\widehat{aOA}$, ou latitude.

Longitude

Pour repérer les méridiens, on prend pour origine le méridien de Greenwich.

Greenwich est le nom de la banlieue où se trouvait l'observatoire de Londres jusqu'en 1948. *Le choix, datant de* 1884, *du méridien passant par cet observatoire a été ratifié par la France en* 1911. *(En contrepartie, la Grande-Bretagne a décidé en* 1965 *d'adopter le système métrique, ce qui est en voie de concrétisation...)*

Le méridien de Greenwich rencontre l'équateur en un point *g.* Le méridien d'un lieu *A* rencontre l'équateur en un point *a.* Soit *O* le centre de la Terre. L'angle *gOa* s'appelle longitude de *A.* La longitude est comptée de 0 à 180°, vers l'Ouest ou vers l'Est suivant que *A* est à l'Ouest ou à l'Est du méridien de Greenwich.

■ La longitude d'un lieu intervient dans la détermination de l'heure locale (voir p. 171).

Latitude

Pour repérer les parallèles, on prend pour origine l'équateur. L'angle *aOA* s'appelle latitude de *A.* La latitude est comptée de 0 à 90°, vers le nord ou vers le sud suivant l'hémisphère où se trouve *A.*

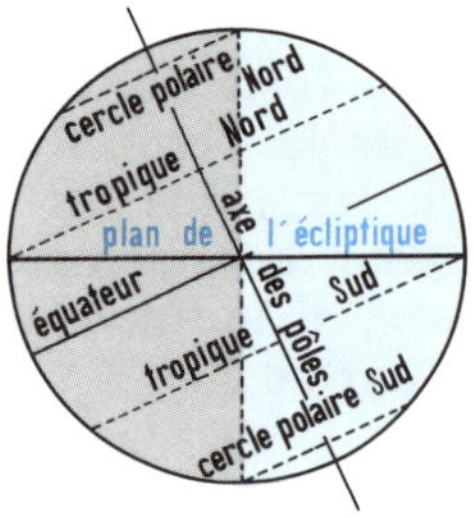

La latitude intervient dans la définition des zones climatiques. Les tropiques sont les parallèles de latitudes 23°27′ Nord et Sud ; ils délimitent la zone tropicale, où le soleil passe deux fois par an à la verticale de chaque lieu. Le tropique du Cancer est dans l'hémisphère Nord, le tropique du Capricorne est dans l'hémisphère Sud. Les cercles polaires, de latitudes 66°33′ Nord et Sud, délimitent les zones glaciaires, où l'on peut voir le « soleil de minuit » ; ce sont les endroits où le soleil ne se couche pas pendant au moins vingt-quatre heures.
La latitude intervient aussi dans le choix de frontières artificielles. Par exemple, la Corée du Nord et la Corée du Sud sont séparées par le 38ᵉ parallèle (c'est-à-dire le parallèle de latitude 38° Nord).

Coordonnées géographiques

La longitude et la latitude d'un lieu sont appelées coordonnées géographiques de ce lieu ; elles sont données en degrés et minutes (et en dixièmes ou centièmes de minutes, anciennement en secondes).

Exemples

Ville	Latitude	Longitude
Paris	48° 52′ N	2° 20′ E
New York	43° 43′ N	74° 01′ W
Moscou	55° 45′ N	37° 35′ E
Melbourne	37° 49′ S	144° 58′ E
Lima	12° 03′ S	77° 03′ W
Le Cap	33° 55′ S	18° 22′ E

■ Suivant une convention internationale, les points cardinaux sont représentés par les lettres N, S, E et W (du mot anglais *West*).

Longueurs d'arcs de méridiens

Rappelons que le mètre a été défini initialement (en 1795) comme la dix-millionnième partie du quart du méridien terrestre. Un arc d'un degré sur un méridien a en principe pour longueur

$$\frac{10\,000}{90} \approx 111{,}111 \text{ km}$$

En fait, la longueur d'un méridien n'est pas exactement 40 000 km, *mais environ* 40 008 km. *La longueur d'un arc d'un degré sur un méridien est donc* $\frac{40\,008}{360} \approx 111{,}133$ km.
Si la Terre était sphérique, la longueur d'un arc d'un degré sur l'équateur serait égale à celle d'un arc d'un degré sur un méridien. La longueur de l'équateur étant 40 075 km, *la longueur d'un arc d'un degré sur l'équateur est donc* $\frac{40\,075}{360} \approx 111{,}319$ km. *Mais la longueur d'un arc d'un degré sur un parallèle dépend de la position de ce parallèle : à la latitude de Paris, un arc d'un degré ne mesure plus que* 73 km. *On doit tenir compte de ce fait pour mesurer les distances sur une carte* *(voir p.* 196*).*

Un arc d'une minute sur un méridien a pour longueur

$$\frac{10\,000}{60 \times 90} \approx 1{,}851\,85 \text{ km} = 1\,851{,}85 \text{ m}$$

Par convention, la longueur de 1852 m porte le nom de *mille.*

■ On dit aussi mille marin, pour éviter toute confusion avec le *mile,* mesure anglo-saxonne valant environ 1 609 m (voir p. 153).

En navigation maritime, on emploie pour unité de vitesse le nœud, égal à 1 mille par heure, soit environ 0,514 m/s.

Exemple Un navire filant 14 nœuds a une vitesse de

$$\mathbf{14 \times 1{,}852 \approx 26 \text{ km/h}}$$

soit encore

$$\mathbf{14 \times 0{,}514 \approx 7{,}2 \text{ m/s}}$$

La terminologie de nœud provient de l'ancienne mesure de la vitesse à l'aide du loch à bateau : on amarre une bouteille remplie d'eau de façon à flotter tout juste. On fait des nœuds sur la ligne à une distance de $\frac{1}{240}$ *mille (soit* 7,717 m*). On laisse filer la ligne, et on compte le nombre n de nœuds ayant défilé en* 15 s *(c'est-à-dire* $\frac{1}{240}$ *heure). La vitesse est mesurée en nœuds par le nombre n. Pour mesurer une vitesse de* 14 *nœuds, il faut disposer d'une ligne de longueur supérieure à* 14 × 7,717 m, *soit au moins* 110 m.
En anglais, nœud se dit knot, *ce qui explique le symbole* kn.
Ne pas confondre le verbe transitif filer *avec son acception intransitive : il serait dérisoire de dire qu'un navire file à 14 nœuds.*

La règle CRAS est une règle graduée sur l'un des bords en centimètres, sur l'autre en milles marins, à l'échelle de 1/1 000 000. Cette règle comporte deux demi-cercles gradués en degrés (ce qui équivaut à un cercle complet gradué de 0 à 360°).

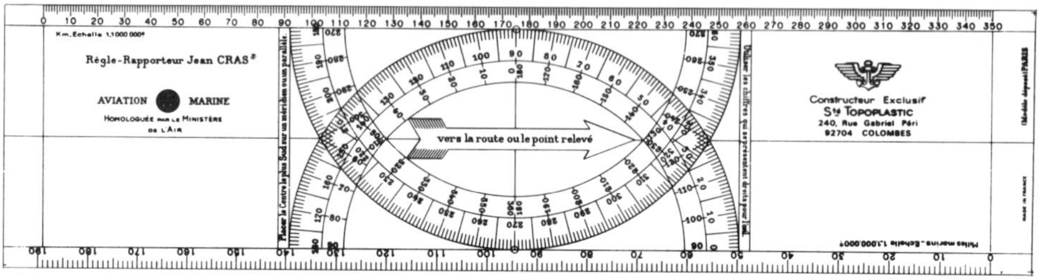

Par exemple, pour tracer une route au cap 13°, on place la règle de façon à former l'angle de 13° avec l'axe sud-nord. La flèche indique le sens de la route. (On ne peut confondre avec le cap 193°.)

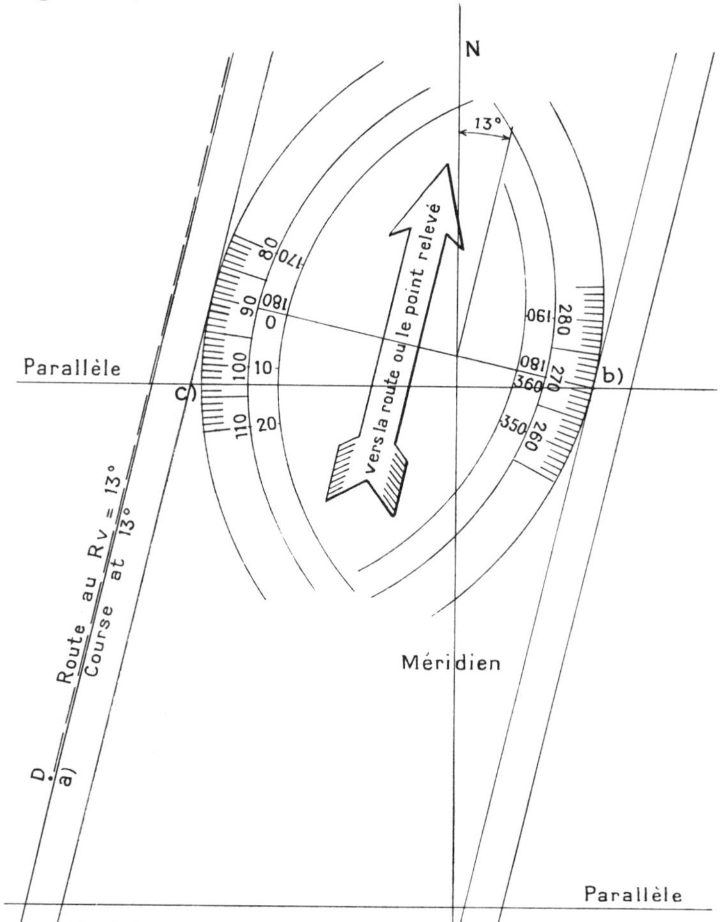

Tracé d'une route à partir d'un parallèle.

EXERCICES

1 **Déterminer le volume d'une boule de pétanque dans les deux cas suivants : *a*) ∅ 70 mm ; *b*) ∅ 76 mm.**

2 **Déterminer le rayon d'une boule de pétanque, sachant que le volume est 212 dm^3.**
Déterminer le rayon d'une boule lyonnaise, sachant que le volume est 435 dm^3.

3 **Une orange a un diamètre de 7 cm. La peau a une épaisseur de 6 mm. Trouver le volume utile.**
Même question avec un pamplemousse de 10,5 cm de diamètre et dont la peau a 8 mm d'épaisseur.

4 **Dunkerque et Barcelone sont situés sur le même méridien ; la différence de leurs latitudes est 9° 39′ 11″. Evaluer cette distance :**
***a*) en milles ; *b*) en kilomètres ; *c*) en miles.**

5 **La distance de deux villes situées sur un même méridien est 22 850 m. La latitude de la première est 47° 38′ 26″ N. Trouver la latitude de la seconde ville, sachant que celle-ci est au nord de la première.**

6 **Le méridien de Greenwich est à 2° 20′ 15″ à l'ouest de celui de Paris. Trouver la modification qu'il a fallu apporter aux montres lorsque la France a adopté le méridien de Greenwich à la place de celui de Paris.**

« Aesculap » balance de précision du docteur Mohr, pour pharmaciens, droguistes ▶

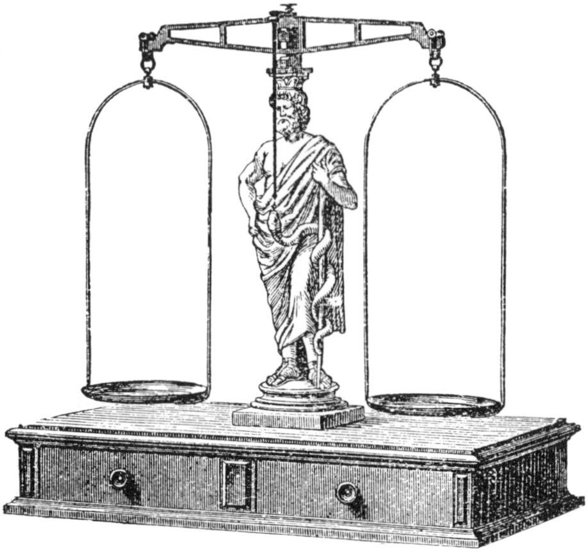

▼ *Balance semi-automatique*

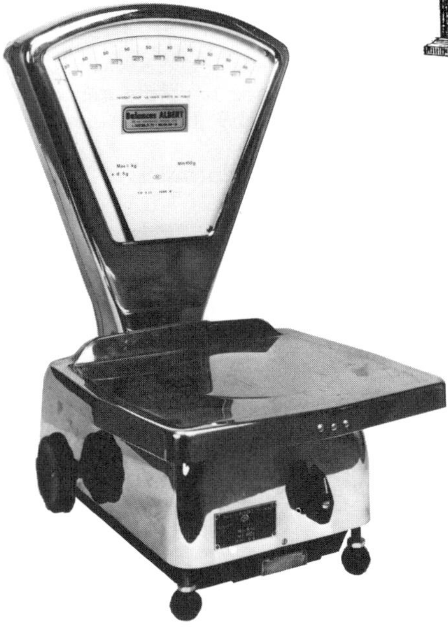

▲ *Balance « Kern 160 » de laboratoire*

▶
Balance « Léonard » connectée à un dispositif Label Printer

Mesure des masses

Unités de masse

La masse mesure la quantité de matière d'un corps ; c'est donc un nombre intrinsèquement attaché à ce corps, indépendamment du milieu où ce corps se trouve.
L'unité principale est le kilogramme, noté kg. Les principaux sous-multiples sont le gramme (g) et le milligramme (mg). On emploie traditionnellement comme multiples la tonne (t), égale à 1 000 kg, et le quintal (q), égal à 100 kg.

$$\mathbf{1\ t = 10^3\ kg = 10^6\ g}$$
$$\mathbf{1\ q = 10^2\ kg = 10^5\ g}$$
$$\mathbf{1\ mg = 10^{-3}\ g = 10^{-6}\ kg}$$

L'emploi du quintal n'est plus légal depuis le 26 février 1982.

■ En agriculture, on exprime la production de céréales en quintaux par hectare. Ainsi, le rendement du maïs peut atteindre 69 q/ha.

Dans l'alimentation, on emploie aussi la livre, égale à 500 g, et la demi-livre (valant donc 250 g). Le quintal était autrefois égal à 100 livres, c'est-à-dire à 50 kg.

Le kilogramme est la masse du prototype international, déposé au Bureau International des Poids et Mesures, à Sèvres. Ce prototype a été ajusté au mieux pour représenter la masse d'un dm^3 *d'eau pure sous la pression atmosphérique à la température de* 4° C *(correspondant au maximum de densité de l'eau). Bien entendu, on a commencé historiquement par prendre le gramme pour unité principale. Rappelons que la tonne a été également choisie pour unité principale, dans le système M.T.S.*

■ En pratique, la mégatonne n'est pas une unité de masse (voir p. 313).

Masse de la Terre	$M_T = 5{,}977 \times 10^{24}$ kg
Masse de la Lune	$M_L = 7{,}352 \times 10^{22}$ kg
Masse du Soleil	$M_S = 1{,}989 \times 10^{30}$ kg

La masse du Soleil est donc environ trois cent mille fois celle de la Terre, tandis que celle-ci est environ quatre-vingts fois celle de la Lune.

Unité de masse atomique

L'unité de masse atomique, notée u, est le douzième de la masse de l'atome de carbone (isotope 12).

$$1 \text{ u} = 1{,}660\,57 \times 10^{-27} \text{ kg}$$

La masse d'un atome d'hydrogène est 1,008 u, celle d'un atome d'uranium, 238 u.

Carat métrique

Le carat métrique est égal à 0,20 g, soit encore 2×10^{-4} kg. C'est l'unité employée dans le commerce des pierres fines. (Ne pas confondre avec le nombre de carats dans un alliage.)

Alliages

On appelle *alliage* le métal obtenu par fusion simultanée de deux ou plusieurs métaux. La composition de l'alliage est donnée par les rapports des masses des composants à la masse totale, sous forme d'un tant pour cent ou pour mille.

Exemples Le laiton d'emboutissage est composé de 67 % de cuivre et de 33 % de zinc. L'alpax est un alliage d'aluminium comportant 13 % de silicium. L'acier inoxydable 18-8 comporte 18 % de chrome et 8 % de nickel.

Titre

Dans le cas d'un alliage comportant un métal précieux, le *titre* de l'alliage est le rapport de la masse du métal précieux à la masse totale, exprimé en millièmes. Ainsi, le titre d'un alliage d'argent en bijouterie est 800 millièmes, ou 925 millièmes. On exprime le titre d'un alliage d'or en millièmes, et aussi en *carats*. Le nombre de carats est le pourcentage d'or fin, exprimé en vingt-quatrièmes. L'or pur correspond donc à 24 carats. Le titre des pièces d'or est 900 millièmes, soit 21,6 carats. Le titre légal en France est 18 carats, c'est-à-dire $\frac{18}{24}$, ou encore 750 millièmes. La variation du titre légal d'un pays à l'autre (14 carats en Grande-Bretagne, par exemple) explique le bon marché apparent à l'étranger des stylos à plume en or.

Calculs sur les titres

Soient M la masse totale, m la masse de métal fin. Le titre est $t = \frac{m}{M}$. Si l'on mélange des masses M' et M'' aux titres t' et t'', le titre résultant est

$$t = \frac{t'M' + t''M''}{M' + M''}$$

(La formule s'étend à trois titres, quatre titres, etc.)

Exemple On dispose de 100 g d'or à 583 millièmes. Quelle quantité M d'or à 900 millièmes doit-on ajouter pour obtenir de l'or à 18 carats ?

On doit résoudre l'équation :

$$\frac{0{,}583 \times 100 + 0{,}900\,M}{100 + M} = 0{,}750$$

On en déduit :

$$M = \frac{0{,}750 \times 100 - 0{,}583 \times 100}{0{,}900 - 0{,}750} = 100 \times \frac{167}{150}\,\text{g}$$

Finalement : $\mathbf{M = 111{,}33\ g}$

Densité

Masse volumique

La masse volumique est la masse d'un corps occupant un volume de mesure unité. L'unité principale de masse volumique est le kilogramme par mètre cube, noté kg/m^3.
On emploie encore la tonne par mètre cube, notée t/m^3.

$$1\ t/m^3 = 10^3\ kg/m^3$$

On emploie aussi le kilogramme par litre (kg/l) *et le gramme par centimètre cube* (g/cm^3). *En fait, il s'agit trois fois de la même unité ; en effet,* $1\ l = 10^{-3}\ m^3$. *Par conséquent :*

$$1\ kg/l = 10^3\ kg/m^3 = 1\ t/m^3$$

De même, $1\ g = 10^{-3}\ kg$ *et* $1\ cm^3 = 10^{-6}\ t$ *; il en résulte que :*

$$1\ g/cm^3 = 10^{-3} \times 10^6\ kg/m^3 = 10^3\ kg/m^3 = 1\ t/m^3$$

Exemples Nous avons vu que la masse de la Terre est $M_T = 5{,}977 \times 10^{24}$ kg et son volume, $V_T = 1{,}083 \times 10^{21}$ m³. On en déduit la masse volumique moyenne :

$$\frac{5{,}977 \times 10^{24}}{1{,}083 \times 10^{21}} \approx 5{,}52 \times 10^3 \text{ kg/m}^3$$

On obtient de même les masses volumiques moyennes de la Lune et du Soleil :

$$\frac{7{,}352 \times 10^{22}}{2{,}194 \times 10^{19}} \approx 3{,}35 \times 10^3 \text{ kg/m}^3 \quad \frac{1{,}989 \times 10^{30}}{1{,}411 \times 10^{27}} \approx 1{,}41 \times 10^3 \text{ kg/m}^3$$

Masse linéique

La masse linéique d'un fil se définit de même : c'est la masse du morceau de fil ayant pour longueur l'unité de longueur. L'unité est le kilogramme par mètre, noté kg/m. En industrie textile, on prend pour unité le tex, égal au millionième du kilogramme par mètre :

$$1 \text{ tex} = 10^{-6} \text{ kg/m} = 1 \text{ mg/m}$$

La mesure en deniers donnait le nombre de grammes d'un fil de 9 km *de longueur. Ainsi, le denier correspondait à* $\frac{1}{9}$ tex. *Par exemple, un bas de* 15 *deniers est confectionné avec un fil de* $\frac{15}{9}$ *milligramme par mètre, soit environ* 1,7 mg/m.

Masse surfacique

La masse surfacique se définit encore de manière analogue : c'est la masse d'une surface plane (une plaque, une feuille, etc.) occupant l'unité d'aire. L'unité principale est le kilogramme par mètre carré, noté kg/m².

■ La qualité d'un papier s'exprime essentiellement par le nombre de grammes par mètre carré. (On exprime parfois, abusivement, cette masse surfacique par un nombre de grammes.)

Exemples **1.** Un papier de bonne qualité pour machine à écrire a une masse surfacique de 80 g/m². Calculer la masse d'une ramette de 500 feuilles au format commercial 210 × 297.

L'aire d'une feuille est $0{,}21 \times 0{,}297 = 0{,}062\,37$ m². L'aire totale est :

$$\mathbf{500 \times 6{,}237 \times 10^{-2} = 5 \times 6{,}237 = 31{,}19\ m^2}$$

La masse de la ramette est donc :

$$\mathbf{80 \times 31{,}19 = 2\,495\ g \approx 2{,}5\ kg}$$

2. Même question pour une masse surfacique de 64 g/m².

Il n'est pas nécessaire de recommencer le calcul : la masse est proportionnelle à la masse surfacique. On obtient donc cette fois :

$$\mathbf{\frac{64}{80} \times 2{,}5 = \frac{4}{5} \times 2{,}5 = 2\ kg}$$

3. Un livre de 288 pages au format 150 × 240 est imprimé sur un papier de 72 g/m². Déterminer la masse de ce livre (en négligeant celle de la couverture).

L'aire est $144 \times 0{,}15 \times 0{,}24 = 5{,}184$ m²
(Ne pas oublier que le livre est imprimé recto-verso.) La masse cherchée est :

$$\mathbf{72 \times 5{,}184 \approx 373\ g}$$

Densité

La densité d'un corps est le rapport de la masse volumique de ce corps à la masse volumique d'un corps de référence, dans des conditions qui doivent être spécifiées pour les deux corps.

Cette grandeur est sans dimension. Autrement dit, elle ne dépend pas de l'unité de masse volumique considérée.

■ **Le corps de référence est l'eau dans le cas des solides et des liquides, l'air dans le cas des gaz.**

Exemples **1.** A la température ordinaire, la masse volumique du mercure est 13 600 kg/m³, tandis que celle de l'eau est 1 000 kg/m³. La densité du mercure est donc :

$$\frac{\mathbf{13\,600}}{\mathbf{1\,000}} = \mathbf{13{,}6}$$

2. Déterminer le volume occupé par 8 000 t de fer, sachant que sa densité est 7,8.

On obtient le volume en divisant la masse par la masse volumique. La densité étant 7,8, la masse volumique du fer est 7,8 t/m³. Le volume est donc :

$$\frac{\mathbf{8\,000}}{\mathbf{7{,}8}} \approx \mathbf{1\,025\ m^3}$$

(La masse de 8 000 t était celle de la tour Eiffel, avant les travaux d'allègement. Le nombre 1 025 étant sensiblement le cube de 10, le matériau de la Tour tiendrait dans un cube de 10 m de côté.)

3. Le supertanker « Pierre Guillaumat » a une capacité de 677 000 m³. Déterminer la masse de pétrole brut transportable, la densité étant 0,8.

La masse d'un mètre cube d'eau étant une tonne, la masse cherchée est :

$$\mathbf{0{,}8 \times 677\,000 = 541\,600\ t}$$

Alcoolémie

L'alcoolémie est la masse d'alcool pur (en grammes) dans un litre de sang. La densité de l'alcool est 0,8 ; l'alcoolémie est donc le produit par 0,8 du titre alcoométrique (voir p. 261) du sang.

Masse d'un litre de vin. *La densité de l'alcool pur est* 0,8 *; celle d'un vin titrant* 10° *est :*

$$\mathbf{0{,}9 + 0{,}8 \times 0{,}1 = 0{,}98}$$

La masse d'un litre de vin est donc environ 0,98 × 1 000 = 980 g. *La dénomination argotique de « kil de rouge » identifie la masse d'un litre de vin à celle d'un litre d'eau, dans le cas d'une densité trop proche de* 1.

EXERCICES

1 On veut entourer de 4 rangs de fil de fer un terrain rectangulaire ayant 42,50 m de longueur et 34,50 m de largeur.
a) Quelle est la longueur de fil de fer nécessaire ? (on a laissé un passage de 2 m de large).
b) Sachant qu'un mètre de fil de fer a pour masse 125 g et que celui-ci vaut 19,50 F le kg, à combien revient le fil utilisé ?

2 Une feuille de zinc pour toiture mesure 1,80 m sur 0,75 m. La masse étant 11,097 kg, calculer l'épaisseur, sachant que la densité du zinc est 6,85.

3 Un cube de plomb a 0,42 m d'arête. On le transforme en une feuille de 1,5 mm d'épaisseur. Trouver la surface de cette feuille. Trouver la masse d'un mètre carré de cette feuille, la densité du plomb étant 11,4.

4 A en croire une publicité, il a fallu 532 tonnes de papier pour imprimer 56 millions de volumes de 128 pages, au format 176 × 115.
a) Trouver le nombre de grammes au mètre carré. (On supposera que les 532 tonnes ne tiennent pas compte des couvertures.)
b) Recommencer le calcul avec 5 320 tonnes de papier.

5 Un ferblantier fabrique six tuyaux de poêle de 0,95 m de long et de 0,16 m de diamètre. Les bords se recouvrent sur 1,25 cm.
a) Trouver la surface de tôle nécessaire.
b) Trouver la masse totale, la tôle ayant 0,8 mm d'épaisseur, la densité étant 7,5.

6 Un égout de 840 m de longueur est construit à l'aide de manchons cylindriques en ciment, de 0,8 m de diamètre intérieur et de 1 m de diamètre extérieur. Chaque manchon mesure 0,75 m de longueur. La densité du ciment employé est 2,8. Combien de camions de 8 tonnes de charge utile faudra-t-il pour transporter les manchons ?

7 La boule de pétanque est généralement en acier de densité 7,8.
a) Le diamètre étant 74 mm, trouver la masse, sachant que l'épaisseur de la paroi est 6,4 mm.
b) Déterminer l'épaisseur de la paroi dans les deux cas suivants :
— ∅ 70 mm masse 680 g ;
— ∅ 76 mm masse 760 g.

8 La boule lyonnaise est toujours en bronze d'aluminium, dont la densité est environ 7,7.

a) Le volume étant 435 dm^3, trouver la masse, sachant que l'épaisseur de la paroi est 5,5 mm.

b) Déterminer l'épaisseur de la paroi dans les deux cas suivants :

— $\varnothing$90 mm masse 950 g ;

— $\varnothing$100 mm masse 1 100 g.

9 Convertir en millièmes le titre de 14 carats. Convertir en carats les titres de 375 millièmes, 333 millièmes.

10 *Stérilisation d'une piscine.* La dose journalière de chlore nécessaire pour stériliser une piscine est de 1 g par m^3 d'eau. Le titre chlorométrique de l'eau de javel est exprimé en degrés. Un degré par kilogramme correspond à l'action de 3,17 g de chlore.

a) Quel volume d'eau peut-on désinfecter journellement avec un berlingot d'eau de javel de 0,25 litre au titre de 48° chlorométriques ?

b) Une piscine a une contenance de 150 m^3. On prépare une solution diluée d'eau de javel pour trois jours. Combien faut-il de berlingots ?

c) La solution occupe un volume de 75 litres. On verse le mélange à l'aide d'une pompe fonctionnant 8 heures par jour. Déterminer le débit en litres par heure.

11 La densité de l'or est 19,30.

On peut obtenir des feuilles d'or d'épaisseur 8×10^{-5} mm. Trouver la surface que l'on peut recouvrir avec 1 g d'or.

12 Suivant une publicité célèbre, « tout l'or du monde tiendrait facilement sous la tour Eiffel. Aux dernières nouvelles, il n'y a pas, sous la tour Eiffel, de cube d'or pur de 17 mètres de côté ! Mais si par pure magie, il y en avait un, il représenterait tout l'or extrait dans le monde depuis le début des temps ».

a) En déduire la masse totale de l'or dans le monde.

b) La publicité considérée ayant paru en 1980, actualiser la dimension du cube en 1990, en 2000. On admet que la production mondiale est d'environ 790 tonnes par an.

13 Un éditeur utilise pour ses livres un minimum de 52 cm^2 de feuille d'or titrant 22 carats.

a) Calculer la masse d'or employée pour un livre, l'épaisseur étant supposée de 0,1 μm.

b) Calculer le prix de l'or employé, estimé à 100 F le gramme.

Mesure des forces

Accélération

L'unité d'accélération est le mètre par seconde carrée, noté m/s^2.

La notion d'accélération intervient dans les mouvements où la vitesse n'est pas constante. L'accélération est le quotient de la variation de la vitesse par le temps.

Dans le cas d'une diminution de la vitesse, on préfère le mot *décélération* (pour ne pas parler d'accélération négative).

Accélération de la pesanteur

Dans le cas d'un corps tombant en chute libre dans le vide, soumis à la pesanteur terrestre, la vitesse v est proportionnelle au temps. L'accélération g est constante, et

$$v = gt$$

L'accélération de la pesanteur dépend de la latitude (voir p. 295), et aussi de l'altitude.

On prend pour valeur conventionnelle

$$g_n = 9{,}806\,65 \text{ m/s}^2 \approx 9{,}81 \text{ m/s}^2$$

Cette valeur, dite pesanteur normale, correspond sensiblement à l'accélération de la pesanteur au niveau de la mer à une latitude de 45°.

■ *Efficacité de freinage.* L'accélération de la pesanteur est la valeur estimée maximale en matière de freinage. On exprime l'efficacité de freinage d'une automobile en pourcentage (sous-entendu en pourcentage de g). Une efficacité de 100 % correspondrait à ce qu'on ressent en chute libre.
Ainsi, une efficacité de 77 % signifie que la décélération est

$$\frac{77}{100} \times 9{,}81 = 7{,}55 \text{ m/s}^2$$

En première approximation, on prend $g = 10 \text{ m/s}^2$. Dans l'exemple ci-dessus, la décélération est alors estimée à $7{,}7 \text{ m/s}^2$.

Poids et force

On appelle *poids* d'un corps le produit $P = mg$ de la masse m par l'accélération de la pesanteur.
Le poids d'un corps, contrairement à la masse, dépend du lieu où il se trouve.
Plus généralement, on appelle *force* le produit $F = m\gamma$ de la masse m par l'accélération γ (lire gamma). L'unité de force est le kilogramme-mètre par seconde carrée, ce qu'on appelle plus simplement newton (notation N).

$$1 \text{ N} = 1 \text{ m} \cdot \text{kg/s}^2$$

On a longtemps employé comme unité de force le kilogramme-force (noté kgf), appelé aussi kilogramme-poids, égal au poids d'une masse d'un kilogramme.

$$1 \text{ kgf} = 9{,}806\,65 \text{ N}$$

Les physiciens ont employé la dyne (notée dyn*).*

$$1 \text{ dyn} = 10^{-5} \text{ N}$$

Ces unités sont interdites respectivement depuis le 1er janvier 1978 et le 1er janvier 1980.

■ Une force agissant sur un corps peut modifier sa forme, le faire passer du repos au mouvement, ou au contraire l'arrêter.

Exemples **1.** Un individu pèse 76 « kilos ». Cela signifie que sa masse est 76 kilogrammes, ou encore que son poids est :

$$\mathbf{9{,}81 \times 76 \approx 745\ N}$$

2. A la surface de la Lune, l'accélération de la pesanteur n'est que 1,622 m/s^2. Cet individu ne pèserait plus sur la Lune que

$$\mathbf{1{,}622 \times 76 \approx 123\ N}$$

soit environ six fois moins que sur la Terre. (Ceci explique la facilité de déplacement des astronautes.)

Energie et travail

On appelle travail (dans un mouvement rectiligne) le produit d'une force par un déplacement dans la direction de cette force. L'unité de travail est le newton-mètre, appelé encore joule, et noté J.

$$\mathbf{1\ J = 1\ N \cdot m = 1\ m^2 \cdot kg/s^2}$$

Le multiple est le kilojoule, noté kJ.

$$\mathbf{1\ kJ = 10^3\ J}$$

L'erg, égal à 10^{-7} J, *est lui aussi abandonné.*

On dit qu'un système contient de l'énergie s'il est susceptible de fournir un travail. L'énergie s'exprime également en joules.

Pour la consommation de l'énergie électrique, on emploie le kilowattheure, égal à 3,6 × 10^6 J (voir p. 316).

La calorie, notée cal, *est une ancienne unité d'énergie ; c'est la quantité de chaleur nécessaire pour élever la température de* 1 g *d'eau de* 14,5 °C *à* 15,5 °C *sous la pression atmosphérique normale.*

$$1 \text{ cal} = 4{,}184 \text{ J}$$

Les multiples sont la kilocalorie (kcal) *et la thermie* (th).

$$1 \text{ kcal} = 10^3 \text{ cal}$$
$$1 \text{ th} = 10^6 \text{ cal} = 10^3 \text{ kcal}$$

La kilocalorie a été appelée aussi grande calorie, et notée alors Cal. *Cette unité a été utilisée pour les régimes diététiques. La thermie a servi conjointement au kilowattheure pour les factures mixtes de gaz et d'électricité. Toutes ces unités sont interdites depuis le* 1er *janvier* 1978. *(On trouve encore des kilocaries sur les emballages alimentaires, mais accompagnés obligatoirement de leur équivalent en joules.)*

Exemple Une confiture a une valeur énergétique de 240 kcal pour 100 g. L'équivalent en joules est :

$$240 \times 10^3 \times 4{,}184 \text{ J} = 1\,004 \text{ kJ}$$

■ Le travail se note souvent *W* (de l'anglais *work*).

Tep

Le sigle tep signifie tonne-équivalent-pétrole. C'est l'unité d'énergie permettant de comparer diverses sources au pétrole qu'elles peuvent remplacer. Une tonne de houille vaut 0,7 tep ; un mètre cube de gaz naturel représente 0,001 tep.

La tep était assimilée à la thermie, soit environ $4{,}2 \times 10^{10}$ J *ou* 12 000 kWh. *En fait, cette valeur correspond à l'énergie disponible sous forme thermique. Le rendement des centrales étant de l'ordre d'un tiers, cette énergie disponible est réduite à* 4 000 kWh *sous forme électrique.*

Mégatonne

La kilotonne (notée kt) et la mégatonne (notée Mt) sont en principe des unités de masse. Ces mots sont en fait réservés à la mesure de l'énergie des bombes nucléaires. Ainsi, la kilotonne est l'énergie correspondant à l'explosion d'une bombe de 1 000 tonnes de T.N.T. (trinitrotoluène). De même, la mégatonne correspond à l'explosion d'une bombe de 10^6 tonnes de T.N.T.

La valeur d'une kilotonne est environ $4{,}2 \times 10^{12}$ J *; c'est donc cent fois une tep. L'énergie dégagée instantanément lors d'une explosion de T.N.T. est donc environ le dixième de l'énergie thermique récupérable progressivement dans une chaudière.*

■ L'énergie des premières bombes atomiques a été de 14 kt à Hiroshima et de 21 kt à Nagasaki. Actuellement, l'énergie varie de 50 t à 100 Mt.

Couple

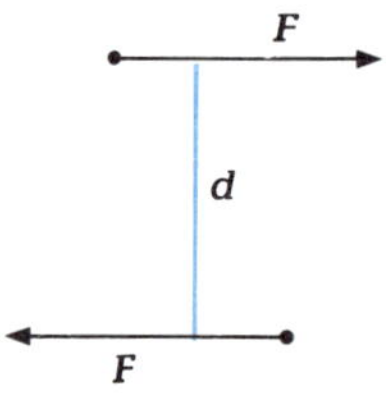

Un couple est constitué de deux forces de même intensité, de même direction et d'orientations opposées.
La distance d entre les supports des forces s'appelle *bras de levier.*
On mesure un couple par le produit Fd. L'unité est le newton-mètre.

■ Le produit Fd s'appelle *moment* du couple. Dans les catalogues, on sous-entend le mot « moment » pour indiquer la valeur du couple d'un moteur.

Dans le cas des couples, on emploie le newton-mètre (et son multiple le décanewton-mètre), et non le joule, bien qu'il s'agisse de la même unité.

Exemple Pour serrer les bougies d'un moteur à explosion, ou les écrous d'une roue, on emploie une clé dynamométrique.

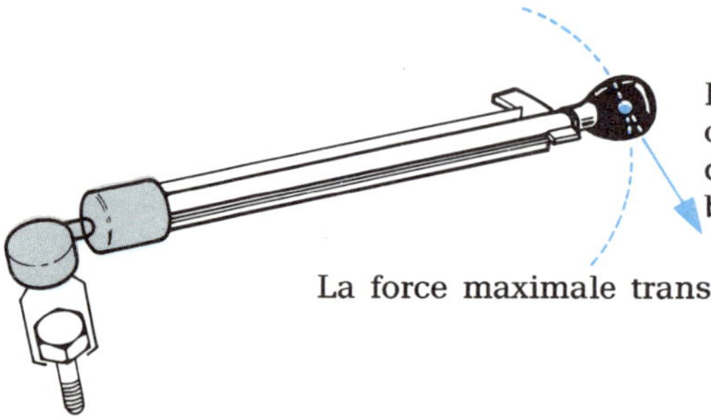

Par mesure de sécurité, une telle clé limite le couple subi, par exemple à 5 daN.m (cinq décanewtons-mètres). Prenons le cas d'un bras de levier de 0,4 m.

La force maximale transmise par la clé est

$$\frac{\mathbf{50}}{\mathbf{0{,}4}} = \mathbf{125\ N}$$

Couple d'un moteur

Le couple d'un moteur d'automobile caractérise la nervosité et les reprises. Un couple maximal atteint à bas régime dénote une grande souplesse. Pour une voiture sportive, le couple maximal est généralement atteint à haut régime ; il est alors nécessaire de rétrograder souvent.

Modèle	Couple (en N.m)	Régime (en tr/min)
R 5	57	2 500
R 5 TL	84	2 000
R 5 TS	92	3 500
R 5 Alpine turbo	149	4 000
CX 2500 diesel	150	2 000
CX 2000	166	3 250
CX 2400 GTI	197	3 600

Couples de quelques voitures en 1982

La presse spécialisée représente les couples en mkg. *Il s'agit du kilogrammètre (unité interdite), avec deux erreurs en plus :*
— *La lettre* m *ne doit pas être en tête d'un symbole, car elle prête à confusion avec l'abréviation de milli ;*
— *Le symbole* kg *désigne le kilogramme (unité de masse), et non l'ancien kilogramme-force (unité de force).*
Pour passer aux newtons-mètres, on doit multiplier le nombre de mkg *par* 9,81. *Par exemple, un couple de* 15,2 mkg *vaut en fait*

$$9{,}81 \times 15{,}2 = 149 \text{ N.m.}$$

Si l'on prend pour unité le décanewton-mètre, le facteur de conversion est 0,981. *On ne commet donc pas une grande erreur en remplaçant* mkg *par* daN.m.
Enfin, la notation mdan *(que l'on trouve également dans la presse automobile) est fautive, pour trois raisons :* m *en tête,* n *au lieu de* N, *et oubli du point entre les deux symboles.*

Travail dans un mouvement circulaire

Dans le cas d'un mouvement circulaire, le travail est encore défini comme le produit de la force par le déplacement. Sur un cercle de rayon R, la longueur parcourue par le point

d'application de la force pour une rotation d'angle α (en radians) est $\ell = \alpha R$.
Le travail est donc :

$$\mathbf{W} = F\ell = \alpha FR$$

Pour un couple M, le travail est de même :

$$\mathbf{W} = \alpha M$$

Puissance

On appelle puissance le travail par unité de temps. L'unité principale est le joule par seconde, encore appelé watt, et noté W.

$$\mathbf{1\ W = 1\ J/s = 1\ m^2 . kg/s^3}$$

On emploie souvent le kilowatt, noté kW :

$$\mathbf{1\ kW = 1\ 000\ W}$$

Le wattheure, noté Wh, n'est pas une unité de puissance, mais d'énergie : c'est, comme son nom l'indique, l'énergie produite pendant une heure par une puissance d'un watt. On emploie surtout le kilowattheure, noté kWh.

$$\mathbf{1\ Wh = 3{,}6 \times 10^3\ J}$$

$$\mathbf{1\ kWh = 3{,}6 \times 10^6\ J = 3{,}6 \times 10^3\ kJ}$$

Le kilowattheure est l'unité employée pour mesurer l'énergie électrique.

■ La puissance d'une locomotive électrique est de l'ordre de 6 000 kW. La centrale thermique de Porcheville a une puissance de 2 900 MW ; la centrale nucléaire de Bugey atteint 4 180 MW.
■ Dans un amplificateur stéréophonique, l'indication 2 × 60 W signifie que, pour chacun des deux canaux, la puissance est de 60 W. (Il s'agit de la puissance maximale à la sortie de l'amplificateur. En fait, on n'utilise en pratique qu'une faible partie de cette puissance, pour ne pas endommager les haut-parleurs, non plus que les oreilles des auditeurs.)

La puissance thermique d'une chaudière est l'énergie calorifique produite par combustion pendant l'unité de temps. On exprime cette puissance en kilowatts, en remplacement des kilocalories par heure.

Exemples **1.** La puissance d'une chaudière est de 18 000 kcal/h. Trouver l'équivalent en kW.

L'énergie produite pendant une heure est 18 000 × 4,184 kJ. Le temps considéré est 3 600 s. La puissance est donc :

$$\mathbf{4{,}184 \times \frac{18\,000}{3\,600} = 4{,}184 \times 5 \approx 20{,}9\ kW}$$

2. Inversement, sachant que la puissance est 140 kW, trouver l'équivalent en kcal/h.

Il faut multiplier par 3 600 pour passer des secondes aux heures, et diviser par 4,184 pour passer des kilojoules aux kilocalories.
On trouve ainsi :

$$\mathbf{\frac{3\,600}{4{,}184} \times 140 \approx 120\,000\ kcal}$$

Puissance d'un moteur à explosion

La puissance d'un moteur à explosion est le travail du couple moteur par unité de temps. Pour un tour, le travail du couple de moment M est $2\,\pi M$. Si n est le nombre de tours par minute, le nombre de tours en une seconde est $\frac{n}{60}$. La puissance est donc :

$$P = M\,\frac{2\pi n}{60}$$

Ainsi, $P = M\omega$, où $\omega = \frac{2\pi n}{60}$ est la vitesse angulaire, en radians par seconde.

Exemple Considérons un couple de 10,5 daN.m à 3 000 tr/min. La puissance du moteur à ce régime est :

$$P = 105 \times 2\pi \times \frac{3\,000}{60} = 105 \times 2\pi \times 50 = 32\,987 \text{ W} \approx 33 \text{ kW}$$

(Ne pas oublier de convertir les daN.m en N.m.)

■ La puissance maximale est atteinte à un régime légèrement inférieur au régime maximal. Le couple maximal est atteint à un régime très inférieur au régime maximal. La puissance maximale ne correspond donc jamais au couple maximal.

Cheval-vapeur et cheval fiscal

Cheval-vapeur

Le cheval-vapeur, noté ch, est une unité de puissance introduite pour comparer les machines à vapeur aux chevaux de brasseurs.

$$1 \text{ ch} = 75 \text{ kgm/s} = 7{,}355 \times 10^2 \text{ W} = 0{,}735\,5 \text{ kW}$$

L'emploi du cheval-vapeur est interdit depuis le 1/1/1978, *au profit du watt et du kilowatt. Les publicités pour les voitures, indiquant la puissance en chevaux, donnent obligatoirement leur équivalent en kilowatts. (On obtient approximativement la puissance en* kW *en prenant les trois quarts de la puissance en* ch.*)*

Exemples **1.** La puissance maximale de la Renault 9 GTL est 60 ch, ce qui correspond à 44 kW.

2. La puissance de la BMW 528 i est 135 kW, soit encore :

$$\frac{135}{0{,}735} \approx 184 \text{ ch}$$

Puissance SAE et puissance DIN. *Les sigles SAE et DIN signifient respectivement* Society of Automotive Engineers *et* Deutsche Industrie Normen *; ce sont les normes industrielles américaines et allemandes.*
La puissance d'un moteur suivant les normes SAE est la puissance brute disponible, compte non tenu des accessoires (pompe à eau, pompe à essence, ventilateur, etc.). La puissance DIN est la puissance nette (c'est-à-dire effectivement disponible). La puissance SAE, d'intérêt limité, a pour avantage de donner des nombres plus flatteurs.
Ainsi, la Peugeot 404 *atteignait* 80 ch *SAE, mais seulement* 54 ch *DIN, ce qui se traduit par* 40 kW.
La puissance ISO (International System Organisation), désormais la seule utilisée, est sensiblement égale à la puissance DIN ; elle est toujours exprimée en kW.

Cheval fiscal

La puissance administrative d'un véhicule automobile est un nombre fixé conventionnellement pour déterminer les prix de la carte grise et de la vignette, ainsi que la prime d'assurance.

Ancien calcul

Jusqu'au 31 décembre 1977, le critère essentiel était la cylindrée (voir p. 280), suivant la relation :

$$P = knd^2l\omega$$

où k est un coefficient égal à 0,000 15
n est le nombre de cylindres
d l'alésage en cm
l la course en cm
ω la vitesse de rotation du moteur en tours par seconde.

Cette vitesse de rotation est prise égale à 30 pour les voitures particulières, à 25 pour les véhicules utilitaires, à 10 pour les poids lourds. (La vitesse de 30 tr/s, soit 1 800 tr/min, est très inférieure à celle des moteurs actuels.)
Enfin, le nombre trouvé doit être multiplié par 0,7 dans le cas d'un moteur diesel ou à gazogène.
Le résultat est exprimé en chevaux fiscaux (notés CV), le nombre P étant arrondi à l'entier le plus proche.

Rappelons que la cylindrée c est le produit du nombre n de cylindres par le volume de chacun d'eux, à savoir $\frac{\pi}{4}d^2l$ (voir p. 281). Autrement dit, on obtient la valeur de nd^2l en multipliant la cylindrée par $\frac{4}{\pi}$.

Exemples **1.** Montrons d'où vient le nom de la *deux chevaux* CITROËN. Considérons par exemple le cas du moteur de 424 cm³. Le nombre de cylindres est $n = 2$; l'alésage est $d = 6{,}6$ cm et la course est $l = 6{,}2$ cm. On vérifie que :

$$\frac{\pi}{4} \times 2 \times 6{,}6^2 \times 6{,}2 \approx 424 \text{ cm}^3$$

La puissance administrative est :

$$P = 0{,}000\,15 \times 2 \times 6{,}6^2 \times 6{,}2 \times 30 = 2{,}43$$

L'entier le plus proche est effectivement 2.

2. La 404 PEUGEOT disposait d'un moteur de 1 618 cm³. La puissance est alors :

$$P = 0{,}000\,15 \times \frac{4}{\pi} \times 1\,618 \times 30 = 9{,}27$$

La puissance administrative est donc 9 CV.

De manière générale, pour une voiture particulière,

$$P = 0{,}000\,15 \times \frac{4}{\pi} \times 30\,c = 0{,}005\,73\,c$$

D'où le tableau donnant la puissance P en CV connaissant la cylindrée en cm³

c en cm³	P en CV	c en cm³	P en CV
$c \leqslant 261{,}6$	1	$1\,483{,}1 < c \leqslant 1\,657{,}6$	9
$261{,}6 < c \leqslant 436{,}1$	2	$1\,657{,}6 < c \leqslant 1\,832{,}1$	10
$436{,}1 < c \leqslant 610{,}6$	3	$1\,832{,}1 < c \leqslant 2\,006{,}6$	11
$610{,}6 < c \leqslant 785{,}1$	4	$2\,006{,}6 < c \leqslant 2\,181{,}1$	12
$785{,}1 < c \leqslant 959{,}6$	5	$2\,181{,}1 < c \leqslant 2\,355{,}6$	13
$959{,}6 < c \leqslant 1\,134{,}1$	6	$2\,355{,}6 < c \leqslant 2\,530{,}1$	14
$1\,134{,}1 < c \leqslant 1\,308{,}6$	7	$2\,530{,}1 < c \leqslant 2\,704{,}6$	15
$1\,308{,}6 < c \leqslant 1\,483{,}1$	8	$2\,704{,}6 < c \leqslant 2\,879{,}1$	16

La différence entre les valeurs extrêmes de chaque intervalle (par exemple 1 308,6 − 1 134,1) est toujours égale à 174,5, c'est-à-dire l'inverse de 0,005 73. Le nombre 261,6 (valeur donnée par le Service des Mines) est à peu près 1,5 × 174,5.

Nouveau calcul

Les coefficients précédents ne tiennent aucun compte de la vitesse réelle de rotation du moteur, du taux de compression, etc. De la sorte, une PORSCHE 1,6 l et une 404 PEUGEOT étaient toutes deux des 9 CV, avec des puissances réelles de 115 ch et 72 ch SAE.
D'autre part, les moteurs de faible cylindrée (tels que le 845 cm^3 de la Renault 5) ne sont pas les plus économiques. C'est pourquoi le gouvernement a établi, en accord avec les constructeurs, un nouveau mode de calcul de la puissance administrative, favorisant les voitures les moins gourmandes. La formule est cette fois :

$$P = m\left(0{,}045\,8\,\frac{c}{k}\right)^{1{,}48}$$

(Pour la signification de l'exposant, voir p. 131. Les calculs exigent une calculatrice scientifique, présentant la touche y^x.)
Le coefficient m est égal à 1 dans le cas de l'essence, et à 0,7 pour le gazole (seul point commun avec l'ancienne formule). La cylindrée c est exprimée en cm^3. Le nombre k est la moyenne des vitesses en km/h obtenues à 1 000 tr/min sur chacun des rapports, tout au moins dans le cas d'une boîte manuelle à quatre rapports :

$$k = \frac{1}{4}(k_1 + k_2 + k_3 + k_4)$$

Dans le cas d'une boîte à cinq rapports,

$$k = \frac{1}{4}(k_1 + k_2 + k_3 + k_5) \quad \text{si } k_5 \leqslant 1{,}25\,k_4$$

$$k = \frac{1}{4}(k_1 + k_2 + k_3 + 1{,}25\,k_4) \quad \text{si } k_5 > 1{,}25\,k_4$$

■ Comme nous le verrons sur un exemple, l'introduction d'un cinquième rapport (boîte « à 5 vitesses ») diminue la puissance administrative. Dans le même ordre d'idée, la floraison des « turbo » est due au fait que le surcroît de puissance n'est pas encore pris en compte par l'administration !

Signalons enfin le cas des boîtes automatiques :

$$k = \frac{1}{3{,}48}(k_1 + k_2 + k_3) \qquad \text{pour trois rapports}$$

$$k = \frac{1}{4{,}2}(k_1 + k_2 + k_3 + k_4) \quad \text{pour quatre rapports}$$

Ici aussi, la puissance est arrondie à l'entier le plus proche. Mais cette fois, le résultat est un nombre (d'unités administratives), le symbole CV ayant disparu.

Exemple. Les Renault 5 GTL et TS, avec un moteur de 1 289 cm^3, étaient considérées comme des 7 CV jusqu'en 1977 ; les puissances réelles étaient de 42 ch et 64 ch DIN.
Avec une boîte manuelle à quatre rapports, on obtient pour la GTL, en km/h :

en 1^e^	$k_1 = 8{,}43$	**en 3e**	$k_3 = 22{,}17$
en 2^e^	$k_2 = 14{,}46$	**en 4e**	$k_4 = 31{,}51$

La moyenne de ces quatre vitesses est :

$$\frac{1}{4}(8{,}43 + 14{,}46 + 22{,}17 + 31{,}51) = 19{,}142\,5 \text{ km/h}$$

Par conséquent :

$$P = \left(0{,}045\,8 \times \frac{1\,289}{19{,}142}\right)^{1{,}48} = 3{,}084^{1{,}48} = 5{,}295\,6$$

La puissance administrative est 5.

De manière générale, la puissance administrative a peu varié d'une formule à l'autre, sur des modèles identiques bien entendu.

La 5 GTL est équipée maintenant d'un moteur de 1 108 cm^3, donnant 45 ch DIN, soit 33 kW. (Ce moteur, plus puissant que le 1 289 cm^3, est aussi économique sur route, et plus économique en ville.) Examinons l'influence de la boîte à cinq rapports.

en 1^e^	$k_1 = 8{,}709$	**en 4e**	$k_4 = 28{,}501$
en 2^e^	$k_2 = 14{,}936$	**en 5e**	$k_5 = 35{,}192$
en 3^e^	$k_3 = 22{,}894$		

Le rapport $\frac{k_5}{k_4} = \frac{35{,}192}{28{,}501} = 1{,}234\,8$ est inférieur à 1,25 (et le plus proche possible de ce nombre, ce qui permet d'augmenter *k*, et donc de diminuer *P*). Par suite, on prend pour moyenne des vitesses :

$$\frac{1}{4}(8{,}709 + 14{,}936 + 22{,}894 + 35{,}192) = 20{,}43 \text{ km/h}$$

D'où la puissance administrative :

$$P = \left(0{,}045\,8 \times \frac{1\,108}{20{,}43}\right)^{1{,}48} = 3{,}84$$

Cette valeur est arrondie à 4. (En 1977, on aurait trouvé 6 CV.)

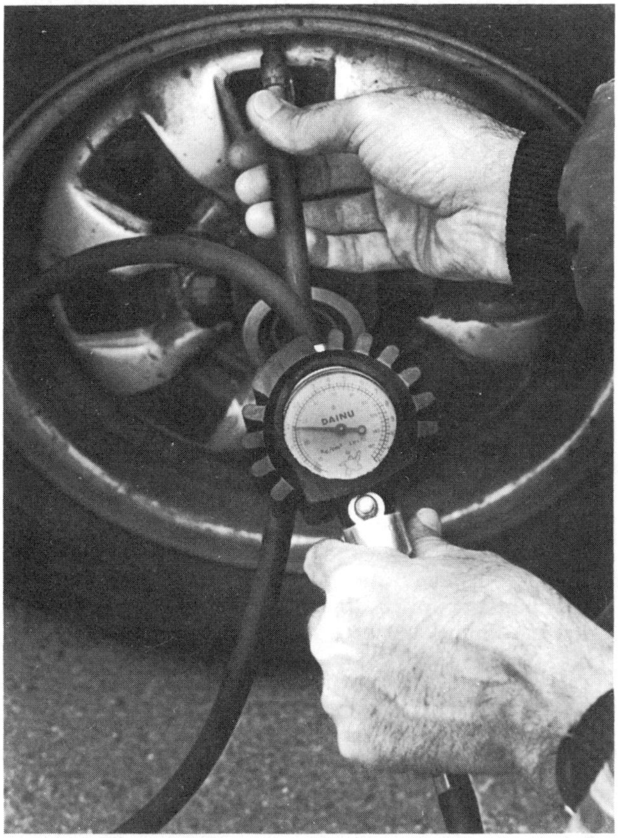

▲ *Manomètre pour mesurer la pression des pneumatiques.*

▼ *Baromètre enregistreur de Richard.*

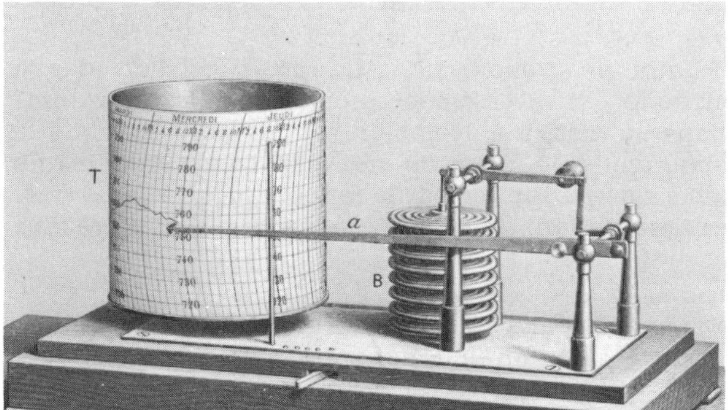

Baromètre composé par Moffy.
▼

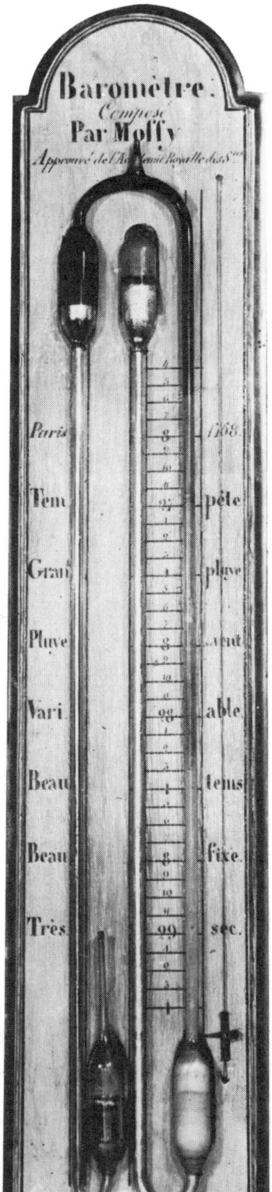

Pression

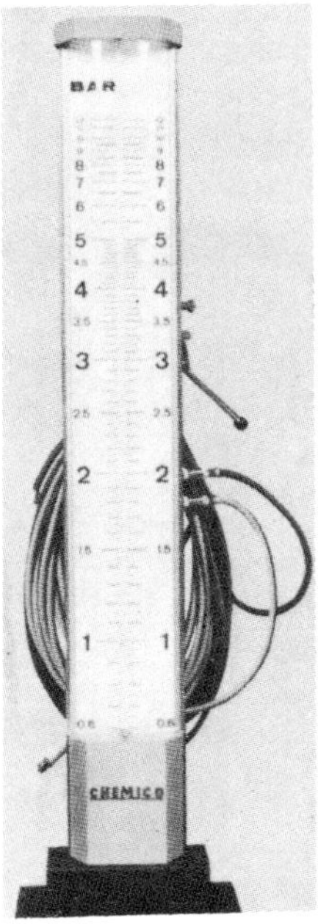

La pression est le quotient d'une force appliquée perpendiculairement à une surface par l'aire de celle-ci. L'unité de pression est le newton par mètre carré, encore appelé pascal, et noté Pa.

$$\mathbf{1\ Pa = 1\ N/m^2 = 1\ m^{-1} \cdot kg/s^2}$$

Dans la mesure de la pression des fluides, on emploie le bar, noté bar.

$$\mathbf{1\ bar = 10^5\ Pa}$$

Le bar est divisé en millibars.

$$\mathbf{1\ bar = 1\ 000\ mbar}$$

Le millibar est utilisé en barométrie météorologique.

Exemples **1.** La *pression atmosphérique* est la pression exercée par l'air ambiant sur les surfaces avec lesquelles il est en contact. Cette pression dépend du lieu, et aussi des conditions météorologiques ; on l'exprime généralement en millibars. Les variations restent généralement comprises entre 970 et 1 040 millibars.

Depuis le premier janvier 1978, *il est interdit d'employer le kilogramme-force par centimètre carré* (kgf/cm²) ; *il en est de même pour l'atmosphère* (atm) *depuis le* 1er *janvier* 1980. *Rappelons que* 1 kgf/cm² = 98 066,5 Pa *et* 1 atm = 101 325 Pa. *Ces deux unités étaient toutes deux très voisines du bar. C'est pourquoi les tableaux de gonflage des pneumatiques en* kgf/cm² *peuvent encore servir avec les mêmes pressions en bars.*
Initialement, l'atmosphère était définie comme la pression exercée par une colonne de mercure de 0,76 m *prise à* 0°C *en un lieu où l'intensité de la pesanteur a la valeur conventionnelle* g_n. *Ainsi,* 1 mm de mercure *correspond sensiblement à* 133 Pa.

---

2. *Taux de compression.* La pression d'un gaz à température constante est inversement proportionnelle au volume occupé. Ainsi, dans un moteur à explosion, les gaz frais entrent à la pression atmosphérique ; la pression des gaz comprimés est la pression atmosphérique multipliée par le rapport volumétrique (voir p. 282). C'est pourquoi le rapport volumétrique s'appelle encore taux de compression.

Exercice. Trouver la pression des gaz comprimés dans le moteur de la R 5 GTL, le taux de compression étant 9,5.

La pression atteinte avant l'explosion est :

$$\mathbf{9{,}5 \times 1{,}013 \approx 9{,}6\ bar}$$

EXERCICES

1 La combustion d'un litre de fuel domestique dégage 9 mth. On compte 110 mth par an pour le chauffage d'un mètre cube d'air. Le volume d'une maison étant de 690 m^3, trouver la consommation annuelle de fuel.

2 Dans un moteur dont l'alésage est 75 mm et la course de 77 mm on veut obtenir un taux de compression de 7,2. On demande de déterminer le volume de la chambre de combustion.

3 La perte calorifique journalière d'une piscine en kcal est le produit du nombre de litres par la perte calorifique journalière en degré, laquelle est donnée par le tableau suivant :

MOIS	Températures de l'eau		
	23°	25°	27°
AVRIL	1,8	2,0	2,2
MAI	1,5	1,8	2
JUIN	1,2	1,4	1,6
JUILLET	0,9	1,1	1,3
AOÛT	1	1,2	1,4
SEPTEMBRE	1,5	1,7	2

a) Calculer la dépense d'énergie en kWh du 1/4 au 30/9, pour un volume de 80 m^3, et pour chacune des températures considérées.
b) Reprendre les calculs pour la période du 1/5 au 31/8.
c) Reprendre les questions précédentes dans le cas du Midi méditerranéen, les pertes étant diminuées de 20%.

4 Déterminer la puissance administrative de la Renault 5 automatique. Cylindrée 1 397 cm^3.

$$k_1 = 15,196 \; ; \quad k_2 = 24,548 \; ; \quad k_3 = 35,453.$$

Reprendre le calcul pour la R 5 TX automatique. La cylindrée et les rapports de boîte sont les mêmes, la bande de roulement passe de 1,670 m à 1,720 m.

5 Un conducteur exerce sur la pédale du frein un effort de 600 N. On sait que les bras de levier correspondant à l'effort moteur du pied et à l'effort transmis mesurent 325 mm et 65 mm.
La surface du piston du maître cylindre est de 5 cm^2. On demande :
a) la force exercée sur le liquide contenu dans le maître cylindre ;
b) la pression en bars obtenue.

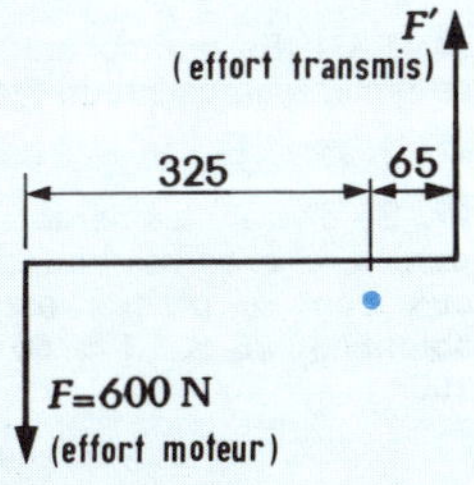

Réponses aux exercices

PREMIÈRE PARTIE

LES QUATRE OPÉRATIONS

1. $9 + 2 \times (99 - 9) + 3 \times (352 - 99) = 948$

2. Cent millions. $10 \times 9 \times 8 \times 7 \times 6 \times 5 \times 4 \times 3 = 1\,814\,400$

3. *a*) $9\,999 \times (22^2 - 2) = 4\,819\,518$
b) $999 \times 22^3 = 10\,637\,352$

4. 43 ; **5.** 71 ; **6.** 13

7. $b = 23$ et $q = 7$, ou encore $b = 161$ et $q = 1$

8. 160 et 161 **9.** *a*) $a > b$ *b*) $a = b$

NUMÉRATION BINAIRE ET NUMÉRATION OCTALE

1. *a*) $\overline{223}$ *b*) $a = 102$ et $b = 45$. D'où $a + b = 147 = 2 \times 8^2 + 2 \times 8 + 3$
c) $c = \overline{1\,001\,001\,001}$

2. $\overline{6\,215} = 3\,213$ $\overline{63} = 51$ et $\overline{77} = 63$

3. *a*) 900 *b*) 448 *c*) 100 *d*) $\overline{1\,000}$

4. *a*) 100 *b*) $\overline{1\,114}$ *c*) 96

5. *a*) Base huit. *b*) 32, 51 et 83 *c*) 100 000 110011 1 010 011

DIVISIBILITÉ

1. Ne sont pas premiers les nombres suivants (entre parenthèses on a indiqué leur plus petit diviseur premier) :
187 (11) 4 913 (17) 1 081 (23) 8 281 (7) 4 761 (3)

2. $2^2 \times 5 \times 19$ $2^4 \times 11$ 5×11^2 $2 \times 7 \times 11 \times 31$ $2^3 \times 3 \times 101$ $2^4 \times 3 \times 5^2$ $2^2 \times 3^3 \times 5 \times 13$ $2^6 \times 3^6 \times 7^3 \times 11^4$ $2^3 \times 1\,097$ $2^2 \times 3^2 \times 5^3$ $2 \times 3^4 \times 5 \times 13$

3. *a*) $504 = 2^3 \times 3^2 \times 7$
b) 1 2 3 4 6 7 8 9 12 14 18 21 24 28 36 42 56 63 72 84 126 168 252 504

4. 480 450 14 720 1 872 6 804 1 008 770 570

5. 1 431 (En retranchant 1 au nombre cherché, on se ramène au calcul du P.P.C.M. de 2, 5, 11 et 26.)

6. 27 720 ; **7.** 25 et 6 000

8. En divisant les nombres cherchés par 28, on se ramène à chercher deux nombres premiers entre eux dont le produit est 42. On trouve quatre solutions : 28 et 1 176, 56 et 588, 84 et 392, 168 et 196.

9. Le P.G.C.D. de 128, 144 et 192 est 16. Le nombre d'arbres est 29.

10. 48 rosiers. (Noter que $14{,}84 = 14 \times 1{,}06$.)

LES FRACTIONS

1. *a*) $\frac{1}{4}$ $\frac{17}{60}$ $\frac{7}{12}$ $\frac{3}{5}$ $\frac{5}{6}$
b) $\frac{8}{36}$ $\frac{9}{27}$ $\frac{5}{12}$ $\frac{41}{72}$ $\frac{25}{30}$
c) $\frac{5}{33}$ $\frac{14}{55}$ $\frac{18}{66}$ $\frac{14}{49}$ $\frac{7}{22}$
d) $\frac{23}{49}$ $\frac{45}{84}$ $\frac{40}{70}$ $\frac{5}{7}$ $\frac{72}{63}$

2. $\frac{55}{77}$ $\frac{75}{105}$

3. $\frac{2}{5}$ $\frac{3}{4}$ $\frac{215}{462}$ $\frac{15}{7}$ $\frac{3}{2}$ $\frac{45}{13}$ $\frac{159}{121}$ $\frac{91}{87}$ $\frac{25}{24}$ $\frac{200}{121}$ $\frac{176}{35}$

4. *a*) $\frac{17}{20}$ *b*) 17 *c*) $\frac{13}{15}$ *d*) $\frac{14}{5}$ *e*) $\frac{59}{14}$
f) $\frac{63}{60}$ *g*) $\frac{29}{36}$ *h*) $\frac{437}{312}$

5. *a*) $\frac{63}{32}$ *b*) $\frac{121}{243}$

6. $\frac{1}{6}$ $\frac{238}{37}$ $\frac{1}{18}$ $\frac{1}{8}$ $\frac{3}{32}$

7. $a + b = \frac{47}{60}$ $a - b = \frac{73}{20}$
$ab = -\frac{5\,719}{1\,800}$ $\frac{a}{b} = -\frac{133}{86}$

NOMBRES DÉCIMAUX, NOMBRES RÉELS

1. La première, la troisième et la cinquième fraction sont égales à des nombres décimaux. Les valeurs approchées des autres sont 0,226 0,073 0,314 0,101

2. $\frac{51}{49} \approx 1{,}04$

MESURE DES VALEURS

1. 2 010 MF ;

2. *a*) 8 700 8 700 14 100
b) Dix fois 2 610 F puis 5 400 F

3. *a*) Trois voyages aller-retour.
b) Trois jours dans la semaine, huit jours dans le mois. *c*) Le coupon jaune revient à 35,40 F ; il est rentable au bout du deuxième jour. Le coupon orange, revenant à 123 F, est rentable au bout de cinq jours dans le mois.

GRANDEURS PROPORTIONNELLES

1. 240 F ; **2.** $\frac{4}{3} \times \frac{5}{4} \times 25\,800 = 43\,000$ F

3. 0,1 × 250 000 = 25 000 F (La part de chaque héritier est 225 000 F)

4.

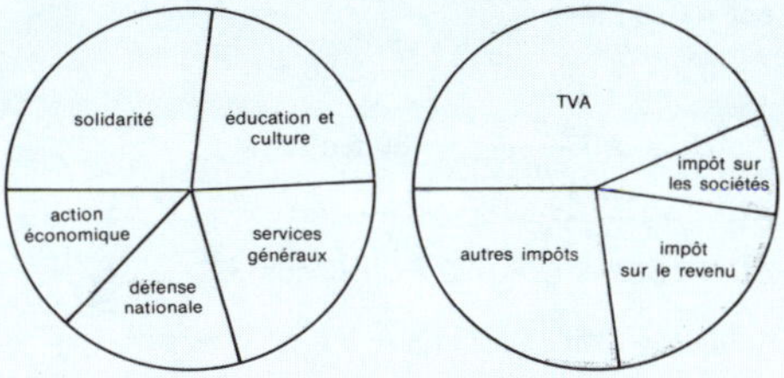

5.

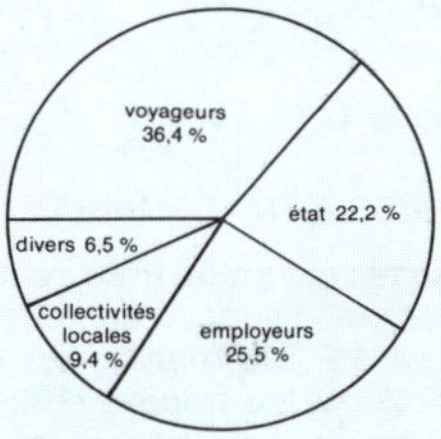

6. $\dfrac{2\,450{,}25}{1{,}1^2 \times 0{,}9^2} = 2\,500$ F

7. *a*) 2,60 kg *b*) 223,60 F *c*) 23 kg 6 moutons

8. *a*) 2 bons *b*) 3,7 % soit environ les trois quarts de 5 % *c*) Oui dans le premier cas, non dans le second cas.

9. 1,48 F 2,22 F 2,96 F 5,29 F 19,24 F 22,20 F 44,40 F 70,30 F 88,80 F

10. $\dfrac{480}{760} \times 25 \approx 16$

11. *a*) 0,61 *b*) 0,81 *c*) 2,40 *d*) 3,15

RACINES CARRÉES, RACINES CUBIQUES

1. -3 $-\sqrt{2}$ $-\dfrac{21}{22}$ $\dfrac{\sqrt{5}}{2}$ $|-2|$ $(\sqrt{2}-4)^2$

2. $N = 3^2 \times 5^2 \times 7^2$ $\sqrt{N} = 3 \times 5 \times 7 = 105$

3. *a*) 5 1 *b*) $a = \dfrac{\sqrt{5}}{5}$ $b = \sqrt{5} + 2$

$c = \dfrac{20 + 9\sqrt{5}}{5}$

c) $d = 2 + \sqrt{5}$

INTÉRÊTS SIMPLES ET INTÉRÊTS COMPOSÉS

1. 5 797,50 F ; **2.** 17,1 %

3. *a*) 23,03 F *b*) 6,4 %

4. *a*) 28 475,50 F *b*) 21 959 F

5. *a*) 13 397 F *b*) 7,58 %

6. *a*) $1{,}16^2 \times 28\,096 \approx 37\,806$ F

b) $\dfrac{1}{1{,}16^2} \times 28\,096 \approx 18\,000$ F

SECONDE PARTIE

MESURE DES LONGUEURS

1. 12 200 m ; **2.** 39 400 ft

3. 21,7 25 30,1 35,4 43,3 47,2

4. 5,59 9,65 11,43 (Les équivalences entre calibres ne sont que des approximations, les calibres anglo-saxons n'étant pratiquement jamais interchangeables avec les français.)

5. *a*) 0,376 mm *b*) 3,8 mm 2,6 mm 9,0 mm *c*) 9 mm ; 49,6 mm *d*) 2 cicéros 5 points ; 39 cicéros 10 points.

6. 2,54 mm 2,12 mm

MESURE DU TEMPS

1. $1{,}14 \times 10^{-8}$ $4{,}59 \times 10^{-6}$ $1{,}11 \times 10^{-8}$ $4{,}24 \times 10^{-6}$ $1{,}07 \times 10^{-8}$ $8{,}61 \times 10^{-7}$ $1{,}00 \times 10^{-8}$ $1{,}01 \times 10^{-10}$ $5{,}49 \times 10^{-6}$

2. 95 % ; **3.** mercredi jeudi vendredi ;

4. dimanche

5. 6/4/1980 19/4/1981 11/4/1982 3/4/1983 22/4/1984 7/4/1985 30/3/1986 19/4/1987 3/4/1988 26/3/1989 15/4/1990 31/3/1991 19/4/1992 11/4/1993 3/4/1994 16/4/1995 7/4/1996 30/3/1997 12/4/1998 4/4/1999 23/4/2000

6. *a*) 7 *b*) 302 cycles année numéro 5

c) $\dfrac{19 \times 365{,}25}{235} \approx 29{,}530\,9$ j *d*) 1 h 25 min

7. 21/11/1979 9/11/1980 30/10/1981 19/10/1982 8/10/1983 26/9/1984

MESURE DES VITESSES

1. 128 km/h 133 km/h 213 km/h

2. 36 km/h ; **3.** 7,6 km/h ; **4.** 43 km/h ;

5. 2 736 m ;

6. 30 km/h 833 cm/s

7. *a*) 21,6 km/h *b*) 35 s *c*) 19,9 km/h *a'*) 31 km/h *b'*) 48 s

8. *a*) 1,7 m *b*) 2,5 m *c*) 3,6 m

9. 540 m.p.h. 640 m.p.h.

10. 860 km/h 240 m/s

11. *a*) 1 h 36 min 30 s ; *b*) 3 h 13 min

12. 128,25 m ;

13. Les 30 premiers kilomètres ont été parcourus à 18 km/h. Il faut parcourir les 30 kilomètres restants en 80 min, soit à 22,5 km/h.

14. *a)* $\frac{588}{192} \times 2 \times 16 \times 44{,}1 \times 10^3 = 4{,}321\,8 \times 10^6 \approx 4{,}32$ Mbaud.

b) 18 400 Mbit.

CARRÉ ET RECTANGLE — MESURE DES SUPERFICIES

1. Parallèlement au grand côté dans le premier cas, indifféremment dans le second.

2. *a)* 126 cm² 282 cm² *b)* 121 cm² 289 cm²

3. 16,8 mm² 0,70 24 mm² 1 55,25 mm² 2,3 74 mm² 3,1 432 mm² 18 418 mm² 17,4

4. *a)* 7 168 000 000 ; *b)* 7 254 ha 69 %

5. La somme des côtés est $\frac{1\,000}{4} = 250$ m ; leur différence est $\frac{7\,500}{250} = 30$ m. Les côtés sont 140 m et 110 m. D'où les prix :
$60 \times 140^2 = 1\,176\,000$ F $60 \times 110^2 = 726\,000$ F.
La somme déboursée est
$1{,}04 \times 1\,896\,000 = 1\,978\,080$ F.

6. 2 4 6 8 10 6 8 9 12 14 15 16 18 20 24.

MESURE DES ANGLES

1. $6{,}96 \times 10^{-4}$ tr/min

2. $1{,}90 \times 10^{-6}$ tr/min

3. 66°36′

4. 258 km/h

5. La poulie correspondant à 45 tr/min a pour diamètre :

$163 \times \frac{45}{250} = 29{,}34$ mm.

La poulie correspondant aux « trente-trois tours » a pour diamètre :

$163 \times \frac{100}{3 \times 250} \approx 21{,}73$ mm.

6. 1 042 279

7. *a)* 4,5 km

b) $\frac{60 \times 125}{500\ \pi} \approx 4{,}8$ cm $\frac{60 \times 125}{215\ \pi} \approx 11{,}1$ cm

TRIANGLE

1. $\sin \hat{C} = 2 \times \frac{1\,127}{54 \times 72} \approx 0{,}580$ $\hat{C} \approx 35°26'$

2. Le rapport $\frac{AC}{BC}$ étant égal à $\frac{1}{2}$, l'angle $\hat{C}$ vaut 60°. L'angle $\hat{B}$, complémentaire de $\hat{C}$, vaut 30°. Enfin, l'angle $\widehat{BAH}$, complémentaire de $\hat{B}$, est égal à 60°.

3. 66°17′14″ 85°8′56″

4. L'aire du triangle *ABC* est
$\frac{1}{2} \frac{h^2}{\tan 60°} \approx 2\,165$ mm².

L'aire du triangle rectangle isocèle *ADC* est $\frac{1}{2} AD^2 = \frac{1}{4} AC^2$,

où $AC^2 = AB^2 + BC^2 = 10\,000$ mm². L'aire totale est 4 665 mm².

5. $6{,}2 + 1{,}146 \times 132{,}1 \approx 157{,}6$ m

6. $BC = AB \frac{\sin 79°}{\sin 63°} \approx 189{,}5$ m

$BD = AB \frac{\sin 43°}{\sin 64°} \approx 130{,}5$ m

$CD^2 = BC^2 + BD^2 - 2\ BC.BD \cos 35° \approx 12\,425{,}6$ m²

Finalement : $CD \approx 111{,}5$ m

7. On utilise les relations

$\frac{CA}{\sin 64°} = \frac{AB}{\sin 44°}$ et $\frac{CH}{CA} = \sin 63°$

On obtient ainsi $CH = 267$ m.

QUADRILATÈRES REMARQUABLES

1. La hauteur est celle d'un triangle de base 25 mm, dont les autres côtés sont 20 mm et 15 mm. Notons que $25^2 = 20^2 + 15^2$. Ce triangle est rectangle ; les côtés non parallèles du trapèze sont donc perpendiculaires. La hauteur du triangle issue du sommet de l'angle droit est $h = \frac{20 \times 15}{25} = 12$. L'aire du trapèze est $12 \times \frac{50 + 75}{2} = 750$ mm².

2. *a)* Le trapèze est isocèle. La grande base est $\sqrt{3}$. La distance du centre à la petite base est $\frac{1}{2}\sqrt{3}$.

L'aire est $\frac{1}{2}(1 + \sqrt{3})^2 = 2 + \sqrt{3}$.

b) La distance des milieux des côtés non parallèles est la demi-somme des bases, soit $\frac{1}{2}(1 + \sqrt{3})$. Les diagonales du quadrilatère dont les sommets sont les milieux des côtés du trapèze sont perpendiculaires et elles ont la même longueur. Ce quadrilatère est un carré, d'aire $\frac{1}{4}(1 + \sqrt{3})^2 = 1 + \frac{\sqrt{3}}{2}$.

3. $h = \frac{67\,500}{36 \times 125} = 15$ m 6 cm

4. *a)* $AC = \sqrt{3} \times 240 \approx 416$ mm $BD = 240$ mm
b) Carré. $AC = \sqrt{2} \times 240 \approx 339$ mm
c) $\frac{1}{4} BD^2 = 240^2 - 90^2 = 49\,500$ $BD \approx 445$ mm

$\sin \frac{\hat{D}}{2} = \frac{1}{2} \frac{AC}{AD} = 0{,}375$ $\hat{D} \approx 44°\,3'$

POLYGONES RÉGULIERS

1. *a)* $p = 16 \times 0{,}4 \sin \frac{\pi}{8} \approx 2{,}45$ m

$\mathscr{A} = 4 \times 0{,}4^2 \sin \frac{\pi}{4}\ \pi \approx 0{,}452\,5$ m²

b) $\mathscr{A}' \approx 476$ cm²
c) $\mathscr{A}'' \approx 2 \times 245 = 490$ cm² $\mathscr{A}'' - \mathscr{A}' = 14$ cm²

2. *a)* 3°36′ *b)* 10 cm
c) $d \approx 5{,}3$ mm $d' \approx 2{,}1$ mm

CUBE ET PARALLÉLÉPIPÈDE RECTANGLE — MESURE DES VOLUMES

1. *a)* 1 an 10 mois 17 jours ; *b)* 308 j

2. 1,21 m² ; **3.** Largeur : 6 m hauteur 5 m

4. 2,45 m ; **5.** 3,40 m

6. 1 207 cm² 2,8 l

7. 1,86 dm³ 4,04 dm³ 7,20 dm³ 11,5 dm³

8. 38,5 l ; **9**. $3,8 \times 10^{-2}$ cm³/s

10. *a)* 11,5 cl *b)* 3,96 cl *c)* 30 cl

11. *a)* 1,44 cl *b)* 1,25 cl *c)* 2,58 cl *d)* 0,9 cl

12. 21 600 m³ 116 640 m³

13. *a)* 39 min *b)* 51 min

14. *a)* 612,5 m *b)* 28 g *c)* 357 g/m² *d)* 86,4 m³

15. 1 cm³ 62,5 cm³ 27 m³ ; **16**. 29 min

17. Un peu plus de huit fois.

18. *a)* 49 37 34 *b)* 18,9 litres aux cent kilomètres.

19. *a)* 9 000 litres *b)* 150 litres
c) 442,50 F *d)* 12 170 F

20. 2 100 litres

PRISME ET PYRAMIDE

1. L'aire est 805 m². L'épaisseur est 11,5 cm.

2. 9 m ;

3. *a)* 179 m *b)* 213 m *c)* 5,31 ha
d) 8,24 ha ; *e)* 119 % *f)* $2,42 \times 10^6$ m³

4. 8,45 ha $2,53 \times 10^6$ m³ ; **5**. 17 fois

6 L'aire de chaque face est
$\frac{1}{2} \times 4,4 \times 7,1 \approx 15,6$ cm².
L'aire totale est 62,5 cm². La hauteur du tétraèdre est 42 mm. D'où le volume :
$\frac{1}{3} \times 4,2 \times 15,6 \approx 22$ cm³.

7. *b)* Le théorème de Pythagore fournit les hauteurs des faces : grande face 286 mm ; petite face 305 mm. L'aire latérale est 0,49 m². L'aire totale est 0,57 m².
c) 46,6 dm³. (Noter que l'aire du fond est le quart de celle du rectangle limité par les bords.)

CYLINDRE ET CÔNE DE RÉVOLUTION

1. 26 500 m³ 141 000 m² ; **2**. 690 cm²

3. 188 cm² ; **4**. *a)* 276 cm² *b)* 188,5 cm³

5. 8 cm ;

6. 134 l 56 % ; 172 l 58 % ; 312 l 64 % ; 484 l 62 % ; 848 l 59 %

7. 0,68 l 1,1 l 1,6 l 2,3 l ; 3,1 l ;

8. *a)* 10,8 cm *b)* 13,7 cm *c)* 18,5 cm

9. Les conditions sont satisfaites dans le premier et le dernier cas. Volumes : 11,5 l et 6,3 l

10. 6 750 cm³ 12 cylindres 5 cylindres

11. *a)* $OA \approx 34,6$ cm $OD = 20$ cm *b)* 29 litres

12. $\mathcal{A} = 150$ cm² $V = 20$ cl

13. *a)* 57 m² 32,6 m³ *b)* 32,3 m³

14. *b)* 25°3′ *c)* 59,2 cm²

SPHÈRE

1. *a)* 180 cm³ *b)* 230 cm³

2. 37 mm 47 mm ; **3**. 100 cm³ 370 cm³

4. *a)* 579,18 milles *b)* 1 072,6 km *c)* 668,7 miles

5. 47°50′46″ ; **6**. 9 min 21 s

MESURE DES MASSES

1. *a)* 608 m *b)* $\frac{1}{8} \times 76 \times 19,50 = 1\,482$ F

2. 1,2 mm ; **3**. 49,4 m² 17,1 kg

4. *a)* 7,3 g/m² *b)* 73 g/m² ;

5. *a)* 2,94 m² *b)* 17,6 kg

6. 87 camions

7. *a)* 720 g *b)* 6,95 mm 6,4 mm ;

8. *a)* 1 040 g *b)* 5,5 mm 5 mm

9. 583 millièmes 9 carats 8 carats ;

10. *a)* 38 m³ *b)* 12 berlingots *c)* 3,125 l/h

11. 6 480 cm²

12. *a)* 95 000 t *b)* 17,5 m 17,9 m

13. *a)* Le volume est :
$0,10 \times 10^{-4} \times 52 = 5,2 \times 10^{-4}$ cm³.
La masse d'or est :
$\frac{22}{24} \times 19,3 \times 5,2 \times 10^{-4} \approx 9,2 \times 10^{-3}$ g $= 9,2$ mg
b) 1 F

MESURE DES FORCES

1. 8 400 litres ; **2**. 54,9 cm³

3. *a)* 734,5 kWh 855 kWh 976 kWh
b) 427 kWh 511 kWh 586 kWh
c) 588 kWh 684 kWh 781 kWh
342 kWh 409 kWh 469 kWh

4. On obtient 4,99 et 4,77. Ces valeurs sont toutes deux arrondies à 5. (Dans le second cas, il convient de multiplier les valeurs de *k* par $\frac{1,72}{1,67}$.)

5. *a)* 3 000 N *b)* 60 bar.

TABLEAU DES PRINCIPALES MONNAIES ÉTRANGÈRES

Pays	Unité	Subdivision	Code
Afghanistan	Afghani	100 puls	AFA
Afrique du Sud	Rand	100 cents	ZAR
Albanie	Lek	100 quintars	ALL
Algérie	Dinar algérien	100 centimes	DZD
République fédérale d'Allemagne	Deutsche Mark	100 pfennig	DEM
République démocratique Allemande	Mark	100 pfennig	DDM
Arabie Saoudite	Riyal	20 quirsh	SAR
Argentine	Peso argentin	100 centavos	ARP
Australie	Dollar australien	100 cents	AUD
Autriche	Schilling	100 groschen	ATS
Bangladesh	Taka	100 païse	BDT
Belgique	Franc belge	100 centimes	BEF
Birmanie	Kyat	100 pyas	BUK
Bolivie	Peso bolivien	100 centavos	BOP
Brésil	Cruzeiro	100 centavos	BRC
Bulgarie	Lev	100 stotinki	BGL
Canada	Dollar canadien	100 cents	CAD
Chili	Peso chilien	100 centesimos	CLP
Chine	Yuan Ren-Min-Bi	10 jiao = 100 fen	CNY
Costa-Rica	Colon	100 centimos	CRC
Danemark	Couronne danoise	100 öre	DKK
Egypte	Livre égyptienne	100 piastres = 1 000 millièmes	EGP
Equateur	Sucre	100 centavos	ECS
Espagne	Peseta	100 centimos	ESP
Etats-Unis	Dollar des Etats-Unis	100 cents	USD
Ethiopie	Birr	100 cents	ETB
Finlande	Mark finlandais	100 pennia	FIM
Grèce	Drachme	100 lepta	GRD
Guinée	Syli	100 cauris	GNS
Guinée équatoriale	Ekuele	100 centimos	GQE
Haïti	Gourde	100 centimes	HTG
Hongrie	Forint	100 fillér	HUF
Inde	Roupie	100 naye païse	INR
Irak	Dinar irakien	5 riyals = 1 000 fils	IQD
Iran	Rial	100 dinars	IRR
Israël	Chekel	10 livres	ILP
Italie	Lire		ITL

Pays	Unité	Subdivision	Code
Japon	Yen	100 sen	JPY
Laos	Kip	100 at	LAK
Liban	Livre libanaise	100 piastres	LBP
Libyenne, Jamahiriya arabe	Dinar lybien	1 000 dirhams	LYD
Luxembourg	Franc luxembourgeois	100 centimes	LUF
Maldives (îles)	Roupie des Maldives	100 leris	MVR
Maroc	Dirham	100 centimes	MAD
Mexique	Peso	100 centavos	MXP
Norvège	Couronne	100 öre	NOK
Papouasie - Nouvelle-Guinée	Kina	100 toca	PGK
Pays-Bas	Florin	100 cents	NLG
Pérou	Sol	100 centavos	PES
Pologne	Zloty	100 groszy	PLZ
Portugal	Escudo	100 centavos	PTE
Qatar	Riyal	100 dirhams	QAR
Roumanie	Leu	100 bani	ROL
Royaume-Uni	Livre sterling	100 pence	GBP
Samoa occidentales	Tala	100 cents	WST
Seychelles	Roupie des Seychelles	100 cents	SCR
Suède	Couronne	100 öre	SEK
Suisse	Franc suisse	100 centimes	CHF
Taïwan (Formose)	Nouveau dollar de Taïwan	100 cents	TWD
Tchécoslovaquie	Couronne	100 heller	CSK
Thaïlande	Baht	100 satang	THB
Tunisie	Dinar	1 000 millimes	TND
Turquie	Livre turque	100 kurus = 4 000 paras	TRL
U.R.S.S.	Rouble	100 kopecks	SUR
Vénézuela	Bolivar	100 centimes	VEB
Viet Nam	Dong	10 hao = 100 xu	VND
Yougoslavie	Dinar	100 paras	YUD
Zaïre	Zaïre	100 makuta	ZRZ
Zimbabwe	Dollar Zimbabwe	100 cents	ZWD

Les codes pour la représentation des monnaies sont ceux de l'Organisation Internationale de Normalisation (ISO), agréés par l'AFNOR. Les deux premières lettres correspondent en principe à l'emplacement géographique, la troisième est l'initiale de l'unité monétaire. Par exemple, l'unité monétaire du Royaume-Uni est codée GBP, ou les lettres G et B rappellent la Grande-Bretagne, tandis que P est la première lettre du mot pound *(mot anglais pour « livre »).*

CARRÉS, CUBES, RACINES CARRÉES, RACINES CUBIQUES ET INVERSES DES NOMBRES DE 1 A 100

n	n^2	n^3	$\sqrt{n}$	$\sqrt[3]{n}$	$\frac{1}{n}$
1	1	1	1,000 0	1,000 0	1,000 00
2	4	8	1,414 2	1,259 9	0,500 00
3	9	27	1,732 1	1,442 2	0,333 33
4	16	64	2,000 0	1,587 4	0,250 00
5	**25**	**125**	**2,236 1**	**1,710 0**	**0,200 00**
6	36	216	2,449 5	1,817 1	0,166 67
7	49	343	2,645 8	1,912 9	0,142 86
8	64	512	2,828 4	2,000 0	0,125 00
9	81	729	3,000 0	2,080 1	0,111 11
10	**100**	**1 000**	**3,162 3**	**2,154 4**	**0,100 00**
11	121	1 331	3,316 6	2,224 0	0,090 91
12	144	1 728	3,464 1	2,289 4	0,083 33
13	169	2 197	3,605 6	2,351 3	0,076 92
14	196	2 744	3,741 7	2,410 1	0,071 43
15	**225**	**3 375**	**3,873 0**	**2,466 2**	**0,066 67**
16	256	4 096	4,000 0	2,519 8	0,062 50
17	289	4 913	4,123 1	2,571 3	0,058 82
18	324	5 832	4,242 6	2,620 7	0,055 56
19	361	6 859	4,358 9	2,668 4	0,052 63
20	**400**	**8 000**	**4,472 1**	**2,714 4**	**0,050 00**
21	441	9 261	4,582 6	2,758 9	0,047 62
22	484	10 648	4,690 4	2,802 0	0,045 45
23	529	12 167	4,795 8	2,843 9	0,043 48
24	576	13 824	4,899 0	2,884 5	0,041 67
25	**625**	**15 625**	**5,000 0**	**2,924 0**	**0,040 00**
26	676	17 576	5,099 0	2,962 5	0,038 46
27	729	19 683	5,196 2	3,000 0	0,037 04
28	784	21 952	5,291 5	3,036 6	0,035 71
29	841	24 389	5,385 2	3,072 3	0,034 48
30	**900**	**27 000**	**5,477 2**	**3,107 2**	**0,033 33**
31	961	29 791	5,567 8	3,141 4	0,032 26
32	1 024	32 768	5,656 9	3,174 8	0,031 25
33	1 089	35 937	5,744 6	3,207 5	0,030 30
34	1 156	39 304	5,831 0	3,239 6	0,029 41
35	**1 225**	**42 875**	**5,916 1**	**3,271 1**	**0,028 57**
36	1 296	46 656	6,000 0	3,301 9	0,027 78
37	1 369	50 653	6,082 8	3,332 2	0,027 03
38	1 444	54 872	6,164 4	3,362 0	0,026 32
39	1 521	59 319	6,245 0	3,391 2	0,025 64
40	**1 600**	**64 000**	**6,324 6**	**3,420 0**	**0,025 00**
41	1 681	68 921	6,403 1	3,448 2	0,024 39
42	1 764	74 088	6,480 7	3,476 0	0,023 81
43	1 849	79 507	6,557 4	3,503 4	0,023 26
44	1 936	85 184	6,633 2	3,530 3	0,022 73
45	**2 025**	**91 125**	**6,708 2**	**3,556 9**	**0,022 22**
46	2 116	97 336	6,782 3	3,583 0	0,021 74
47	2 209	103 823	6,855 7	3,608 8	0,021 28
48	2 304	110 592	6,928 2	3,634 2	0,020 83
49	2 401	117 649	7,000 0	3,659 3	0,020 41
50	**2 500**	**125 000**	**7,071 1**	**3,684 0**	**0,020 00**

n	n^2	n^3	$\sqrt{n}$	$\sqrt[3]{n}$	$\frac{1}{n}$
51	2 601	132 651	7,141 4	3,708 4	0,019 61
52	2 704	140 608	7,211 1	3,732 5	0,019 23
53	2 809	148 877	7,280 1	3,756 3	0,018 87
54	2 916	157 464	7,348 5	3,779 8	0,018 52
55	**3 025**	**166 375**	**7,416 2**	**3,803 0**	**0,018 18**
56	3 136	175 616	7,483 3	3,825 3	0,017 86
57	3 249	185 193	7,549 8	3,848 5	0,017 54
58	3 364	195 112	7,615 8	3,870 9	0,017 24
59	3 481	205 379	7,681 1	3,893 0	0,016 95
60	**3 600**	**216 000**	**7,746 0**	**3,914 9**	**0,016 67**
61	3 721	226 891	7,810 2	3,936 5	0,016 39
62	3 844	238 328	7,874 0	3,957 9	0,016 13
63	3 969	250 047	7,937 3	3,979 1	0,015 87
64	4 096	262 144	8,000 0	4,000 0	0,015 63
65	**4 225**	**274 625**	**8,062 3**	**4,020 7**	**0,015 38**
66	4 356	287 496	8,124 2	4,041 2	0,015 15
67	4 489	300 763	8,185 4	4,061 5	0,014 93
68	4 624	314 432	8,246 2	4,081 7	0,014 71
69	4 761	328 509	8,306 6	4,101 6	0,014 49
70	**4 900**	**343 000**	**8,366 6**	**4,121 3**	**0,014 29**
71	5 041	357 911	8,426 1	4,140 8	0,014 08
72	5 184	373 248	8,485 3	4,160 2	0,013 89
73	5 329	389 017	8,544 0	4,179 3	0,013 70
74	5 476	405 224	8,602 3	4,198 3	0,013 51
75	**5 625**	**421 875**	**8,660 3**	**4,217 2**	**0,013 33**
76	5 776	438 976	8,717 8	4,235 8	0,013 16
77	5 929	456 533	8,775 0	4,254 3	0,012 99
78	6 084	474 552	8,831 8	4,272 7	0,012 82
79	6 241	493 039	8,888 2	4,290 8	0,012 66
80	**6 400**	**512 000**	**8,944 3**	**4,308 9**	**0,012 50**
81	6 561	531 441	9,000 0	4,326 7	0,012 35
82	6 724	551 368	9,055 4	4,344 5	0,012 20
83	6 889	571 787	9,110 4	4,362 1	0,012 05
84	7 056	592 704	9,165 2	4,379 5	0,011 90
85	**7 225**	**614 125**	**9,219 5**	**4,396 8**	**0,011 76**
86	7 396	636 056	9,273 6	4,414 0	0,011 63
87	7 569	658 503	9,327 4	4,431 0	0,011 49
88	7 744	681 472	9,380 8	4,448 0	0,011 36
89	7 921	704 969	9,434 0	4,464 7	0,011 24
90	**8 100**	**729 000**	**9,486 8**	**4,481 4**	**0,011 11**
91	8 281	753 571	9,539 4	4,497 9	0,010 99
92	8 464	778 688	9,591 7	4,514 4	0,010 87
93	8 649	804 357	9,643 7	4,530 7	0,010 75
94	8 836	830 584	9,695 4	4,546 8	0,010 64
95	**9 025**	**857 375**	**9,746 8**	**4,562 9**	**0,010 53**
96	9 216	884 736	9,798 0	4,578 9	0,010 42
97	9 409	912 673	9,848 9	4,594 7	0,010 31
98	9 604	911 192	9,899 5	4,610 4	0,010 20
99	9 801	970 299	9,949 9	4,626 1	0,010 10
100	**10 000**	**1 000 000**	**10,000 0**	**4,641 6**	**0,010 00**

TABLE TRIGONOMÉTRIQUE DE DEGRÉ EN DEGRÉ

Degrés	Sinus	Tangentes	Cotangentes	Cosinus	
1	0,017 5	0,017 5	57,290 0	0,999 9	**89**
2	0,034 9	0,034 9	28,636 3	0,999 4	**88**
3	0,052 3	0,052 4	19,081 1	0,998 6	**87**
4	0,069 8	0,069 9	14,300 7	0,997 6	**86**
5	0,087 2	0,087 5	11,430 1	0,996 2	**85**
6	0,104 5	0,105 1	9,514 4	0,994 5	**84**
7	0,121 9	0,122 8	8,144 3	0,992 5	**83**
8	0,139 2	0,140 5	7,115 4	0,990 3	**82**
9	0,156 4	0,158 4	6,313 8	0,987 7	**81**
10	0,173 6	0,176 3	5,671 3	0,984 8	**80**
11	0,190 8	0,194 4	5,144 6	0,981 6	**79**
12	0,207 9	0,212 6	4,704 6	0,978 1	**78**
13	0,225 0	0,230 9	4,331 5	0,974 4	**77**
14	0,241 9	0,249 3	4,010 8	0,970 3	**76**
15	0,258 8	0,267 9	3,732 1	0,965 9	**75**
16	0,275 6	0,286 7	3,487 4	0,961 3	**74**
17	0,292 4	0,305 7	3,270 9	0,956 3	**73**
18	0,309 0	0,324 9	3,077 7	0,951 1	**72**
19	0,325 6	0,344 3	2,904 2	0,945 5	**71**
20	0,342 0	0,364 0	2,747 5	0,939 7	**70**
21	0,358 4	0,383 9	2,605 1	0,933 6	**69**
22	0,374 6	0,404 0	2,475 1	0,927 2	**68**
23	0,390 7	0,424 5	2,355 9	0,920 5	**67**
24	0,406 7	0,445 2	2,246 0	0,913 5	**66**
25	0,422 6	0,466 3	2,144 5	0,906 3	**65**
26	0,438 4	0,487 7	2,050 3	0,898 8	**64**
27	0,454 0	0,509 5	1,962 6	0,891 0	**63**
28	0,469 5	0,531 7	1,880 7	0,882 9	**62**
29	0,484 8	0,554 3	1,804 0	0,874 6	**61**
30	0,500 0	0,577 4	1,732 1	0,866 0	**60**
31	0,515 0	0,600 9	1,664 3	0,857 2	**59**
32	0,529 9	0,624 9	1,600 3	0,848 0	**58**
33	0,544 6	0,649 4	1,539 9	0,838 7	**57**
34	0,559 2	0,674 5	1,482 6	0,829 0	**56**
35	0,573 6	0,700 2	1,428 1	0,819 2	**55**
36	0,587 8	0,726 5	1,376 4	0,809 0	**54**
37	0,601 8	0,753 6	1,327 0	0,798 6	**53**
38	0,615 7	0,781 3	1,279 9	0,788 0	**52**
39	0,629 3	0,809 8	1,234 9	0,777 1	**51**
40	0,642 8	0,839 1	1,191 8	0,766 0	**50**
41	0,656 1	0,869 3	1,150 4	0,754 7	**49**
42	0,669 1	0,900 4	1,110 6	0,743 1	**48**
43	0,682 0	0,932 5	1,072 4	0,731 4	**47**
44	0,694 7	0,965 7	1,035 5	0,719 3	**46**
45	0,707 1	1,000 0	1,000 0	0,707 1	**45**
	Cosinus	Cotangentes	Tangentes	Sinus	Degrés

TABLE DES DÉVELOPPEMENTS DE VÉLOS
ROUES DE 700

	12	13	14	15	16	17	18	19	20	21	22	23	24	25	26	27	28
28	5,11	4,71	4,38	4,08	3,83	3,60	3,40	3,22	3,06	2,92	2,78	2,66	2,55	2,45	2,35	2,27	2,19
29	5,29	4,88	4,53	4,23	3,96	3,73	3,52	3,34	3,17	3,02	2,88	2,76	2,64	2,54	2,44	2,35	2,26
30	5,47	5,05	4,69	4,38	4,10	3,86	3,65	3,45	3,28	3,12	2,98	2,85	2,73	2,62	2,52	2,43	2,34
31	5,65	5,22	4,84	4,52	4,24	3,99	3,77	3,57	3,39	3,23	3,08	2,95	2,82	2,71	2,61	2,51	2,42
32	5,84	5,39	5,00	4,67	4,38	4,12	3,89	3,68	3,50	3,33	3,18	3,04	2,92	2,80	2,69	2,59	2,50
33	6,02	5,55	5,16	4,81	4,51	4,25	4,01	3,80	3,61	3,44	3,28	3,14	3,01	2,89	2,77	2,67	2,58
34	6,20	5,72	5,31	4,96	4,65	4,38	4,13	3,91	3,72	3,54	3,38	3,23	3,10	2,97	2,86	2,75	2,65
35	6,38	5,89	5,47	5,11	4,79	4,50	4,25	4,03	3,83	3,65	3,48	3,33	3,19	3,06	2,94	2,83	2,73
36	6,57	6,06	5,63	5,25	4,92	4,63	4,38	4,14	3,94	3,75	3,58	3,42	3,28	3,15	3,03	2,92	2,81
37	6,75	6,23	5,78	5,40	5,06	4,76	4,50	4,26	4,05	3,85	3,68	3,52	3,37	3,24	3,11	3,00	2,89
38	6,93	6,40	5,94	5,54	5,20	4,89	4,62	4,38	4,16	3,96	3,78	3,61	3,46	3,32	3,20	3,08	2,97
39	7,11	6,57	6,10	5,69	5,33	5,02	4,74	4,49	4,27	4,06	3,88	3,71	3,55	3,41	3,28	3,16	3,05
40	7,30	6,73	6,25	5,84	5,47	5,15	4,86	4,61	4,38	4,17	3,98	3,80	3,65	3,50	3,36	3,24	3,12
41	7,48	6,90	6,41	5,98	5,61	5,28	4,98	4,72	4,48	4,27	4,08	3,90	3,74	3,59	3,45	3,32	3,20
42	7,66	7,07	6,57	6,13	5,74	5,41	5,11	4,84	4,59	4,38	4,18	3,99	3,83	3,67	3,53	3,40	3,28
43	7,84	7,24	6,72	6,27	5,88	5,53	5,23	4,95	4,70	4,48	4,28	4,09	3,92	3,76	3,62	3,48	3,36
44	8,03	7,41	6,88	6,42	6,02	5,66	5,35	5,07	4,81	4,58	4,38	4,18	4,01	3,85	3,70	3,56	3,44
45	8,21	7,58	7,03	6,57	6,15	5,79	5,47	5,18	4,92	4,69	4,48	4,28	4,10	3,94	3,79	3,65	3,51
46	8,39	7,74	7,19	6,71	6,29	5,92	5,59	5,30	5,03	4,79	4,58	4,38	4,19	4,02	3,87	3,73	3,59
47	8,57	7,91	7,35	6,86	6,43	6,05	5,71	5,41	5,14	4,90	4,68	4,47	4,28	4,11	3,95	3,81	3,67
48	8,76	8,08	7,50	7,00	6,57	6,18	5,84	5,53	5,25	5,00	4,18	4,57	4,38	4,20	4,04	3,89	3,75
49	8,94	8,25	7,66	7,15	6,70	6,31	5,96	5,64	5,36	5,11	4,88	4,66	4,47	4,29	4,12	3,97	3,83
50	9,12	8,42	7,82	7,30	6,84	6,44	6,08	5,76	5,47	5,21	4,98	4,76	4,56	4,38	4,21	4,05	3,91
51	9,30	8,59	7,97	7,44	6,98	6,57	6,20	5,87	5,58	5,31	5,08	4,85	4,65	4,46	4,29	4,13	3,98
52	9,49	8,76	8,13	7,59	7,11	6,69	6,32	5,99	5,69	5,42	5,18	4,95	4,74	4,55	4,38	4,21	4,06

INDEX

TABLE DES MATIÈRES

PREMIÈRE PARTIE

ARITHMÉTIQUE ET ARITHMÉTIQUE COMMERCIALE

SECONDE PARTIE

GÉOMÉTRIE ET MESURES

Références photographiques

Museum of the History of Science Oxford University **9** photo Roger-Viollet ; **10** photo Landin ; **12** photo Hewlett-Packard ; **66-67** doc. AFNOR ; **70** photo Intermec ; **71** doc. GENCOD ; **102** photo C.N.A.M. ; **140** doc. AFNOR ; **152** photo Roger-Viollet ; **155** doc. Jaeger, photo Roger Viollet ; **158** photos Hachette ; **159** doc. Métrologie, doc. Facom, doc. Wild, doc. Stanley, photo H. Szwarc, doc. Stanley ; **162** photo Jacqueline Guillot — Connaissance des Arts, photo Rapho ; **170** photo Hachette ; **176** doc. Roger Salomon Warga ; **177** doc. France pays arabes n° 98 ; **178** photo Roger Viollet ; **181** doc. Jaeger, photo H. Szwarc ; **183** doc. Sfim transport ; **194** cartes IGN ; **197** photo Hachette ; **198** photos Landin ; **208** photo Jacqueline Guillot — Connaissance des Arts, photo Roger Guillemot — Connaissance des Arts, doc. Wild ; **213** photos H. Szwarc ; **258** doc. Charot ; **259** doc. Métrologie, photo Hachette, doc. Métrologie, doc. Métrologie ; **260** doc. Métrologie ; **261** doc. Tetra Pak ; **271** doc. SOPAD ; **272** doc. Tetra Pak ; **276** photo Roger Violet, doc. SOPAD ; **279** photo Roger Viollet, photo Tapabor, doc. Total Gaz ; **288** photo Sazo-Rapho, photo Rapho ; **298** doc. Topoplastic ; **300** doc. G. Hartner-Ebinger, doc. Métrologie ; **301** doc. Métrologie ; **316** photo Hachette ; **323** photo H. Szwarc, photo C.N.A.M., photo Hachette ; **324** doc. Chemico.

Les dessins et les schémas sont de Rémi Picard

Imprimé en France par BRODARD GRAPHIQUE — Coulommiers-Paris. HA/5157/2
Dépôt légal n° 2767-10-1986 — Collection n° 04 — Édition n° 04.

16/5248/6

unités de mesure

Facteur par lequel l'unité est multipliée	Préfixe	Symbole
10^{18}	exa	E
10^{15}	peta	P
10^{12}	téra	T
10^{9}	giga	G
10^{6}	méga	M
10^{3}	kilo	k
10^{2}	hecto	h
10	déca	da
10^{-1}	déci	d
10^{-2}	centi	c
10^{-3}	milli	m
10^{-6}	micro	µ
10^{-9}	nano	n
10^{-12}	pico	p
10^{-15}	femto	f
10^{-18}	atto	a

LONGUEUR

MÈTRE	m	
unité astronomique	UA	$1 \text{ UA} = 1{,}495\,978\,70 \times 10^{11}$ m
année de lumière	a.l	$1 \text{ a.l} = 9{,}460\,5 \times 10^{15}$ m = 63 242 UA
mille marin		1 mille marin = 1 852 m
mile	mile	1 mile = 1 609,344 m
pied	ft	$1 \text{ ft} = 3{,}048 \times 10^{-1}$ m
pouce	in	$1 \text{ in} = \frac{1}{12} \text{ ft} = 2{,}54$ cm

SUPERFICIE

MÈTRE CARRÉ	m^2	
are	a	$1 \text{ a} = 1 \text{ dam}^2 = 100 \text{ m}^2$

VOLUME

MÈTRE CUBE	m^3	
litre	l, L	$1 \text{ l} = 1 \text{ dm}^3 = 10^{-3} \text{ m}^3$
STÈRE	st	$1 \text{ st} = 1 \text{ m}^3$
gallon (US)	gal	$1 \text{ gal} = 3{,}785\,41 \times 10^{-3} \text{ m}^3$
baril (US)		$1 \text{ baril} = 42 \text{ gal} = 1{,}589\,87 \times 10^{-1} \text{ m}^3$

TEMPS

SECONDE	s	
minute	min	1 min = 60 s
heure	h	1 h = 60 min = 3 600 s
jour	d, j	1 d = 24 h = 1 440 min = 86 400 s

FRÉQUENCE

HERTZ	Hz	